Wilfried Weißgerber

Elektrotechnik für Ingenieure – Klausurenrechnen

Aus dem Programm Elektrotechnik

Formeln und Tabellen Elektrotechnik
herausgegeben von W. Böge und W. Plaßmann

Vieweg Handbuch Elektrotechnik
herausgegeben von W. Böge und W. Plaßmann

Moeller Grundlagen der Elektrotechnik
herausgegeben von H. Frohne und K.-H. Löcherer

Grundzusammenhänge der Elektrotechnik
von H. Kindler und K.-D. Haim

Basiswissen Gleich- und Wechselstromtechnik
von M. Marinescu und J. Winter

Aufgabensammlung Elektrotechnik 1 und 2
von M. Vömel und D. Zastrow

Elektrotechnik für Ingenieure in 3 Bänden
von W. Weißgerber

Elektrotechnik für Ingenieure – Formelsammlung
von W. Weißgerber

Elektrotechnik
von D. Zastrow

www.viewegteubner.de

Wilfried Weißgerber

Elektrotechnik für Ingenieure – Klausurenrechnen

Aufgaben mit ausführlichen Lösungen

4., korrigierte Auflage

Mit 331 Abbildungen und 160 Klausuraufgaben

STUDIUM

VIEWEG+
TEUBNER

Bibliografische Information der Deutschen Nationalbibliothek
Die Deutsche Nationalbibliothek verzeichnet diese Publikation in der
Deutschen Nationalbibliografie; detaillierte bibliografische Daten sind im Internet über
<http://dnb.d-nb.de> abrufbar.

1. Auflage 2002
2., korrigierte Auflage 2003
3., durchgesehene und korrigierte Auflage 2007
4., korrigierte Auflage 2008

Alle Rechte vorbehalten
© Vieweg+Teubner | GWV Fachverlage GmbH, Wiesbaden 2008

Lektorat: Reinhard Dapper

Vieweg+Teubner ist Teil der Fachverlagsgruppe Springer Science+Business Media.
www.viewegteubner.de

Das Werk einschließlich aller seiner Teile ist urheberrechtlich geschützt. Jede Verwertung außerhalb der engen Grenzen des Urheberrechtsgesetzes ist ohne Zustimmung des Verlags unzulässig und strafbar. Das gilt insbesondere für Vervielfältigungen, Übersetzungen, Mikroverfilmungen und die Einspeicherung und Verarbeitung in elektronischen Systemen.

Die Wiedergabe von Gebrauchsnamen, Handelsnamen, Warenbezeichnungen usw. in diesem Werk berechtigt auch ohne besondere Kennzeichnung nicht zu der Annahme, dass solche Namen im Sinne der Warenzeichen- und Markenschutz-Gesetzgebung als frei zu betrachten wären und daher von jedermann benutzt werden dürften.

Umschlaggestaltung: KünkelLopka Medienentwicklung, Heidelberg
Druck und buchbinderische Verarbeitung: Wilhelm & Adam, Heusenstamm
Gedruckt auf säurefreiem und chlorfrei gebleichtem Papier.
Printed in Germany

ISBN 978-3-8348-0502-7

Vorwort

In den drei Lehrbüchern „Elektrotechnik für Ingenieure" Band 1, 2 und 3 wird der Lehrinhalt allgemein behandelt und durch ausführlich berechnete Beispiele erläutert. Zu jedem Abschnitt sind viele Übungsaufgaben gestellt, die dem Lernenden das eigenständige Arbeiten ermöglichen sollen.

Für das Lösen praktischer Aufgaben, insbesondere von Übungs- und Klausuraufgaben, ist die kompakte Darstellung in der Formelsammlung gewählt, um das zeitaufwändige Nachschlagen in den Lehrbüchern zu ersparen. Die entsprechende Formel in ihrer Umgebung (Problemstellung, Schaltung u. ä.) ist dabei entscheidend, nicht aber ihre Herleitung.

Zu einer effektiven Prüfungsvorbereitung gehört aber auch das Rechnen von „alten" Klausuren, das bei Studierenden sehr beliebt ist, weil dann erst eine Selbstkontrolle über das erforderliche Leistungsvermögen möglich wird. Immer wieder haben mir Studenten bestätigt, dass sie erst nach dem Rechnen von mindestens drei „alten" Klausuren in der Lage waren, die Klausuren sicher zu bestehen.

Das Ziel in der Prüfung ist selbstverständlich, möglichst viele Punkte in möglichst kurzer Zeit zu erreichen. Dafür muss der Prüfling zunächst die Aufgaben nach dem individuellen Schwierigkeitsgrad beurteilen können: Routineaufgaben wie Netzberechnungen sind meist schnell gelöst, Herleitungen von Formeln ähnlich wie in den Lehrbüchern können schwieriger und zeitaufwändiger sein, Aufgaben mit völlig neuer Problemstellung erfordern wohl am meisten Zeit und oft gute Nerven.

Das Rechnen von Klausuren unterscheidet sich erheblich vom Rechnen von Übungsaufgaben, die in Lehrbüchern meist am Ende eines Kapitels stehen, wodurch das Sachgebiet bekannt ist.

Für Klausurenaufgaben muss der Zusammenhang zu dem entsprechenden Sachgebiet gefunden werden; oft sind für die Lösung einer Klausuraufgabe Kenntnisse von Lehrinhalten erforderlich, die in verschiedenen Kapiteln der Lehrbücher behandelt sind.

Bei der Vorbereitung ist aber auch zu beachten, dass bei den Aufgabenstellungen Schwerpunkte gesetzt werden. Durch das Rechnen von „alten" Klausuren werden wichtige Lehrinhalte geübt, unwichtige in den Hintergrund gedrängt und manche kommen in Klausuren gar nicht vor.

Obwohl also Klausuren der elektrotechnischen Grundlagen, die in den Hochschulen gestellt werden, viele gemeinsame Merkmale haben, sind sie in der Anzahl der Aufgaben, in den Formulierungen und in den Ansprüchen an die Leistungsfähigkeit von Lernenden sehr unterschiedlich. Die vorliegende Klausurensammlung kann selbstverständlich allen diesen Ansprüchen nicht gerecht werden. Und wenn keine alten Klausuren zu bekommen sind? Dann kann diese Klausurensammlung eine gute Vorbereitung für die Prüfung sein, denn alle diese Klausuren sind in den vergangenen zehn Jahren von mir an der Fachhochschule Hannover gestellt und erprobt und danach mehrmals als „alte" Klausuren gerechnet und diskutiert worden. Ein weiteres Argument für diese Klausurensammlung ist, dass die Lehrinhalte im Fach „Grundlagen der Elektrotechnik" recht ähnlich sind. Die Aufgaben einer Klausur sind gut gemischt, thematisch und im Schwierigkeitsgrad.

Die vorliegende Aufgabensammlung mit dem Untertitel „Klausurenrechnen" enthält 40 Aufgabenblätter mit je vier Aufgaben, für deren Lösung 90 Minuten vorgesehen sind. Für die Lösung einer Aufgabe können maximal 25 Punkte (25P) erreicht werden. Anhand der Punktangaben kann festgestellt werden, welche Leistung bei der Lösung von vier Aufgaben erbracht werden kann.

Es können sogar Noten gegeben werden: 0P bis 49P entspricht Note 5, 50P bis 65P entspricht Note 4, 66P bis 82P entspricht Note 3, 83P bis 97P entspricht Note 2 und 98P bis 100P entspricht Note 1.

Die Aufgabensammlung ist in vier Abschnitte unterteilt, für die jeweils 10 Aufgabenblätter zusammengestellt sind:

Abschnitt 1:	1 Physikalische Grundbegriffe der Elektrotechnik
	2 Gleichstromtechnik
Abschnitt 2:	3 Das elektromagnetische Feld
Abschnitt 3:	4 Wechselstromtechnik
	5 Ortskurven
	6 Transformator
	7 Mehrphasensysteme
Abschnitt 4:	8 Ausgleichsvorgänge in linearen Netzen
	9 Fourieranalyse von nichtsinusförmigen Wechselgrößen
	10 Vierpoltheorie

In einem Anhang zu den Aufgabenblättern werden die Lösungen in gewohnt ausführlicher Form angeboten, so dass die eigene Bearbeitung überprüft werden kann. Selbstverständlich wird in den Lösungen immer angegeben, wo in den Lehrbüchern (Bd. 1, 2 oder 3) und in der Formelsammlung (FS) der entsprechende Lösungsansatz und die notwendigen Formeln zu finden sind bzw. hergeleitet wurden. Ein eventuelles Nacharbeiten wird dadurch erleichtert. Bei allen Klausuren waren die Lehrbücher und die Formelsammlung zum Nachschlagen zugelassen. In der späteren Ingenieurpraxis käme auch niemand auf die Idee, Unterlagen zum Nachschlagen zu verbieten. Das Klausurenrechnen ist deshalb auch eine gute Vorbereitung auf die Ingenieurpraxis, weil dort auch am Anfang die Aufgabe steht, dann ist ein Literaturstudium notwendig, um die Lösung optimal zu finden.

Die dritte Auflage ist noch einmal überarbeitet worden. In der vierten Auflage sind Verbesserungen und Korrekturen vorgenommen worden.

Ich würde mich freuen, wenn diese etwas ungewöhnliche Aufgabensammlung zu noch besseren Prüfungsergebnissen führen würde.

Wedemark, im Mai 2008   *Wilfried Weißgerber*

Inhaltsverzeichnis

Abschnitt 1: 1 Physikalische Grundbegriffe der Elektrotechnik
               2 Gleichstromtechnik

Aufgabenblätter 1
Lösungsblätter 11

Abschnitt 2: 3 Das elektromagnetische Feld

Aufgabenblätter 51
Lösungsblätter 61

Abschnitt 3: 4 Wechselstromtechnik
               5 Ortskurven
               6 Transformator
               7 Mehrphasensysteme

Aufgabenblätter 101
Lösungsblätter 111

Abschnitt 4: 8 Ausgleichsvorgänge in linearen Netzen
               9 Fourieranalyse von nichtsinusförmigen Wechselgrößen
             10 Vierpoltheorie

Aufgabenblätter 151
Lösungsblätter 161

Aufgabenblätter

Abschnitt 1:

1 Physikalische Grundbegriffe der Elektrotechnik
2 Gleichstromtechnik

1 Physikalische Grundbegriffe der Elektrotechnik   2 Gleichstromtechnik

Aufgabenblatt 1

Aufgabe 1:
Ein nichtlinearer Widerstand R(I) mit folgenden Kennliniendaten wird an eine Spannungsquelle mit $U_q = 80V$, $R_i = 160\Omega$ angelegt:

U in V	2	5	10	15	30	50	70	80
I in A	0,1	0,2	0,3	0,35	0,4	0,42	0,45	0,5

1.1 Stellen Sie die Kennlinie des nichtlinearen Widerstandes dar und bestimmen Sie die Spannung über R, den Strom durch R und den im elektrischen Kreis wirksamen Widerstand R. (15P)

1.2 Ermitteln Sie die Spannung über R, den Strom durch R und den wirksamen Widerstand R, wenn zum variablen Widerstand R ein Vorwiderstand $R_v = 40\Omega$ geschaltet wird. Kontrollieren Sie das Ergebnis, indem Sie die Teilspannungen addieren. (10P)

Aufgabe 2:

2.1 Mit Hilfe des Maschenstromverfahrens ist das für die Berechnung des Stroms I_3 notwendige Gleichungssystem aufzustellen und nach den unbekannten Maschenströmen zu ordnen. (18P)

2.2 Führen Sie das Gleichungssystem in Matrizenform über. (7P)

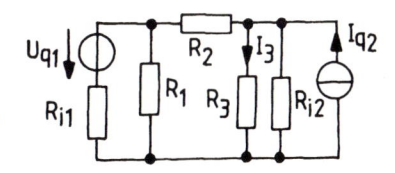

Aufgabe 3:
Für die Messung von kleinen Widerständen im Bereich von 10^{-5} bis 1Ω eignet sich die gezeichnete Thomsonbrücke, die mit Hilfe einer Dreieck-Stern-Umwandlung in eine Wheatstonebrücke überführt werden kann.

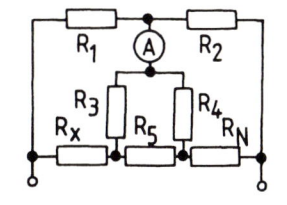

3.1 Zeichnen Sie die Wheatstonebrücke und geben Sie die Abgleichbedingung an. (12P)

3.2 Entwickeln Sie die Formel für R_x in Abhängigkeit von den anderen Widerständen der Thomsonbrücke, indem Sie die für die Abgleichbedingung notwendigen Widerstände berechnen. (10P)

3.3 Geben Sie die Bedingungsgleichung an, damit der Widerstand R_x nur noch von den Widerständen R_1, R_2 und R_N abhängig ist. (3P)

Aufgabe 4:

4.1 Überführen Sie die gezeichnete Schaltung in den äquivalenten Grundstromkreis mit Ersatzstromquelle und ermitteln Sie die Ersatzschaltelemente. (6P)

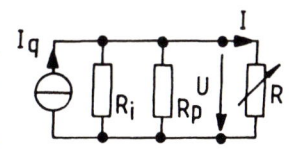

4.2 Mit Hilfe der Ersatzschaltung ist die Funktionsgleichung $I = f(R)$ zu entwickeln. (6P)

4.3 Die Funktion $I = f(R)$ ist dann mit folgenden Zahlenwerten zu berechnen und darzustellen: $I_q = 10A$ $R_i = 1\Omega$ $R_p = 5\Omega$ $R = 0$ 0,5 1 2 3 4 und 5Ω. (6P)

4.4 Kontrollieren Sie die Ergebnisse für die Ströme mit Hilfe der entsprechenden Kennlinienüberlagerung. (6P)

4.5 Wie groß ist der Widerstand R bei Anpassung? (1P)

Aufgabenblatt 2

Aufgabe 1:
1.1 Berechnen Sie für eine Glühlampe mit einem Wolframdraht von 0,02mm Durchmesser und 1m Länge die ohmschen Widerstände bei 20° C und bei einer Glühtemperatur von 2200° C mit folgenden Daten:

$$\rho_{20} = 0{,}055\,\Omega \cdot mm^2/m \qquad \alpha_{20} = 0{,}0041\,K^{-1} \qquad \beta_{20} = 10^{-6}\,K^{-2} \qquad (13P)$$

1.2 Um den β_{20}-Wert von Kupfer bestimmen zu können, wurden für einen Leiter die Widerstandswerte bei 20° C und 800° C ermittelt: der Widerstandswert lag bei 800° C um das 4,485fache höher als der Widerstandswert bei 20° C. Berechnen Sie aus diesen Angaben den β_{20}-Wert. (12P)

Aufgabe 2:
2.1 In der gezeichneten Schaltung soll der Strom I_2 durch den Widerstand R_2 mit Hilfe des Superpositionsverfahrens allgemein berechnet werden. (8P)

2.2 Bestätigen Sie das Ergebnis mit Hilfe des Maschenstromverfahrens. (8P)

2.3 Kontrollieren Sie das Ergebnis für I_2, nachdem Sie die Schaltung durch Zusammenfassen der Spannungsquellen in einen Grundstromkreis überführt haben. (9P)

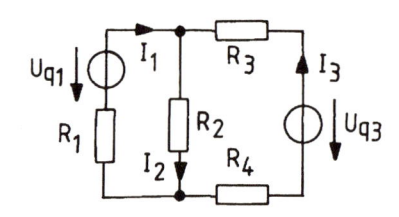

Aufgabe 3:
Ein Generator hat eine Leerlaufspannung $U_l = 24V$ und einen Kurzschlussstrom $I_k = 3A$.
Die zulässige innere Verlustleistung des Generators beträgt $P_{i\,zul} = 2W$.

3.1 Berechnen Sie den Innenwiderstand des Generators. (5P)

3.2 Wie groß darf der Strom werden, um den Generator nicht zu überlasten, und welche Spannung fällt dann am Innenwiderstand ab? (10P)

3.3 Wie groß muss der Lastwiderstand mindestens sein, damit der zulässige Strom nicht überschritten wird, und wie groß ist dann die in dem Lastwiderstand umgesetzte Leistung? (10P)

Aufgabe 4:
Die Strom-Spannungs-Kennlinie eines passiven Bauelementes hat einen parabelförmigen Verlauf, der durch die Formel $U = K \cdot I^2$ approximierbar ist.

4.1 Berechnen Sie die Konstante K, wenn der Messpunkt mit $U = 5{,}5V$ und $I = 4{,}3A$ der Kennlinie bekannt ist. (8P)

4.2 Welcher Arbeitspunkt stellt sich bei der Zusammenschaltung dieses Bauelements mit einer Spannungsquelle ($U_q = 5V$, $I_k = 10A$) ein?
Ermitteln Sie U und I des Arbeitspunktes grafisch. (17P)

Aufgabenblatt 3

Aufgabe 1:
Eine Spule besteht aus einer Manganinwicklung mit einem Querschnitt A = 0,5mm² und einer Länge l = 46,5m.

1.1 Im warmen Zustand müssen für die Spule zwei Bedingungen erfüllt sein: der spezifische Widerstand darf nur 10% über ρ_{20} = 0,43Ω· mm²/m liegen, und die zulässige Stromdichte S = 10A/mm² darf nicht überschritten werden. Berechnen Sie die Spannung U, an die die erwärmte Spule angeschlossen werden kann. (15P)

1.2 Wie groß sind der Strom und die Stromdichte bei 20° C, wenn an die Spule die berechnete Spannung angelegt wird? (10P)

Aufgabe 2:

2.1 Mit Hilfe der Zweigstromanalyse ist die Formel für die Spannung U in Abhängigkeit von U_{q1}, R_{i1}, I_{q2}, R_{i2} und R_a allgemein zu entwickeln. (10P)

2.2 Kontrollieren Sie das Ergebnis für U, nachdem Sie die Schaltung in einen Grundstromkreis überführt haben. (10P)

2.3 Errechnen Sie U und sämtliche Ströme, wenn U_{q1} = 12V R_{i1} = 2Ω I_{q2} = 8A R_{i2} = 3Ω und R_a = 10Ω betragen. (5P)

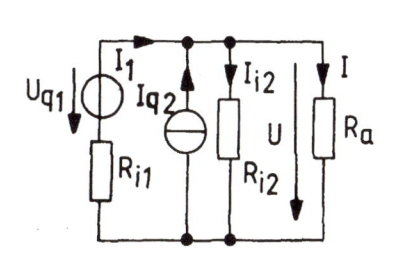

Aufgabe 3:
Für den belasteten Spannungsteiler soll der Strom I_1 in Abhängigkeit von der Schleiferstellung v ermittelt werden.

3.1 Leiten Sie die Formel des Stroms in Abhängigkeit von U, R, R_3 und v = R_2/R in der folgenden Form her:

$$\frac{I_1}{U/R} = f(v) \quad \text{mit dem Parameter} \quad \frac{R}{R_3} \quad (12P)$$

3.2 Berechnen Sie die Funktion für R = R_3 und stellen Sie sie von v = 0 bis 1 in Schritten von 0,1 dar. (7P)

3.2 Kontrollieren Sie die drei Punkte der Funktion für v = 0 0,5 und 1, indem Sie die entsprechenden Schaltbilder zeichnen und erläutern. (6P)

Aufgabe 4:
Ein nichtlinearer Widerstand mit der Kennlinie $U = K \cdot \sqrt{I}$ mit $K = 3V/\sqrt{A}$ für U,I ≥ 0 ist an eine Spannungsquelle mit U_q = 10V, R_i = 1Ω angeschlossen.

4.1 Ermitteln Sie grafisch die Klemmenspannung U, den Strom I und den Gleichstromwiderstand R. (12P)

4.2 Berechnen Sie den Strom I durch eine analytische Berechnung, und vergleichen Sie die Ergebnisse. (13P)

Aufgabenblatt 4

Aufgabe 1:
Der Temperatursensor KTY81 aus Silizium ist ein temperaturabhängiger Widerstand, dessen Temperaturkoeffizienten auf $\vartheta_z = 25°$ C bezogen sind:

$$\alpha_{25} = 7{,}8 \cdot 10^{-3} \text{ K}^{-1} \quad \text{und} \quad \beta_{25} = 18{,}4 \cdot 10^{-6} \text{ K}^{-2}.$$

1.1 Geben Sie die Formel für den temperaturabhängigen Widerstand $R = f(\Delta\vartheta)$ allgemein an. (6P)

1.2 Berechnen Sie für die Temperaturen $\vartheta = -50; 0; 50; 100$ und $150°$ C die Widerstandswerte R mit $R_{25} = 1\text{k}\Omega$ und die Sensorspannungen U_R, wenn der Sensor mit einem Konstantstrom I = 1mA belastet wird. Tragen Sie die Ergebnisse in einer Tabelle ein, und stellen Sie die Funktion $U_R = f(\vartheta)$ dar. (11P)

1.3 Um die Kennlinie für die Sensorspannung zu linearisieren, wird dem Sensor ein Vorwiderstand $R_v = 2\text{k}\Omega$ in Reihe geschaltet. Berechnen Sie $U_R = f(\vartheta)$, wenn die Gesamtspannung der Reihenschaltung U = 1V beträgt. Tragen Sie die Ergebnisse in die Tabelle und in das Diagramm unter 1.2 ein. (8P)

Aufgabe 2:
In der gezeichneten Schaltung sind die Stromquelle I_{q1}, die Spannungsquelle U_{q2} und die Widerstände R_{i1}, R_{i2} und R gegeben.

2.1 Berechnen Sie den Strom I durch den Widerstand R mit Hilfe des Superpositionsverfahrens, ohne die Stromquelle oder die Spannungsquelle umzuwandeln. (13P)

2.1 Kontrollieren Sie das Ergebnis für I, indem Sie die beiden Energiequellen zu einer Energiequelle des Grundstromkreises zusammenfassen. (12P)

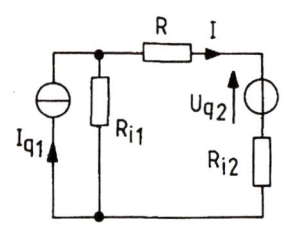

Aufgabe 3:
Der Durchlasswiderstand einer Halbleiterdiode nimmt mit wachsendem Durchlassstrom i_D stark ab.

3.1 Bestätigen Sie die Aussage, indem Sie die Funktion $R_D = u_D/i_D$ mit folgenden Messwerten berechnen und die Funktion $R_D = f(u_D)$ darstellen. (12P)

u_D in V	0,2	0,3	0,4	0,5	0,6
i_D in mA	0,4	4,2	18,4	50	97
R_D in Ω					

3.2 Ermitteln Sie durch Kennlinienüberlagerung den Durchlassstrom i_D, wenn die Halbleiterdiode an eine Spannungsquelle mit $U_q = 1$V und $R_i = 10\Omega$ angeschlossen wird. (13P)

Aufgabe 4:
Piezoresistive Drucksensoren enthalten vier Widerstände auf einer Silizium-Membran, die zu einer Wheatstonebrücke zusammengeschaltet sind. Wird die Membran verformt, dann erhöhen sich zwei Widerstände um ΔR und die beiden anderen Widerstände werden um ΔR kleiner.

4.1 Leiten Sie die Formel für die Brückenspannung U_{CD} in Abhängigkeit von ΔR, R und U her. (20P)

4.2 Wie groß ist die Brückenspannung U_{CD}, wenn sich die vier Widerstände jeweils um 1% verändern und die Versorgungsspannung U = 5V beträgt? (5P)

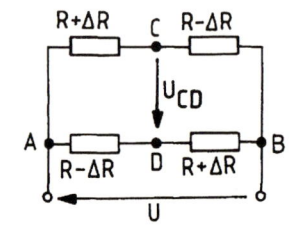

1 Physikalische Grundbegriffe der Elektrotechnik   2 Gleichstromtechnik

Aufgabenblatt 5

Aufgabe 1:
Ein 1kΩ-Trimmpotentiometer besitzt eine Kohleschicht mit $\rho = 65\Omega \cdot mm^2/m$, auf der ein Schleifer um 270° gedreht werden kann.

1.1 Berechnen Sie die mittlere Länge l, die Querschnittfläche A und schließlich die Dicke d des Kohleschichtwiderstandes, indem ein homogenes Strömungsfeld angenommen wird. (18P)

1.2 Welchen Wert darf die Stromdichte S nicht überschreiten, wenn die Verlustleistung P = 2W betragen darf? (7P)

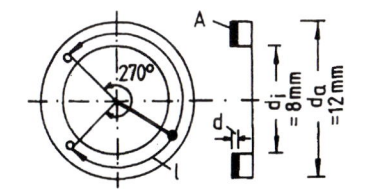

Aufgabe 2:
In der gezeichneten Schaltung wird der Widerstand R_a von den drei Energiequellen gespeist.

2.1 Fassen Sie die drei Energiequellen zu einer Energiequelle zusammen, so dass ein Grundstromkreis entsteht. (18P)

2.2 Berechnen Sie den Strom I durch den Widerstand R_a und die Spannung an R_a. (7P)

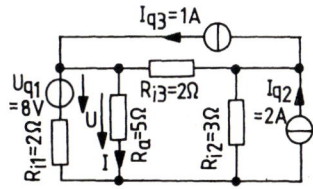

Aufgabe 3:
An einem ohmschen Widerstand R_a kann keine beliebig hohe Spannung U angelegt werden, und es darf kein beliebig hoher Strom I fließen, weil beim Überschreiten einer zulässigen Leistung P der Widerstand zerstört werden würde.

3.1 Berechnen Sie die maximal mögliche Spannung U und den maximal möglichen Strom I, die für einen Widerstand $R_a = 50\Omega$ mit einer zulässigen Leistung P = 2W erlaubt sind. (8P)

3.2 Im Diagramm U = f(I) kann ein Bereich durch die so genannte Leistungshyperbel begrenzt werden, in dem der Arbeitspunkt nicht liegen darf.
Tragen Sie in das gezeichnete Diagramm die Leistungshyperbel für $P = U \cdot I = 2W$ ein, indem Sie den jeweiligen Kreuzungspunkt der beiden Faktoren U und I markieren. Schraffieren Sie den unerlaubten Bereich. (7P)

3.2 Zeichnen Sie nun in das Diagramm die Kennlinie des Widerstandes R_a ein, wodurch Sie das Ergebnis von 3.1 kontrollieren können. (5P)

3.4 Untersuchen Sie mit Hilfe des Diagramms, ob an den Widerstand R_a eine Spannungsquelle mit $U_q = 20V$, $R_i = 50\Omega$ angelegt werden darf. (5P)

Aufgabe 4:
Zur Messung nichtelektrischer Größen werden Sensoren in Viertelbrücken verwendet.

4.1 Leiten Sie die Formel für die Brückenspannung $y = U_{CD}/U$ in Abhängigkeit von $x = \Delta R/R$ her. (15P)

4.2 Berechnen Sie die Kennlinie y = f(x) für x = 0...0,05 im Abstand von 0,01 und stellen Sie sie dar. Welchen Verlauf hat sie annähernd? (10P)

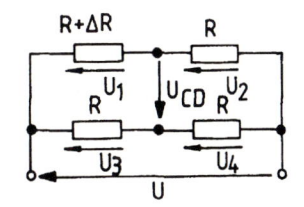

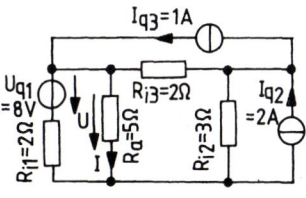

Aufgabenblatt 6

Aufgabe 1:
Eine 40W-Glühlampe hat einen Wolframdraht mit einem Durchmesser d = 0,0226mm und eine Länge l = 0,58m und wird bei U = 220V betrieben. Gegeben sind außerdem:

$$\rho_{20} = 0,055\Omega \cdot mm^2/m \qquad \alpha_{20} = 0,0041\ K^{-1} \qquad \beta_{20} = 10^{-6}\ K^{-2}$$

1.1 Berechnen Sie die Glühtemperatur ϑ, wenn die Umgebungstemperatur 20° C beträgt. (18P)

1.2 Berechnen Sie anschließend die Stromdichte S des Wolframdrahtes beim Einschalten der Glühlampe, d.h. wenn er sich noch nicht erwärmt hat. (7P)

Aufgabe 2:
In der gezeichneten Schaltung wird der Widerstand R_a von drei Energiequellen gespeist.

2.1 Fassen Sie die drei Energiequellen zu einer Energiequelle zusammen, so dass ein Grundstromkreis entsteht. (18P)

2.2 Berechnen Sie den Strom I durch den Widerstand R_a und die Spannung an R_a. (7P)

Aufgabe 3:

3.1 Berechnen Sie allgemein den Strom I in der gezeichneten Schaltung mit Hilfe des Maschenstromverfahrens. (22P)

3.2 Wie groß ist der Strom I, wenn U_{q1} = 12V, I_{q2} = 8A und alle Widerstände R = 1Ω betragen? (3P)

Aufgabe 4:
Eine Alarmanlage besteht aus einer Brückenschaltung, in der sich im Diagonalzweig ein Relais befindet. Fließt durch das Relais ein bestimmter Strom, werden die Kontakte K geöffnet, d.h. durch die Kontakte K wird der Alarm ausgelöst.

4.1 Der Widerstand R_4 ist so zu dimensionieren, dass das Relais bei geschlossenen Kontakten K stromlos ist. (10P)

4.2 Berechnen Sie mit dem errechneten Widerstand R_4 die notwendige Spannung U, damit das Relais mit einem erforderlichen Strom I_L = 50mA anziehen kann. Beachten Sie, dass die beiden Kontakte K nun offen sind. (15P)

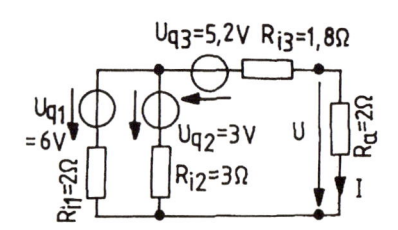

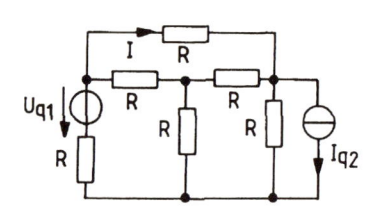

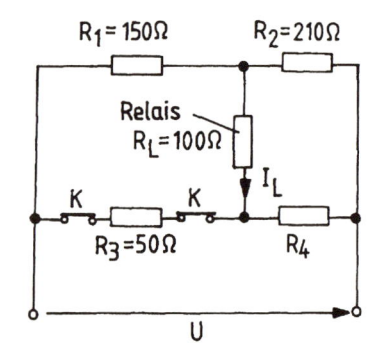

Aufgabenblatt 7

Aufgabe 1:
Von einem Glühlämpchen ist die Kennlinie $I_L = f(U_L)$ gegeben:

I_L in mA	0	65	110	132	150	162
U_L in V	0	2	4	6	8	10

1.1 Bestimmen Sie grafisch den Strom I_L und die Spannung U_L des Lämpchens, wenn das Lämpchen mit einem Vorwiderstand $R_v = 40\Omega$ an eine Betriebsspannung von 12V angelegt wird. Wie groß ist dann der Gleichstromwiderstand R_L des Lämpchens und die am Vorwiderstand anliegende Spannung U_v? (20P)

1.2 Auf welchen Wert verändern sich I_L, U_L, R_L und U_v, wenn die Betriebsspannung auf 14V erhöht wird? (5P)

Aufgabe 2:
In der gezeichneten Schaltung wird der Widerstand R_a von drei Energiequellen gespeist.

2.1 Fassen Sie die drei Energiequellen zu einer Energiequelle zusammen, so dass ein Grundstromkreis entsteht. (18P)

2.2 Berechnen Sie den Strom I durch den Widerstand R_a und die Spannung an R_a. (7P)

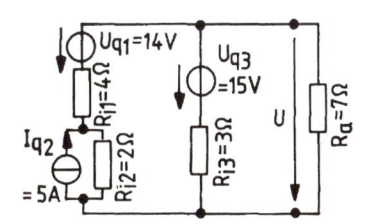

Aufgabe 3:
Die anliegende Spannung U_1 soll mit Hilfe eines Potentiometers in die Spannung U_2 geteilt werden.

3.1 Geben Sie die entsprechende Spannungsteilerschaltung an. (3P)

3.2 Schließen Sie in der gezeichneten Schaltung das Potentiometer so an, dass sich bei Rechtsdrehung des Schleifers, von der Vorderseite gesehen, die Spannung U_2 vergrößert. (6P)

3.3 Berechnen Sie den maximal zulässigen Strom I_{max}, wenn das Potentiometer einen Widerstandswert von 10kΩ und eine zulässige Leistung von 0,2W hat. (6P)

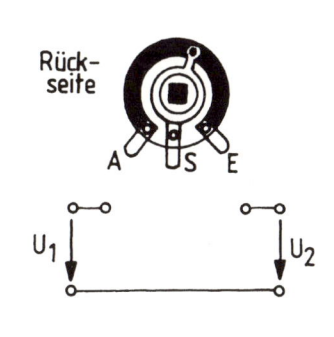

3.4 Wie hoch darf die anliegende Spannung U_1 sein, damit bei beliebiger Schleiferstellung und bei beliebiger ohmscher Belastung das Potentiometer nicht überlastet wird. (6P)
Begründen Sie Ihre Aussage. (4P)

Aufgabe 4:
4.1 Für das gezeichnete Netzwerk ist der Strom I mit Hilfe der Zweipoltheorie zu berechnen. (20P)

4.2 Wie sind die beiden Energiequellen einschließlich der beiden Widerstände R_1 und R_2 bei der Berechnung des Stroms I geschaltet? (5P)

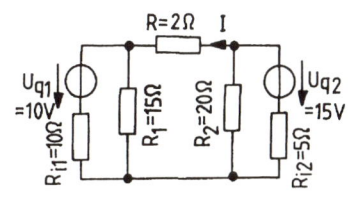

1 Physikalische Grundbegriffe der Elektrotechnik   2 Gleichstromtechnik

Aufgabenblatt 8

Aufgabe 1:
Um den Temperaturkoeffizienten α eines Drahtes ermitteln zu können, wird er in einem Ölbad von 20° C auf 80° C erwärmt. Dadurch wird eine Widerstandszunahme festgestellt.

1.1   Berechnen Sie für den Draht Nr. 1 den Temperaturkoeffizienten α_1, wenn die Widerstandszunahme 24% beträgt.   (12P)

1.2   Berechnen Sie für einen Draht Nr. 2 den Temperaturkoeffizienten α_2 für eine Widerstandszunahme von nur 0,3%.   (7P)

1.3   Um welche Materialien könnte es sich bei den beiden Drähten handeln?   (6P)

Aufgabe 2:
2.1   Mit Hilfe des Maschenstromverfahrens ist die Formel für die Spannung U allgemein zu entwickeln, wenn I_{q1}, R_{i1}, R_1, U_{q2}, R_{i2}, R_2 und R_a gegeben sind.   (15P)

2.2   Kontrollieren Sie das Ergebnis für die Spannung U, nachdem Sie die Schaltung in einen Grundstromkreis überführt haben.   (10P)

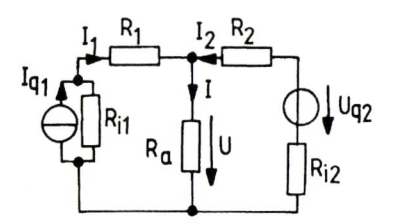

Aufgabe 3:
Ein Spannungsteiler mit dem Widerstand R soll dimensioniert werden.

3.1   Ist der Spannungsteiler unbelastet, dann soll die Spannung U_{2l} (Leerlaufspannung) die Hälfte der anliegenden Spannung U = 20V betragen. Was können Sie dann über die beiden Teilwiderstände R_1 und R_2 und $v = R_2/R$ aussagen?   (4P)

3.2   Ist nun der Spannungsteiler mit R_3 belastet, dann verändert sich die Spannung U_2. Die Abweichung darf 5% betragen. Auf welchen Wert verändert sich U_2, wenn U und v gleich bleiben?   (4P)

3.3   Entwickeln Sie die Formel für den Widerstand R, wenn v, U/U_2 und R_3 gegeben sind, und berechnen Sie den Widerstand R mit obigen Zahlenwerten und mit $R_3 = 2{,}2k\Omega$. Wie groß sind die Teilwiderstände R_1 und R_2?   (17P)

Aufgabe 4:
Ein ohmscher Widerstand von $3{,}2k\Omega$ hat eine zulässige Leistung von 0,5W.

4.1   Berechnen Sie die höchstzulässige Spannung U, die an den Widerstand angelegt werden darf.   (5P)

4.2   Kontrollieren Sie das Rechenergebnis grafisch, indem Sie in einem I = f(U)-Diagramm die Leistungshyperbel für 10, 20, 30, 40, 50, 60, 70, 80, 90, 100V und die Widerstandskennlinie eintragen.   (12P)

4.3   Berechnen Sie für den $3{,}2k\Omega$-Widerstand die Funktion P = f(U) für 0, 10, 20, 30, 40, 50V und stellen Sie die Funktion in einem Diagramm dar. Tragen Sie die zulässige Leistung von 0,5W als Bestätigung obiger Aussage ein.   (8P)

Aufgabenblatt 9

Aufgabe 1:
Ein Widerstandsthermometer Pt-100 (Platin) hat bei einer Bezugstemperatur $\vartheta = 0°$ C einen Widerstandswert $R_0 = 100\Omega$. Bei einer Temperaturmessung mit ϑ liegt über dem Messwiderstand R eine Messspannung von 0,75V, der Messstrom beträgt 5mA.

1.1 Berechnen Sie den Widerstand R bei der Temperatur ϑ. (6P)
1.2 Berechnen Sie die Temperatur ϑ, wenn die Temperaturabhängigkeit des Widerstandes linear ist und $\alpha_0 = 0{,}00385$ K^{-1} beträgt. (11P)
1.3 Auf welchen Wert verändert sich die Messspannung bei $\vartheta = -200°$ C, wenn der Messstrom unverändert 5mA bleibt? (8P)

Aufgabe 2:
2.1 Entwickeln Sie für die gezeichnete Schaltung das geordnete Gleichungssystem für die Knotenspannungen mit Hilfe des Knotenspannungsverfahrens, ohne die Energiequellen umzuwandeln. (16P) 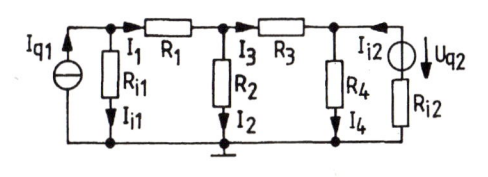
2.2 Setzen Sie folgende Zahlenwerte in das geordnete Gleichungssystem ein: $I_{q1} = 8$A $R_{i1} = 10\Omega$ $U_{q2} = 5$V $R_{i2} = 1\Omega$ $R_1 = 20\Omega$ $R_2 = 100\Omega$ $R_3 = 50\Omega$ $R_4 = 10\Omega$, und berechnen Sie die Spannung über den Widerstand R_2 und den Strom I_2 mit dem Eliminationsverfahren. (9P)

Aufgabe 3:
3.1 Um welche Schaltung handelt es sich in der nebenstehenden Zeichnung und wofür wird sie verwendet? (4P)
3.2 Berechnen Sie mit Hilfe der Zweipoltheorie den Strom I_3, indem Sie die Schaltung in den Grundstromkreis mit Ersatzspannungsquelle überführen. Der Innenwiderstand der Schaltung, an der die Spannung U_x anliegt, soll vernachlässigbar klein sein. (19P)
3.3 Wie groß ist die unbekannte Spannung U_x, wenn $I_3 = 0$ ist? (2P)

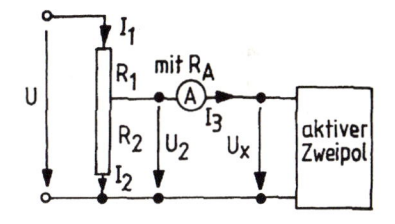

Aufgabe 4:
4.1 Überführen Sie die gezeichnete Schaltung in den äquivalenten Grundstromkreis durch Umwandlung der Stromquelle. Berechnen Sie U_{qers} und R_{iers} mit den Zahlenwerten. (7P)
4.2 Mit Hilfe der Ersatzschaltung ist dann die Funktion $I = f(R)$ mit R = 0, 1, 2, 5, 8 und 10Ω zu berechnen und darzustellen. (8P)
4.3 Kontrollieren Sie die Stromwerte durch Kennlinienüberlagerung. (8P)
4.4 Wie groß ist der Widerstand R bei Anpassung? (2P)

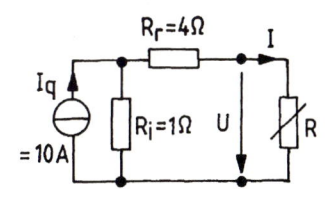

Aufgabenblatt 10

Aufgabe 1:
An eine Stromquelle mit $I_q = 500\,\text{mA}$ und $R_i = 200\,\Omega$ ist ein nichtlinearer Widerstand angeschlossen, für den folgende Daten gemessen wurden:

U in V	5	10	15	20	30	50	70	90	110
I in mA	152	265	321	359	400	410	411	411	437

1.1 Stellen Sie die Kennlinie des nichtlinearen Widerstandes dar und bestimmen Sie die Spannung U über dem Widerstand und den Strom I durch den Widerstand und den wirksamen Gleichstromwiderstand R, dessen Kennlinie Sie in das Diagramm eintragen. (15P)

1.2 Auf welchen Wert ändert sich der Gleichstromwiderstand R, wenn zu dem nichtlinearen Widerstand ein Vorwiderstand $R_V = 50\,\Omega$ in Reihe geschaltet wird. Erläutern Sie Ihre Lösung. (10P)

Aufgabe 2:
2.1 Berechnen Sie in der gezeichneten Schaltung den Strom I durch den Widerstand R, indem Sie die Schaltung in einen Grundstromkreis überführen. (14P)
2.2 Kontrollieren Sie das Ergebnis für den Strom I mit Hilfe des Überlagerungsverfahrens. (11P)

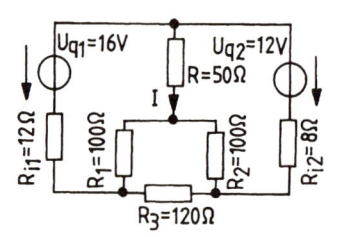

Aufgabe 3:
Mit Hilfe der Spannungsteilerregel sind folgende Spannungsverhältnisse zu ermitteln:
3.1 U_2/U_1 (3P)   3.2 U_4/U_1 (10P)   3.3 U_6/U_1 (12P)
Einfach-Spannungsteiler   Zweifach-Spannungsteiler   Dreifach-Spannungsteiler:

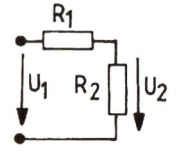

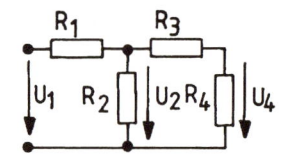

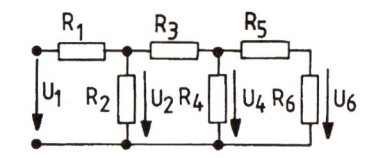

Aufgabe 4:
In der gezeichneten Schaltung sind die Stromquelle I_{q1}, die Spannungsquelle U_{q2} und die Widerstände R_{i1}, R_{i2} und R gegeben.
4.1 Berechnen Sie den Strom I durch den Widerstand R mit Hilfe des Superpositionsverfahrens, ohne die Stromquelle oder die Spannungsquelle umzuwandeln. (13P)
4.2 Kontrollieren Sie das Ergebnis für den Strom I, indem Sie die beiden Energiequellen zu einer Energiequelle des Grundstromkreises zusammenfassen. (12P)

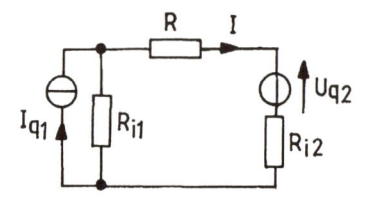

Lösungen

Abschnitt 1:

1 Physikalische Grundbegriffe der Elektrotechnik
2 Gleichstromtechnik

Lösungen zum Aufgabenblatt 1

Aufgabe 1:

Zu 1.1
Kennlinienüberlagerung nach
Bd. 1, S.30-31 oder FS S.5:

Die Kennlinie des aktiven Zweipols mit
$U_l = U_q = 80V$
und

$$I_k = \frac{U_q}{R_i} = \frac{80V}{160\Omega} = 0,5A$$

wird mit der nichtlinearen Kennlinie des passiven Zweipols überlagert.
Im Schnittpunkt beider Kennlinien werden abgelesen:
U=20V und I= 0,375A.
Daraus ergibt sich der Widerstand
R=U/I=20V/0,375A=53,3Ω.

Kontrolle
mit Gl.2.9 (Bd.1, S.29) oder FS S. 4:

$$I = \frac{U_q}{R_i + R} = \frac{80V}{(160 + 53,3)\Omega} = 0,375A$$

(15P)

Zu 1.2
Der Vorwiderstand wird in den aktiven Zweipol einbezogen, d.h. der Innenwiderstand des aktiven Zweipols ist nun $R_i + R_v$.
Die Kennlinie mit
$U_l = U_q = 80V$
und

$$I_k = \frac{U_q}{R_i + R_v} = \frac{80V}{200\Omega} = 0,4A$$

wird mit der nichtlinearen Kennlinie des passiven Zweipols überlagert.
Im Schnittpunkt beider Kennlinien werden abgelesen:
U=12,5V und I=0,34A
Daraus ergibt sich der Widerstand
R=U/I=12,5V/0,34A=36,8Ω.

Kontrolle
mit Gl.2.9 oder FS S.4:

$$I = \frac{U_q}{R_i + R_v + R} = \frac{80V}{(160 + 40 + 36,8)\Omega}$$

$$I = 0,338A$$

Die Teilspannungen betragen:
$U_i = 160\Omega \cdot 0,338A = 54,08V$
$U_v = 40\Omega \cdot 0,338A = 13,52V$
$U = 12,5V$
Die Summe der Teilspannungen ergibt 80,1V, das sind etwa U_q=80V. (10P)

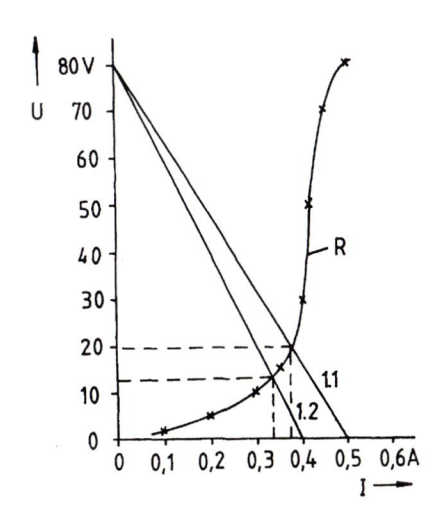

Lösungen zum Aufgabenblatt 1

Aufgabe 2:

Zu 2.1 Nach Band 1, S. 98 oder FS S.21 muss zunächst die Stromquelle in die äquivalente Spannungsquelle $U_{q2}=R_{i2} \cdot I_{q2}$ umgewandelt werden. (4P)

Dann werden die unabhängigen Maschen festgelegt: (5P)

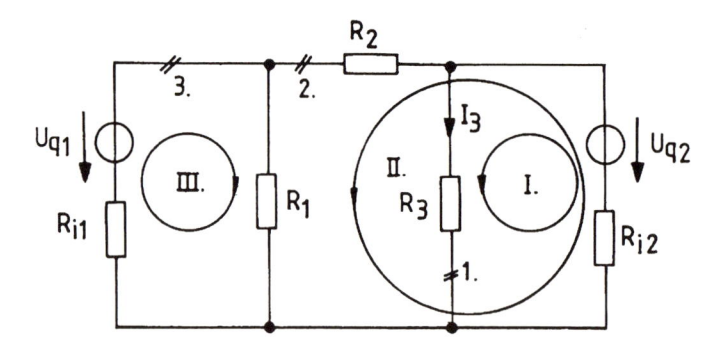

Schließlich ist das Gleichungssystem aufzustellen und zu ordnen: (9P)

I. $U_{q2} = I_I(R_{i2}+R_3) + I_{II} R_{i2}$

II. $U_{q2} = I_I R_{i2} \quad + I_{II}(R_{i2}+R_1+R_2) + I_{III} R_1$

III. $U_{q1} = \quad\quad\quad\quad I_{II} R_1 \quad + I_{III}(R_{i1}+R_1)$

Zu 2.2 Nach Band 1, S. 112-113 lautet die Matrizenschreibweise des Gleichungssystems:

$$\begin{pmatrix} U_{q2} \\ R_{i2} \cdot I_{q2} \\ U_{q1} \end{pmatrix} = \begin{pmatrix} R_{i2}+R_3 & R_{i2} & 0 \\ R_{i2} & R_{i2}+R_1+R_2 & R_1 \\ 0 & R_1 & R_{i1}+R_1 \end{pmatrix} \cdot \begin{pmatrix} I_I \\ I_{II} \\ I_{III} \end{pmatrix}$$

(7P)

Lösungen zum Aufgabenblatt 1

Aufgabe 3:

Zu 3.1   Die Dreieckschaltung mit den Widerständen R_3, R_4 und R_5 wird in die Sternschaltung mit den Widerständen $R_3{'}$, $R_4{'}$ und $R_5{'}$ umgewandelt. Die Dreieck-Stern-Transformation ist im Band 1, S.70-71 und in der FS S.15 zu finden.

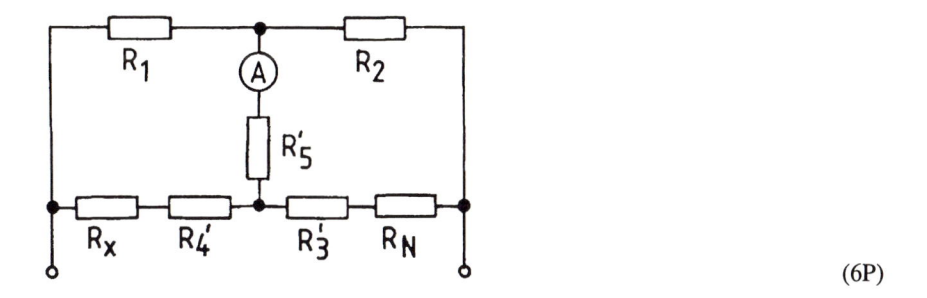

(6P)

Nach Band 1, S. 60 oder FS S.12 lautet die Abgleichbedingung für die Wheatstonebrücke nach Gl. 2.108

$$\frac{R_x + R_4{'}}{R_3{'} + R_N} = \frac{R_1}{R_2}$$

(6P)

wobei der Widerstand $R_5{'}$ bei Abgleich stromlos ist und deshalb in der Abgleichbedingung nicht berücksichtigt werden darf.

Zu 3.2 $R_x + R_4{'} = \dfrac{R_1}{R_2}(R_3{'} + R_N)$

$$R_x = \frac{R_1}{R_2}(R_3{'} + R_N) - R_4{'}$$

mit $R_3{'} = \dfrac{R_4 \cdot R_5}{R_3 + R_4 + R_5}$ und $R_4{'} = \dfrac{R_3 \cdot R_5}{R_3 + R_4 + R_5}$

(Bd.1, Gl. 2.147 bis 2.149 oder FS S.15)

$$R_x = \frac{R_1}{R_2}\frac{R_4 \cdot R_5}{R_3 + R_4 + R_5} + \frac{R_1}{R_2}R_N - \frac{R_3 \cdot R_5}{R_3 + R_4 + R_5}\frac{R_2}{R_2}$$

$$R_x = \frac{R_1}{R_2}R_N + \frac{R_1 R_4 R_5 - R_2 R_3 R_5}{R_2(R_3 + R_4 + R_5)}$$

(10P)

Zu 3.3 $R_1 R_4 R_5 = R_2 R_3 R_5$

$$\frac{R_1}{R_2} = \frac{R_3}{R_4} \quad \text{oder} \quad R_5 = 0$$

(3P)

Lösungen zum Aufgabenblatt 1

Aufgabe 4:

Zu 4.1 $I_{qers} = I_q$ $R_{iers} = \dfrac{R_i R_p}{R_i + R_p}$ $R_{aers} = R$

(Bd.1, S.48 u. 90 oder FS S.18-20) (6P)

Zu 4.2 (Bd.1, S.49, Gl. 2.86 oder FS S.20)

$$I = \dfrac{R_{iers}}{R_{iers} + R_{aers}} I_{qers} = \dfrac{\dfrac{R_i R_p}{R_i + R_p}}{\dfrac{R_i R_p}{R_i + R_p} + R} I_q = \dfrac{R_i R_p}{R_i R_p + R(R_i + R_p)} I_q$$ (6P)

Zu 4.3 $I = \dfrac{1\Omega \cdot 5\Omega}{1\Omega \cdot 5\Omega + R(1\Omega + 5\Omega)} \cdot 10A = \dfrac{50}{5 + 6R} A$ (6P)

R	I
Ω	A
0	10
0,5	6,25
1	4,55
2	2,94
3	2,17
4	1,72
5	1,43

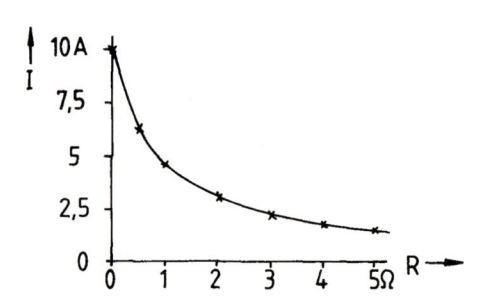

Zu 4.4 Achsenabschnitte: $I_k = I_q = 10A$ und $U_l = R_{iers} \cdot I_k = \dfrac{1 \cdot 5}{1+5} \Omega \cdot 10A = 8,3V$

(Bd.1, S.30-31 oder FS S.5)

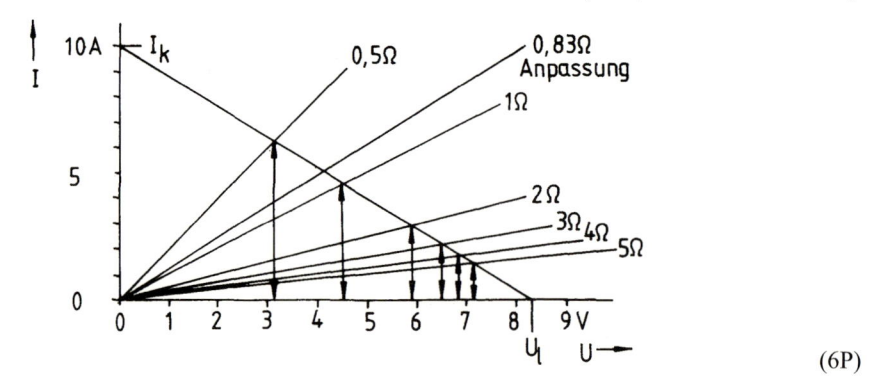

(6P)

Zu 4.5 $R_{aers} = R_{iers}$, d.h. $R = \dfrac{R_i R_p}{R_i + R_p} = \dfrac{1 \cdot 5}{1+5} \Omega = 0,83\Omega$ (Bd.1, S.29 oder FS S.4) (1P)

Lösungen zum Aufgabenblatt 2

Aufgabe 1:

Zu 1.1 $R_{20} = \rho_{20} \cdot \dfrac{l}{A}$ (Bd. 1, S.16 oder FS S.2)

mit

$$A = \frac{\pi \cdot D^2}{4} = \frac{\pi \cdot (0{,}02\,\text{mm})^2}{4}$$

$$R_{20} = 0{,}055 \frac{\Omega \cdot \text{mm}^2}{\text{m}} \cdot \frac{1\,\text{m} \cdot 4}{(0{,}02\,\text{mm})^2 \cdot \pi}$$

$R_{20} = 175\,\Omega$ (5P)

$$R_a = R_{20} \cdot \left[1 + \alpha_{20} \cdot \Delta\vartheta + \beta_{20} \cdot (\Delta\vartheta)^2\right] \quad \text{(Bd.1, S.19 oder FS S.2)}$$

$\Delta\vartheta = 2200\,°C - 20\,°C = 2180\,°C = 2180\,K$ (s. Erläuterung S.19 unten)

$$R_a = 175\,\Omega \cdot \left[1 + 0{,}0041\,K^{-1} \cdot 2180\,K + 10^{-6}\,K^{-2} \cdot (2180\,K)^2\right]$$

$R_a = 2570\,\Omega$ (8P)

Zu 1.2 $1 + \alpha_{20} \cdot \Delta\vartheta + \beta_{20} \cdot (\Delta\vartheta)^2 = \dfrac{R_a}{R_{20}}$

$$\beta_{20} = \frac{1}{(\Delta\vartheta)^2}\left[\frac{R_a}{R_{20}} - 1 - \alpha_{20} \cdot \Delta\vartheta\right]$$

$$\beta_{20} = \frac{1}{(780\,K)^2} \cdot \left[4{,}485 - 1 - 0{,}0041\,K^{-1} \cdot 780\,K\right]$$

$\Delta\vartheta = 800\,°C - 20\,°C = 780\,°C = 780\,K$

$\beta_{20} = 471 \cdot 10^{-9}\,K^{-2}$

$\beta_{20} = 0{,}47 \cdot 10^{-6}\,K^{-2}$ (12P)

Lösungen zum Aufgabenblatt 2

Aufgabe 2:

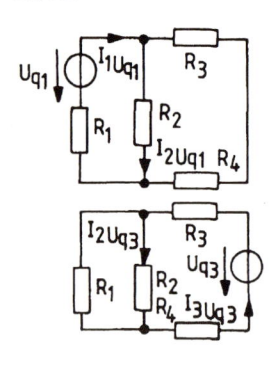

Zu 2.1 Bd.1, S.86-88 oder FS S.17

Die Spannungsquelle U_{q1} wirkt:

$$\frac{I_{2U_{q1}}}{I_{1U_{q1}}} = \frac{R_3+R_4}{R_2+R_3+R_4} \qquad I_{1U_{q1}} = \frac{U_{q1}}{R_1+\frac{R_2(R_3+R_4)}{R_2+R_3+R_4}}$$

$$I_{2U_{q1}} = \frac{(R_3+R_4)U_{q1}}{R_1(R_2+R_3+R_4)+R_2(R_3+R_4)}$$

Die Spannungsquelle U_{q3} wirkt:

$$\frac{I_{2U_{q3}}}{I_{3U_{q3}}} = \frac{R_1}{R_1+R_2} \qquad I_{3U_{q3}} = \frac{U_{q3}}{R_3+R_4+\frac{R_1R_2}{R_1+R_2}}$$

$$I_{2U_{q3}} = \frac{R_1 U_{q3}}{(R_1+R_2)(R_3+R_4)+R_1R_2}$$

$$I_2 = I_{2U_{q1}} + I_{2U_{q3}} = \frac{(R_3+R_4)U_{q1}+R_1U_{q3}}{R_1(R_2+R_3+R_4)+R_2(R_3+R_4)} \qquad (8P)$$

Zu 2.2 Bd.1, S.98-99 oder FS S.21

$U_{q1}=(R_1+R_2)I_I+ \quad\quad R_1I_{II} \quad |\cdot(R_1+R_3+R_4)$
$U_{q1}-U_{q3}= \quad R_1I_I+(R_1+R_3+R_4)I_{II} \quad |\cdot R_1$

$(R_1+R_3+R_4)U_{q1}=(R_1+R_3+R_4)(R_1+R_2)I_I+(R_1+R_3+R_4)R_1I_{II}$
$-[R_1(U_{q1}-U_{q3}) = \quad\quad R_1^2 I_I+(R_1+R_3+R_4)R_1I_{II}]$

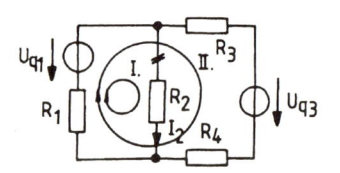

$$I_2 = I_I = \frac{(R_1+R_3+R_4)U_{q1}-R_1(U_{q1}-U_{q3})}{(R_1+R_3+R_4)(R_1+R_2)-R_1^2} = \frac{(R_3+R_4)U_{q1}+R_1U_{q3}}{(R_1+R_2)(R_3+R_4)+R_1R_2} = \frac{(R_3+R_4)U_{q1}+R_1U_{q3}}{R_1(R_2+R_3+R_4)+R_2(R_3+R_4)}$$

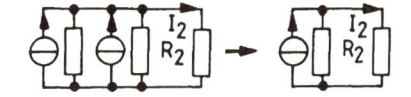

(8P)

Zu 2.3 Bd.1, S.54-55 und S.57 oder FS S.11 und S.18-20

$$I_{qers} = I_{q1}+I_{q3} = \frac{U_{q1}}{R_1}+\frac{U_{q3}}{R_3+R_4}$$

$$R_{iers} = \frac{R_{i1}R_{i3}}{R_{i1}+R_{i3}} = \frac{R_1(R_3+R_4)}{R_1+R_3+R_4} \text{ mit } R_{i1}=R_1 \text{ und } R_{i3}=R_3+R_4$$

$$I_2 = \frac{R_{iers} \cdot I_{qers}}{R_{iers}+R_{aers}} = \frac{\frac{R_1(R_3+R_4)}{R_1+R_3+R_4}\left(\frac{U_{q1}}{R_1}+\frac{U_{q3}}{R_3+R_4}\right)}{\frac{R_1(R_3+R_4)}{R_1+R_3+R_4}+R_2} = \frac{R_1(R_3+R_4)\frac{(R_3+R_4)U_{q1}+R_1U_{q3}}{R_1(R_3+R_4)}}{R_1(R_3+R_4)+R_2(R_1+R_3+R_4)}$$

$$I_2 = \frac{(R_3+R_4)U_{q1}+R_1U_{q3}}{R_1(R_2+R_3+R_4)+R_2(R_3+R_4)} \qquad (9P)$$

Lösungen zum Aufgabenblatt 2

Aufgabe 3:

Zu 3.1   Bd.1, S.29 oder FS S.4

$U_q = U_l = 24V$

aus $\quad I_k = \dfrac{U_q}{R_i}$

ergibt sich $\quad R_i = \dfrac{U_q}{I_k} = \dfrac{24V}{3A} = 8\Omega$ (5P)

Zu 3.2   Bd. 1, S.147 oder FS S.3

aus $\quad P_{izul} = I_{zul}^2 \cdot R_i$

ergibt sich $\quad I_{zul} = \sqrt{\dfrac{P_{izul}}{R_i}} = \sqrt{\dfrac{2VA}{8\Omega}} = \sqrt{0{,}25}\,A$

$I_{zul} = 0{,}5A$ (7P)

$U_{izul} = I_{zul} \cdot R_i = 0{,}5A \cdot 8\Omega$

$U_{izul} = 4V$ (3P)

Zu 3.3   Bd.1, S.29 oder FS S.10

aus $\quad I_{zul} = \dfrac{U_q}{R_i + R_a}$

ergibt sich $\quad R_a = \dfrac{U_q}{I_{zul}} - R_i$

$R_a = \dfrac{24V}{0{,}5A} - 8\Omega$

$R_a = 40\Omega$ (5P)

$P_a = I_{zul}^2 \cdot R_a = (0{,}5A)^2 \cdot 40\Omega$

$P_a = 10W$ (5P)

Lösungen zum Aufgabenblatt 2

Aufgabe 4:
Zu 4.1   Bd.1, S.17

aus $\quad U = K \cdot I^2$

ergibt sich $\quad K = \dfrac{U}{I^2} = \dfrac{5{,}5V}{(4{,}3A)^2}$

$K = 0{,}297 \text{ V/A}^2$ (8P)

Zu 4.2

I in A	1	2	3	4	3,5	3,2	3,3	3,4
U in V	0,297	1,19	2,68	4,76	3,64	3,05	3,24	3,44

(7P)

Bd.1 S.30-31 oder FS S.5

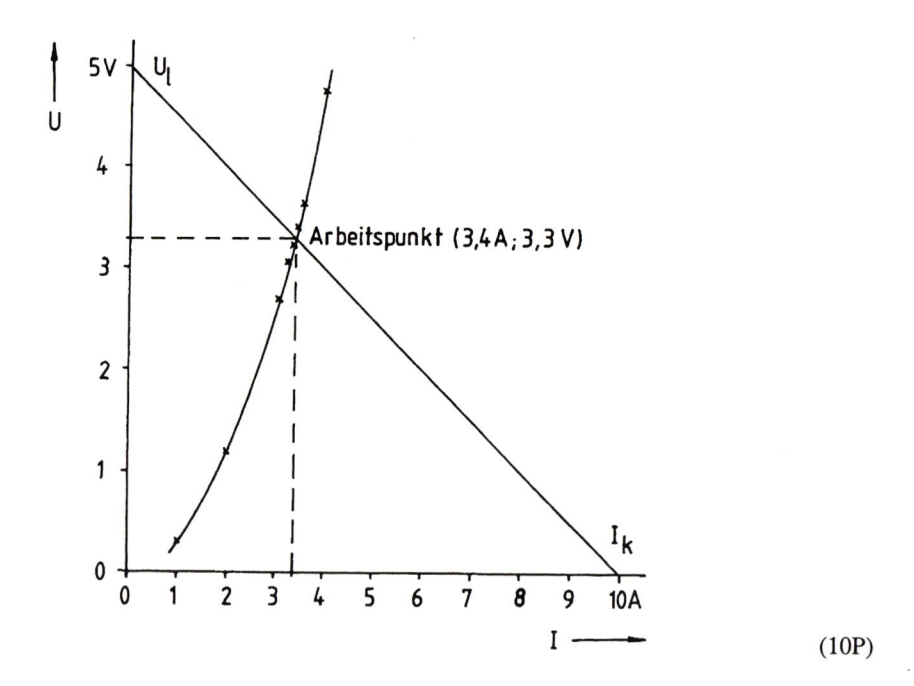

Arbeitspunkt (3,4 A; 3,3 V)

(10P)

Lösungen zum Aufgabenblatt 3

Aufgabe 1:
Zu 1.1   Bd.1, S.12 und 16 oder FS S.1 und 2

$$U = R \cdot I$$

$$R = \rho_{20} \cdot (1 + \alpha \cdot \Delta\vartheta) \frac{l}{A}$$

$$R = \rho_{20} \cdot 1{,}1 \cdot \frac{l}{A}$$

$$U = \rho_{20} \cdot 1{,}1 \cdot \frac{l}{A} \cdot I$$

$$S = \frac{I}{A}$$

$$U = \rho_{20} \cdot 1{,}1 \cdot l \cdot S$$

$$U = 0{,}43 \frac{\Omega \cdot mm^2}{m} \cdot 1{,}1 \cdot 46{,}5m \cdot 10 \frac{A}{mm^2}$$

$$U = 220V \tag{15P}$$

Zu 1.2

$$I = \frac{U}{R_{20}}$$

$$R_{20} = \rho_{20} \cdot \frac{l}{A}$$

$$R_{20} = 0{,}43 \frac{\Omega \cdot mm^2}{m} \cdot \frac{46{,}5m}{0{,}5mm^2}$$

$$R_{20} = 40\Omega$$

$$I = \frac{220V}{40\Omega}$$

$$I = 5{,}5A$$

$$S = \frac{I}{A} = \frac{5{,}5A}{0{,}5mm^2}$$

$$S = 11 \frac{A}{mm^2} \tag{10P}$$

Lösungen zum Aufgabenblatt 3

Aufgabe 2:

Zu 2.1 Bd.1, S.80 oder FS S.16

Berechnen von I mit $U = I \cdot R_a$ mit einem Gleichungssystem mit z=3, k-1=1 und 2 unabhängigen Maschen:

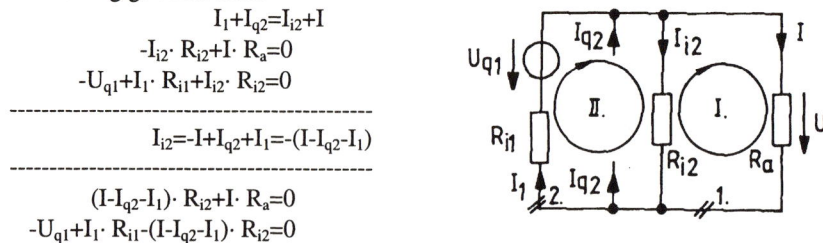

$$I_1 + I_{q2} = I_{i2} + I$$
$$-I_{i2} \cdot R_{i2} + I \cdot R_a = 0$$
$$-U_{q1} + I_1 \cdot R_{i1} + I_{i2} \cdot R_{i2} = 0$$

$$I_{i2} = -I + I_{q2} + I_1 = -(I - I_{q2} - I_1)$$

$$(I - I_{q2} - I_1) \cdot R_{i2} + I \cdot R_a = 0$$
$$-U_{q1} + I_1 \cdot R_{i1} - (I - I_{q2} - I_1) \cdot R_{i2} = 0$$

$$I \cdot (R_{i2} + R_a) - I_1 \cdot R_{i2} = I_{q2} \cdot R_{i2} \quad | \cdot (R_{i1} + R_{i2})$$
$$-I \cdot R_{i2} + I_1 \cdot (R_{i1} + R_{i2}) = U_{q1} - I_{q2} \cdot R_{i2} \quad | \cdot R_{i2}$$

$$I \cdot (R_{i2} + R_a)(R_{i1} + R_{i2}) - I_1 \cdot R_{i2} \cdot (R_{i1} + R_{i2}) = I_{q2} \cdot R_{i2} \cdot (R_{i1} + R_{i2})$$
$$+[-I \cdot R_{i2}^2 \quad\quad\quad + I_1 \cdot R_{i2} \cdot (R_{i1} + R_{i2}) = U_{q1} \cdot R_{i2} - I_{q2} \cdot R_{i2}^2]$$

$$I = \frac{I_{q2} \cdot R_{i2} \cdot (R_{i1} + R_{i2}) + U_{q1} \cdot R_{i2} - I_{q2} \cdot R_{i2}^2}{(R_{i2} + R_a)(R_{i1} + R_{i2}) - R_{i2}^2}$$

$$U = I \cdot R_a = \frac{I_{q2} \cdot R_{i1} \cdot R_{i2} + U_{q1} \cdot R_{i2}}{R_{i2} \cdot R_{i1} + R_a \cdot (R_{i1} + R_{i2})} \cdot R_a = \frac{(I_{q2} \cdot R_{i1} + U_{q1}) \cdot R_{i2} \cdot R_a}{R_{i1} \cdot R_{i2} + R_a \cdot (R_{i1} + R_{i2})} \quad (10P)$$

Zu 2.2 Parallelschaltung von zwei Stromquellen nach Bd.1, S.54-55 oder FS S.11

$$I_q = I_{q1} + I_{q2} = \frac{U_{q1}}{R_{i1}} + I_{q2} \quad\quad R_i = \frac{1}{\dfrac{1}{R_{i1}} + \dfrac{1}{R_{i2}}} \quad\quad U = \frac{I_q \cdot R_i \cdot R_a}{R_i + R_a} \quad\quad \text{Bd.1, S.46 oder FS S.10}$$

$$U = \frac{\left(\dfrac{U_{q1}}{R_{i1}} + I_{q2}\right) \cdot \dfrac{1}{\dfrac{1}{R_{i1}} + \dfrac{1}{R_{i2}}} \cdot R_a}{\dfrac{1}{\dfrac{1}{R_{i1}} + \dfrac{1}{R_{i2}}} + R_a} = \frac{\dfrac{U_{q1} + I_{q2} \cdot R_{i1}}{R_{i1}} \cdot \dfrac{R_{i1} \cdot R_{i2}}{R_{i2} + R_{i1}} \cdot R_a}{\dfrac{R_{i1} \cdot R_{i2}}{R_{i2} + R_{i1}} + R_a} = \frac{(U_{q1} + I_{q2} \cdot R_{i1}) \cdot R_{i2} \cdot R_a}{R_{i1} \cdot R_{i2} + R_a \cdot (R_{i1} + R_{i2})}$$

(10P)

Zu 2.3 $$U = \frac{12V + 8A \cdot 2\Omega}{2\Omega \cdot 3\Omega + 10\Omega(2\Omega + 3\Omega)} \cdot 3\Omega \cdot 10\Omega = 15V$$

$$I = \frac{U}{R_a} = \frac{15V}{10\Omega} = 1{,}5A \quad\quad\quad I_{i2} = \frac{U}{R_{i2}} = \frac{15V}{3\Omega} = 5A$$

$$I_1 = -\frac{U - U_{q1}}{R_{i1}} = -\frac{15V - 12V}{2\Omega} = -1{,}5A$$

Kontrolle: $I_1 + I_{q2} - I_{i2} = I$ $\quad -1{,}5A + 8A - 5A = 1{,}5A$ (5P)

Lösungen zum Aufgabenblatt 3

Aufgabe 3:

Zu 3.1   Bd.1, S.62-64

$$I_1 = \frac{U}{R_1 + \dfrac{R_2 R_3}{R_2 + R_3}} = \frac{U(R_2 + R_3)}{R_1(R_2 + R_3) + R_2 R_3}$$

mit $R_1 = R - R_2$

$$I_1 = \frac{U(R_2 + R_3)}{(R - R_2)(R_2 + R_3) + R_2 R_3} = \frac{U(R_2 + R_3)}{R(R_2 + R_3) - R_2^2 - R_2 R_3 + R_2 R_3}$$

mit $R_2 = v \cdot R$

$$I_1 = \frac{U(v \cdot R + R_3)}{R(v \cdot R + R_3) - v^2 \cdot R^2} = \frac{U}{R} \cdot \frac{v \cdot R + R_3}{vR + R_3 - v^2 \cdot R} \;;\quad \frac{I_1}{U/R} = \frac{v \cdot \dfrac{R}{R_3} + 1}{v \cdot \dfrac{R}{R_3}(1-v) + 1} \qquad \text{(12P)}$$

Zu 3.2 $R = R_3$,   d.h. $\dfrac{R}{R_3} = 1$ $\dfrac{I_1}{U/R} = \dfrac{v+1}{v \cdot (1-v) + 1}$

v	0	0,1	0,2	0,3	0,4	0,5	0,6	0,7	0,8	0,9	1,0
$I_1 / (U/R)$	1	1,01	1,03	1,07	1,13	1,20	1,29	1,40	1,55	1,74	2

(4P)

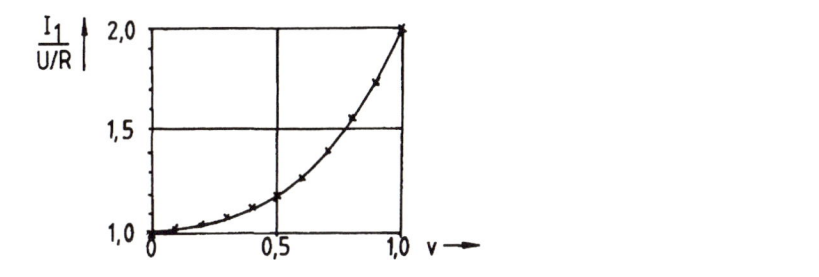

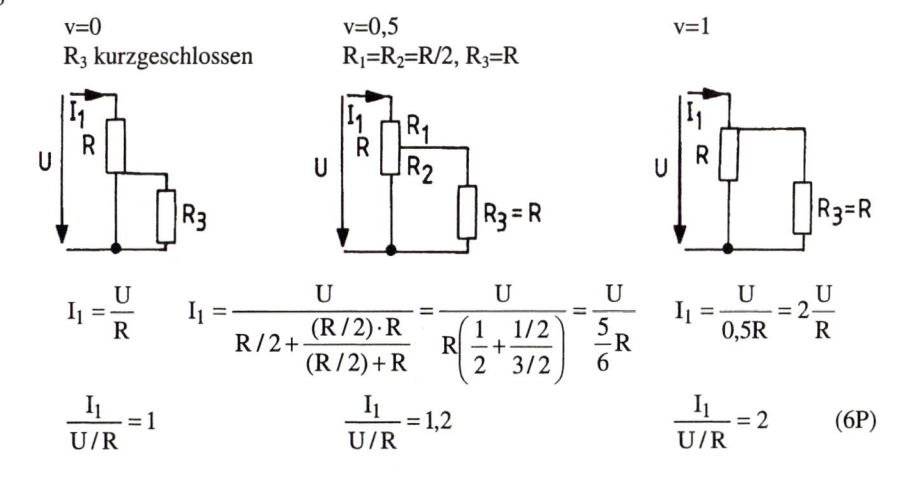

(3P)

Zu 3.3

v=0   v=0,5   v=1
R_3 kurzgeschlossen $R_1 = R_2 = R/2,\ R_3 = R$

$I_1 = \dfrac{U}{R}$ $I_1 = \dfrac{U}{R/2 + \dfrac{(R/2) \cdot R}{(R/2) + R}} = \dfrac{U}{R\left(\dfrac{1}{2} + \dfrac{1/2}{3/2}\right)} = \dfrac{U}{\dfrac{5}{6}R}$ $I_1 = \dfrac{U}{0,5R} = 2\dfrac{U}{R}$

$\dfrac{I_1}{U/R} = 1$ $\dfrac{I_1}{U/R} = 1,2$ $\dfrac{I_1}{U/R} = 2$ (6P)

Lösungen zum Aufgabenblatt 3

Aufgabe 4:

Zu 4.1 $\quad U = 3\dfrac{V}{\sqrt{A}} \cdot \sqrt{I} \qquad$ Bd.1, S.17 und S.30-31 oder FS S.5

I in A	0,5	1	2	3	4	5	6	7	8	9	10	11	12
U in V	2,1	3,0	4,2	5,2	6,0	6,7	7,3	7,9	8,5	9,0	9,5	9,9	10,4

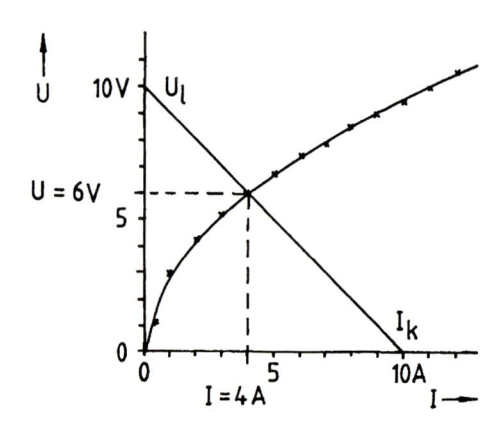

$$R = \dfrac{U}{I} = \dfrac{6V}{4A} = 1{,}5\,\Omega \qquad (12P)$$

Zu 4.2
$$U_q = U + U_i$$
$$U_q = k \cdot \sqrt{I} + R_i \cdot I$$
$$k \cdot \sqrt{I} = U_q - R_i \cdot I$$
$$k^2 \cdot I = (U_q - R_i \cdot I)^2$$
$$k^2 \cdot I = U_q^2 - 2 \cdot U_q \cdot R_i \cdot I + R_i^2 \cdot I^2$$
$$R_i^2 \cdot I^2 - (2 \cdot U_q \cdot R_i + k^2) \cdot I + U_q^2 = 0$$
$$I^2 - \dfrac{2 \cdot U_q \cdot R_i + k^2}{R_i^2} \cdot I + \left(\dfrac{U_q}{R_i}\right)^2 = 0$$
$$I^2 - \dfrac{2 \cdot 10V \cdot 1\Omega + 9\dfrac{V^2}{A}}{1\Omega^2} \cdot I + (10A)^2 = 0$$
$$I^2 - 29A \cdot I + 100A^2 = 0$$

$$I_{1,2} = \dfrac{29A}{2} \pm \sqrt{\dfrac{(29A)^2}{4} - 100A^2} = 14{,}5A \pm 10{,}5A$$

$I_1 = 4A \qquad$ (siehe grafische Lösung, $I_2=25A$ entfällt, kein Schnittpunkt) $\qquad$ (13P)

Lösungen zum Aufgabenblatt 4

Aufgabe 1:
Zu 1.1 Bd. 1, S.19 oder FS S. 2

$$R = R_{25} \cdot \left[1 + \alpha_{25} \cdot \Delta\vartheta + \beta_{25} \cdot (\Delta\vartheta)^2\right]$$ (6P)

Zu 1.2 $R = 1k\Omega \cdot \left[1 + 7{,}8 \cdot 10^{-3} K^{-1} \cdot \Delta\vartheta + 18{,}4 \cdot 10^{-6} K^{-2} \cdot (\Delta\vartheta)^2\right]$

mit $\Delta\vartheta = \vartheta - 25°C$

$U_R = R \cdot I = R \cdot 1 \cdot 10^{-3} A$

	ϑ	°C	-50	0	50	100	150
	$\Delta\vartheta$	K	-75	-25	25	75	125
	R	kΩ	0,52	0,82	1,21	1,69	2,26
1.2	U_R	V	0,520	0,820	1,210	1,690	2,260
1.3	U_R	V	0,206	0,291	0,377	0,458	0,531

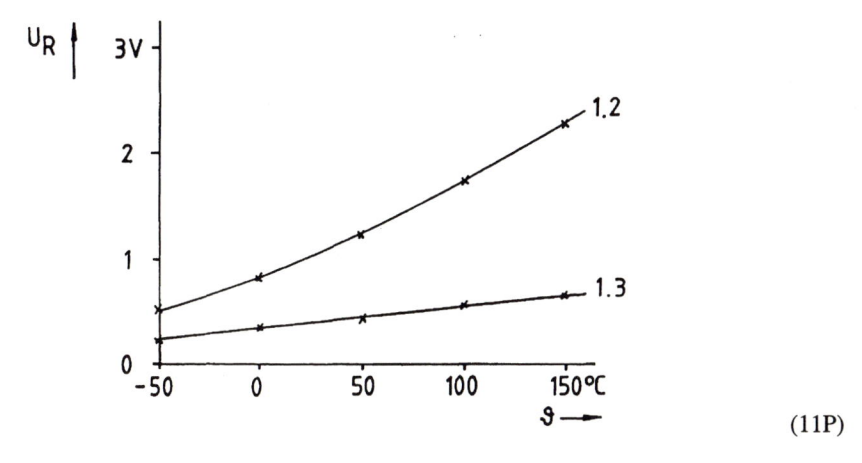

(11P)

Zu 1.3 Bd.1, S.34 oder FS S.6

$$\frac{U_R}{U} = \frac{R}{R_v + R}$$

$$U_R = \frac{R}{R_v + R} \cdot U$$

$$U_R = \frac{R}{2k\Omega + R} \cdot 1V$$

Ergebnisse siehe Tabelle (8P)

Lösungen zum Aufgabenblatt 4

Aufgabe 2:

Zu 2.1 Bd.1, S.86-89 oder FS S.17
Die Stromquelle I_{q1} wirkt:

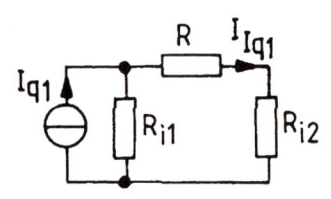

$$\frac{I_{I_{q1}}}{I_{q1}} = \frac{R_{i1}}{R_{i1} + R_{i2} + R}$$

$$I_{I_{q1}} = \frac{R_{i1}}{R_{i1} + R_{i2} + R} \cdot I_{q1}$$

Die Spannungsquelle U_{q2} wirkt:

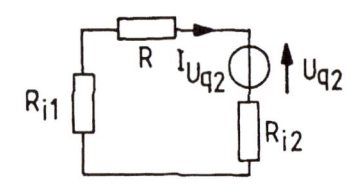

$$I_{U_{q2}} = \frac{U_{q2}}{R_{i1} + R_{i2} + R}$$

Überlagerung:

$$I = I_{I_{q1}} + I_{U_{q2}} = \frac{R_{i1} \cdot I_{q1} + U_{q2}}{R_{i1} + R_{i2} + R} \quad (13P)$$

Zu 2.2 Es handelt sich um eine Reihenschaltung der beiden Energiequellen, deshalb muss die Stromquelle in eine äquivalente Spannungsquelle umgewandelt werden.
Beide Spannungsquellen lassen sich zu einer Spannungsquelle zusammenfassen.
(Bd.1, S.35, 45 und S.49 oder FS S.7, 9 und 10):

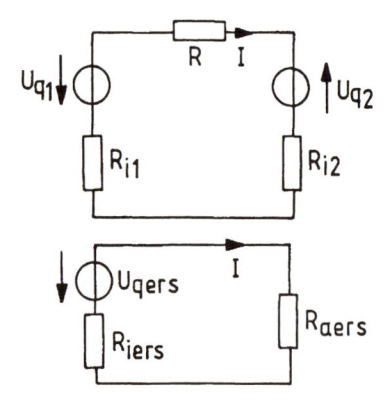

$$I = \frac{U_{qers}}{R_{iers} + R_{aers}}$$

$$U_{qers} = U_{q1} + U_{q2}$$
$$R_{iers} = R_{i1} + R_{i2}$$
$$R_{aers} = R$$

$$I = \frac{U_{q1} + U_{q2}}{R_{i1} + R_{i2} + R}$$

mit $\quad U_{q1} = R_{i1} \cdot I_{q1}$

$$I = \frac{R_{i1} \cdot I_{q1} + U_{q2}}{R_{i1} + R_{i2} + R} \quad (12P)$$

Lösungen zum Aufgabenblatt 4

Aufgabe 3:

Zu 3.1   Bd.1, S.17

u_D	V	0,2	0,3	0,4	0,5	0,6
i_D	mA	0,4	4,2	18,4	50	97
R_D	Ω	500	71,4	21,7	10,0	6,2

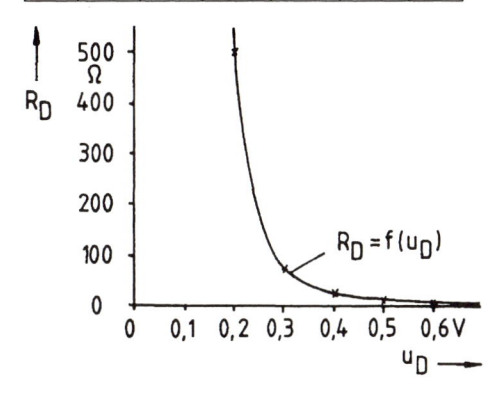

(12P)

Zu 3.2   Bd.1, S.31 oder FS S.5

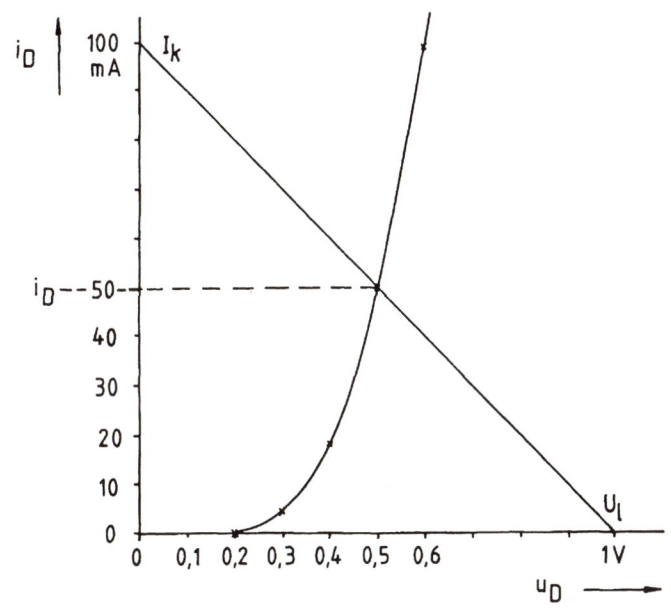

$$I_k = \frac{U_q}{R_i} = \frac{1V}{10\Omega} = 100mA$$

$U_l = U_q = 1V$

Im Schnittpunkt wird i_D=50mA abgelesen.   (13P)

25

Lösungen zum Aufgabenblatt 4

Aufgabe 4:
Zu 4.1   Nach Bd. 1, S.94

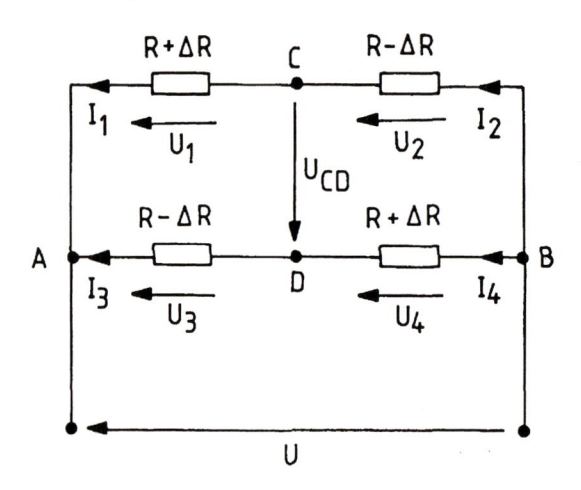

$U_{CD} = U_1 - U_3$

$$\frac{U_1}{U} = \frac{R + \Delta R}{(R + \Delta R) + (R - \Delta R)} = \frac{R + \Delta R}{2R}$$

$$\frac{U_3}{U} = \frac{R - \Delta R}{(R - \Delta R) + (R + \Delta R)} = \frac{R - \Delta R}{2R}$$

$$U_{CD} = \left(\frac{R + \Delta R}{2R} - \frac{R - \Delta R}{2R} \right) \cdot U$$

$$U_{CD} = \frac{R + \Delta R - R + \Delta R}{2R} \cdot U$$

$$U_{CD} = \frac{\Delta R}{R} \cdot U \tag{20P}$$

Zu 4.2 $\frac{\Delta R}{R} = 0{,}01$ U=5V

$U_{CD} = 0{,}01 \cdot 5V$

$U_{CD} = 0{,}05V = 50mV$ (5P)

Lösungen zum Aufgabenblatt 5

Aufgabe 1:

Zu 1.1 $l = \dfrac{270°}{360°} \cdot l_{ges}$

$l = \dfrac{3}{4} \cdot \dfrac{d_a + d_i}{2} \cdot \pi$

$l = \dfrac{3}{4} \cdot \dfrac{(12+8)\,mm}{2} \cdot \pi$

$l = 23{,}56\,mm$ (6P)

aus $R = \rho \cdot \dfrac{l}{A}$ Bd.1, S.16 oder FS S.2

ergibt sich $A = \rho \cdot \dfrac{l}{R}$

$A = \dfrac{65\,\Omega \cdot mm^2 \cdot 23{,}56\,mm}{m \cdot 1000\,\Omega}$

$A = 1{,}53 \cdot 10^{-3}\,mm^2$ (6P)

aus $A = d \cdot \dfrac{d_a - d_i}{2}$

ergibt sich $d = \dfrac{2 \cdot A}{d_a - d_i}$

$d = \dfrac{2 \cdot 1{,}53 \cdot 10^{-3}\,mm^2}{(12-8)\,mm}$

$d = 0{,}765 \cdot 10^{-3}\,mm$ (6P)

Zu 1.2   aus $P = I^2 \cdot R$ Bd.1, S.24 oder FS S.3

ergibt sich $I = \sqrt{\dfrac{P}{R}}$

$S = \dfrac{I}{A} = \dfrac{1}{A} \cdot \sqrt{\dfrac{P}{R}}$

$S = \dfrac{1}{1{,}53 \cdot 10^{-3}\,mm^2} \cdot \sqrt{\dfrac{0{,}2\,VA}{1000\,V/A}}$

$S = 9{,}2 \dfrac{A}{mm^2}$ (7P)

Lösungen zum Aufgabenblatt 5

Aufgabe 2:

Zu 2.1 Die beiden Energiequellen 2 und 3 sind in Reihe geschaltet, so dass sie als Spannungsquellen zusammengefasst werden müssen (Bd.1, S.35 oder FS S.7).
Die zusammengefasste Energiequelle 23 ist mit der Energiequelle 1 hinsichtlich des Widerstandes R_a parallel geschaltet; die parallel geschalteten Energiequellen müssen also als Stromquellen vorliegen und zu einer Stromquelle zusammengefasst werden (Bd.1, S.45, 54-55 oder FS S.9 und 11).
Es entsteht also ein Grundstromkreis mit Ersatzstromquelle.

$$I_{qers} = I_{q1} + I_{q23}$$

$$I_{qers} = \frac{U_{q1}}{R_{i1}} + \frac{U_{q23}}{R_{i23}}$$

$$I_{qers} = \frac{U_{q1}}{R_{i1}} + \frac{U_{q2} + U_{q3}}{R_{i2} + R_{i3}}$$

$$I_{qers} = \frac{U_{q1}}{R_{i1}} + \frac{R_{i2} \cdot I_{q2} + R_{i3} \cdot I_{q3}}{R_{i2} + R_{i3}}$$

$$R_{iers} = \frac{1}{\dfrac{1}{R_{i1}} + \dfrac{1}{R_{i23}}}$$

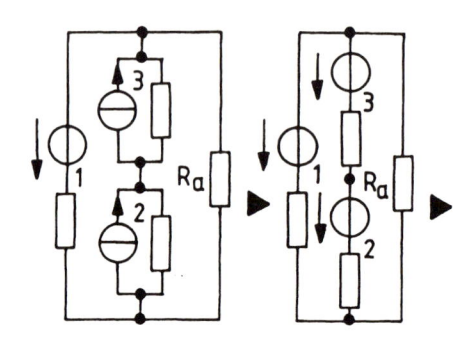

$$R_{iers} = \frac{1}{\dfrac{1}{R_{i1}} + \dfrac{1}{R_{i2} + R_{i3}}}$$

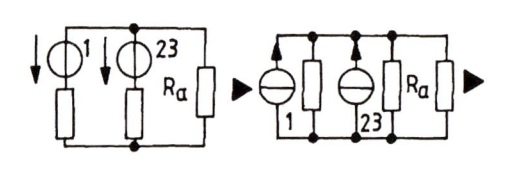

und mit Zahlenwerten

$$I_{qers} = \frac{8V}{2\Omega} + \frac{3\Omega \cdot 2A + 2\Omega \cdot 1A}{3\Omega + 2\Omega} = \frac{8V}{2\Omega} + \frac{6V + 2V}{3\Omega + 2\Omega}$$

$$I_{qers} = 4A + 1,6A = 5,6A$$

$$R_{iers} = \frac{1}{\dfrac{1}{2\Omega} + \dfrac{1}{3\Omega + 2\Omega}} = \frac{1}{0,7S} = 1,43\Omega \tag{18P}$$

Zu 2.2 Bd.1, S.49 Gl.2.86 oder FS S.20

$$I = \frac{R_{iers}}{R_{iers} + R_{aers}} \cdot I_{qers}$$

$$I = \frac{1,43\Omega}{1,43\Omega + 5\Omega} \cdot 5,6A = 1,24A \tag{4P}$$

$$U = R_a \cdot I = 5 \cdot 1,24A = 6,22V \tag{3P}$$

Lösungen zum Aufgabenblatt 5

Aufgabe 3:

Zu 3.1 Bd.1, S.24, Gl. 1.47 oder FS S.3

aus $\quad P = \dfrac{U^2}{R_a} = U \cdot I \quad$ oder $\quad$ aus $\quad P = I^2 \cdot R_a = U \cdot I$

ergibt sich $\qquad\qquad\qquad\qquad\qquad$ ergibt sich

$$U = \sqrt{P \cdot R_a} \qquad\qquad\qquad I = \sqrt{\dfrac{P}{R_a}}$$

$$U = \sqrt{2VA \cdot 50 \dfrac{V}{A}} = 10V \qquad\qquad I = \sqrt{\dfrac{2VA}{50V/A}} = 0{,}2A$$

und $\qquad\qquad\qquad\qquad\qquad$ und

$$I = \dfrac{P}{U} = \dfrac{2VA}{10V} = 0{,}2A \qquad\qquad U = \dfrac{P}{I} = \dfrac{2VA}{0{,}2A} = 10V \qquad\qquad (8P)$$

Zu 3.2

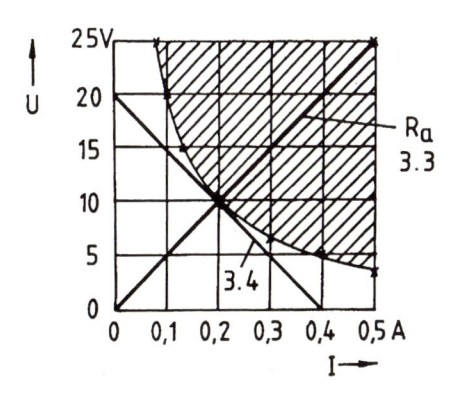

(7P)

Zu 3.3 Zum Beispiel mit I=0,5A ergibt sich U=R_a·I=50Ω·0,5A=25V die Nullpunktsgerade (siehe Diagramm) (5P)

Zu 3.4 Die Kennlinie des aktiven Zweipols ist eine Achsen-Abschnittsgerade mit den Achsenabschnitten

$$U_l = U_q = 20V \qquad \text{und} \qquad I_k = \dfrac{U_q}{R_i} = \dfrac{20V}{50\Omega} = 0{,}4A \;,$$

die die Hyperbel berührt (siehe Diagramm), d.h. der Arbeitspunkt liegt gerade noch im erlaubten Bereich:

$$I = \dfrac{U_q}{R_a + R_i} = \dfrac{20V}{50\Omega + 50\Omega} = 0{,}2A \qquad \text{(zulässiger Strom)}$$

$$U = U_q \cdot \dfrac{R_a}{R_a + R_i} = 20V \cdot \dfrac{1}{2} = 10V \qquad \text{(zulässige Spannung)} \qquad (5P)$$

Lösungen zum Aufgabenblatt 5

Aufgabe 4:

Zu 4.1 Nach Bd. 1, S.94

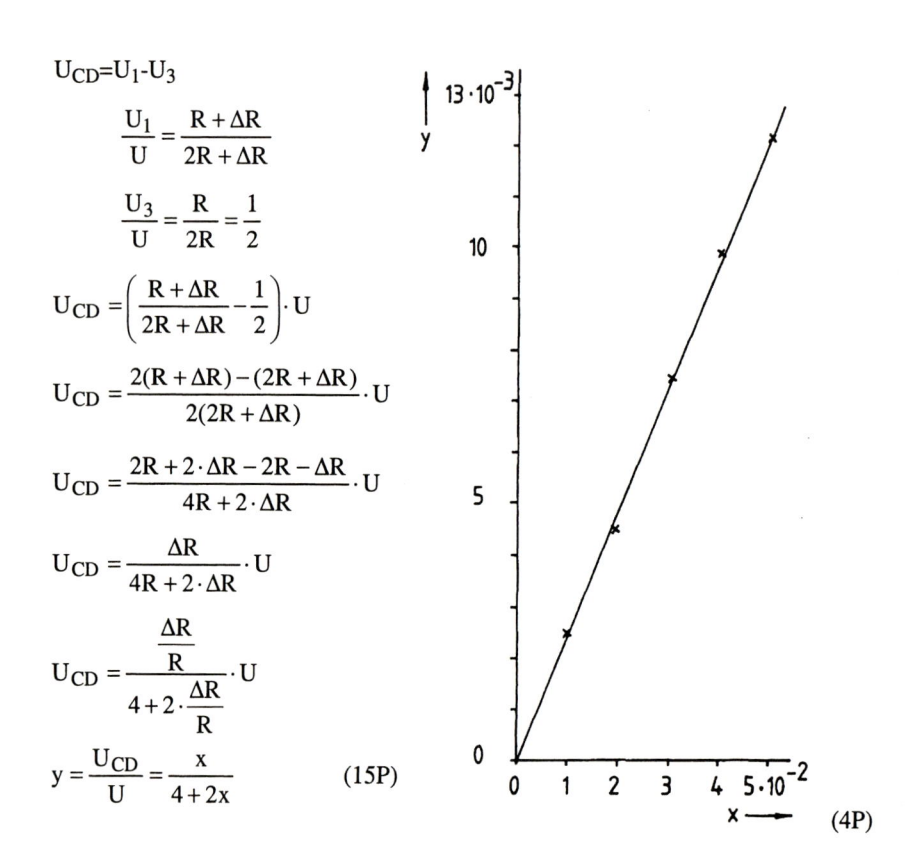

$$U_{CD} = U_1 - U_3$$

$$\frac{U_1}{U} = \frac{R + \Delta R}{2R + \Delta R}$$

$$\frac{U_3}{U} = \frac{R}{2R} = \frac{1}{2}$$

$$U_{CD} = \left(\frac{R + \Delta R}{2R + \Delta R} - \frac{1}{2}\right) \cdot U$$

$$U_{CD} = \frac{2(R + \Delta R) - (2R + \Delta R)}{2(2R + \Delta R)} \cdot U$$

$$U_{CD} = \frac{2R + 2 \cdot \Delta R - 2R - \Delta R}{4R + 2 \cdot \Delta R} \cdot U$$

$$U_{CD} = \frac{\Delta R}{4R + 2 \cdot \Delta R} \cdot U$$

$$U_{CD} = \frac{\frac{\Delta R}{R}}{4 + 2 \cdot \frac{\Delta R}{R}} \cdot U$$

$$y = \frac{U_{CD}}{U} = \frac{x}{4 + 2x} \qquad (15P)$$

(4P)

Zu 4.2

x	0	0,01	0,02	0,03	0,04	0,05
y	0	$2{,}5 \cdot 10^{-3}$	$4{,}95 \cdot 10^{-3}$	$7{,}4 \cdot 10^{-3}$	$9{,}8 \cdot 10^{-3}$	$12{,}2 \cdot 10^{-3}$

(4P)

Die Kennlinie ist praktisch linear. (2P)

Lösungen zum Aufgabenblatt 6

Aufgabe 1:

Zu 1.1 Bd.1, S.19 Gl.1.34 oder F S S.2

$$R_a = R_{20} \cdot \left[1 + \alpha_{20} \cdot \Delta\vartheta + \beta_{20} \cdot (\Delta\vartheta)^2\right]$$

mit $\Delta\vartheta = \vartheta - 20°C$

aus $P = \dfrac{U^2}{R_a}$ ergibt sich $R_a = \dfrac{U^2}{P}$ Bd.1, S.24 oder FS S.3

$$R_{20} = \rho_{20} \cdot \frac{l}{A} = \rho_{20} \cdot \frac{4 \cdot l}{\pi \cdot d^2}$$

mit $A = \dfrac{\pi \cdot d^2}{4}$

$$\frac{U^2}{P} = \rho_{20} \cdot \frac{4 \cdot l}{\pi \cdot d^2} \cdot \left[1 + \alpha_{20} \cdot \Delta\vartheta + \beta_{20} \cdot (\Delta\vartheta)^2\right]$$

$$\left[1 + \alpha_{20} \cdot \Delta\vartheta + \beta_{20} \cdot (\Delta\vartheta)^2\right] = \frac{U^2}{P} \cdot \frac{\pi \cdot d^2}{4 \cdot \rho_{20} \cdot l}$$

$$(\Delta\vartheta)^2 + \frac{\alpha_{20}}{\beta_{20}} \cdot \Delta\vartheta + \frac{1}{\beta_{20}} \cdot \left(1 - \frac{U^2 \cdot \pi \cdot d^2}{4 \cdot P \cdot \rho_{20} \cdot l}\right) = 0$$

$$(\Delta\vartheta)^2 + \frac{0{,}0041 K^{-1}}{1 \cdot 10^{-6} K^{-2}} \cdot \Delta\vartheta + \frac{1}{1 \cdot 10^{-6} K^{-2}} \cdot \left(1 - \frac{(220V)^2 \cdot \pi \cdot (0{,}0226 mm)^2}{4 \cdot 40 VA \cdot 0{,}055 \dfrac{V}{A} \cdot \dfrac{mm^2}{m} \cdot 0{,}58 m}\right) = 0$$

$$(\Delta\vartheta)^2 + 4{,}1 \cdot 10^3 K \cdot \Delta\vartheta - 14{,}216 \cdot 10^6 K^2 = 0$$

$$(\Delta\vartheta)_{1,2} = -\frac{4{,}1 \cdot 10^3 K}{2} \pm \sqrt{\left(\frac{4{,}1 \cdot 10^3 K}{2}\right)^2 + 14{,}216 \cdot 10^6 K^2}$$

$$(\Delta\vartheta)_{1,2} = -2{,}05 \cdot 10^3 K \pm 4{,}29 \cdot 10^3 K$$

$$\Delta\vartheta = 2242 K = \vartheta - 20°C$$

$$\vartheta = \Delta\vartheta + 20°C = 2262°C \qquad (18P)$$

Zu 1.2 Bd.1, S.12 oder FS S.1

$$S = \frac{I}{A} = \frac{U}{R_{20} \cdot A} = \frac{U}{\rho_{20} \cdot \dfrac{l}{A} \cdot A} = \frac{U}{\rho_{20} \cdot l}$$

$$S = \frac{220V}{0{,}055 \dfrac{V}{A} \dfrac{mm^2}{m} \cdot 0{,}58 m} = 6897 \frac{A}{mm^2} \qquad (7P)$$

31

Lösungen zum Aufgabenblatt 6

Aufgabe 2:

Zu 2.1 Die beiden Energiequellen 1 und 2 sind parallel geschaltet, so dass sie als Stromquellen zusammengefasst werden müssen (Bd.1, S.45, 54-55 oder FS S.9 und 11).
Die zusammengefasste Energiequelle 12 ist mit der Energiequelle 3 hinsichtlich des Widerstandes R_a in Reihe geschaltet; die in Reihe geschalteten Energiequellen müssen also als Spannungsquellen vorliegen und zu einer Spannungsquelle zusammengefasst werden (Bd.1, S.35 oder FS S.7).

Es entsteht also ein Grundstromkreis mit Ersatzspannungsquelle.

$$U_{qers} = U_{q12} + U_{q3}$$

$$U_{qers} = R_{i12} \cdot I_{q12} + U_{q3}$$

$$U_{qers} = \frac{I_{q12}}{\frac{1}{R_{i12}}} + U_{q3}$$

$$U_{qers} = \frac{I_{q1} + I_{q2}}{\frac{1}{R_{i1}} + \frac{1}{R_{i2}}} + U_{q3}$$

$$U_{qers} = \frac{\frac{U_{q1}}{R_{i1}} + \frac{U_{q2}}{R_{i2}}}{\frac{1}{R_{i1}} + \frac{1}{R_{i2}}} + U_{q3}$$

$$R_{iers} = \frac{1}{\frac{1}{R_{i1}} + \frac{1}{R_{i2}}} + R_{i3}$$

und mit Zahlenwerten

$$U_{qers} = \frac{\frac{6V}{2\Omega} + \frac{3V}{3\Omega}}{\frac{1}{2\Omega} + \frac{1}{3\Omega}} + 5,2V$$

$$U_{qers} = 4,8V + 5,2V = 10V$$

$$R_{iers} = \frac{1}{\frac{1}{2\Omega} + \frac{1}{3\Omega}} + 1,8\Omega = 1,2\Omega + 1,8\Omega = 3\Omega \tag{18P}$$

Zu 2.2 Bd. 1, S.49 Gl.2.84 oder FS.S.20

$$I = \frac{U_{qers}}{R_{iers} + R_{aers}}$$

$$I = \frac{10V}{3\Omega + 2\Omega} = 2A \tag{4P}$$

$$U = R_a \cdot I = 2\Omega \cdot 2A = 4V \tag{3P}$$

Lösungen zum Aufgabenblatt 6

Aufgabe 3:

Zu 3.1 Bd.1, S.98 oder FS S.21

Zunächst muss die Stromquelle in eine äquivalente Spannungsquelle überführt werden, so dass sich folgendes Schaltbild ergibt, in dem die unabhängigen Maschen festgelegt werden:

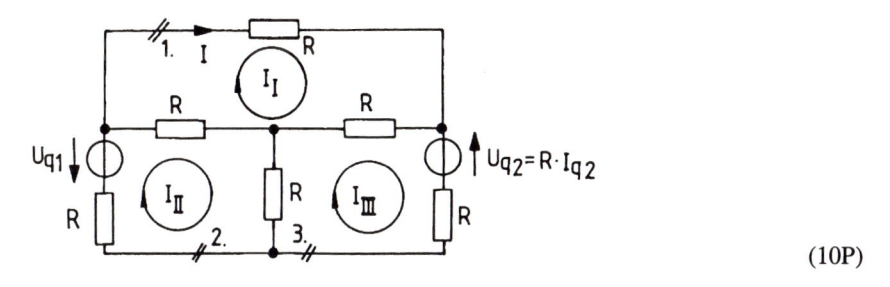

(10P)

$$3R \cdot I_I - R \cdot I_{II} - R \cdot I_{III} = 0 \quad (1)$$
$$-R \cdot I_I + 3R \cdot I_{II} - R \cdot I_{III} = U_{q1} \quad (2)$$
$$-R \cdot I_I - R \cdot I_{II} + 3R \cdot I_{III} = U_{q2} \quad (3)$$

(5P)

$3 \cdot (2) + (3)$ ergibt

$$-3R \cdot I_I + 9R \cdot I_{II} - 3R \cdot I_{III} = 3 \cdot U_{q1}$$
$$+[-R \cdot I_I - R \cdot I_{II} + 3R \cdot I_{III} = U_{q2}]$$

$$-4R \cdot I_I + 8R \cdot I_{II} = 3 \cdot U_{q1} + U_{q2} \quad (4)$$

$(1) - (2)$ ergibt

$$3R \cdot I_I - R \cdot I_{II} - R \cdot I_{III} = 0$$
$$-[-R \cdot I_I + 3R \cdot I_{II} - R \cdot I_{III} = U_{q1}]$$

$$4R \cdot I_I - 4R \cdot I_{II} = -U_{q1} \quad (5)$$

$(4) + 2 \cdot (5)$ ergibt

$$-4R \cdot I_I + 8R \cdot I_{II} = 3 \cdot U_{q1} + U_{q2}$$
$$+[8R \cdot I_I - 8R \cdot I_{II} = -2 \cdot U_{q1}]$$

$$4R \cdot I_I = U_{q1} + U_{q2}$$

$$I = I_I = \frac{U_{q1} + U_{q2}}{4R} = \frac{U_{q1} + R \cdot I_{q2}}{4R}$$

(7P)

Zu 3.2 $I = \dfrac{12V + 1\Omega \cdot 8A}{4 \cdot 1\Omega} = 5A$

(3P)

Lösungen zum Aufgabenblatt 6

Aufgabe 4:

Zu 4.1 Bd.1, S.60 oder FS S.12

Das Relais ist stromlos, wenn die Brücke abgeglichen ist. Dann gilt die Abgleichbedingung:

$$\frac{R_1}{R_2} = \frac{R_3}{R_4}$$

$$R_4 = \frac{R_2 \cdot R_3}{R_1} = \frac{210\Omega \cdot 50\Omega}{150\Omega}$$

$$R_4 = 70\Omega \qquad (10P)$$

Zu 4.2 Der Widerstand R_3 entfällt, weil die Kontakte geöffnet werden, z. B. wenn eine Tür geöffnet wird.

$$\frac{I_L}{I} = \frac{R_2}{R_2 + R_L + R_4} \qquad I = \frac{U}{R_1 + \frac{R_2(R_L + R_4)}{R_2 + R_L + R_4}}$$

$$I_L = \frac{R_2 \cdot U}{R_1(R_2 + R_L + R_4) + R_2(R_L + R_4)}$$

$$I_L = \frac{U}{\frac{R_1}{R_2}(R_2 + R_L + R_4) + R_L + R_4}$$

$$U = I_L \cdot \left[\frac{R_1}{R_2}(R_2 + R_L + R_4) + R_L + R_4 \right]$$

$$U = 50\text{mA} \cdot \left[\frac{150\Omega}{210\Omega} \cdot (210 + 100 + 70)\Omega + 100\Omega + 70\Omega \right]$$

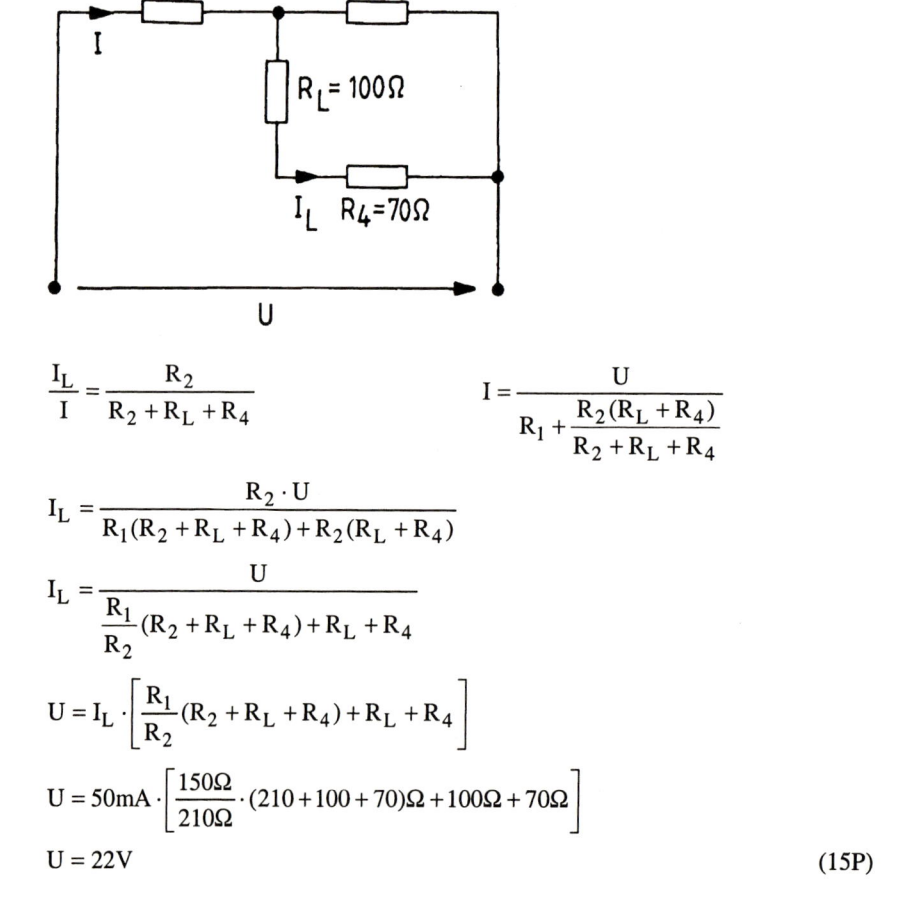

$$U = 22\text{V} \qquad (15P)$$

Lösungen zum Aufgabenblatt 7

Aufgabe 1:

Zu 1.1 Bd.1, S.30-31 oder FS S.5

$U_q = 12V$ $U_l = 12V$

$R_i = R_v = 40\Omega$ $I_k = \dfrac{U_q}{R_i} = \dfrac{12V}{40\Omega} = 0{,}3A$

abgelesen:

$I_L = 135mA$ $U_L = 6{,}5V$
$U_v = 5{,}5V$

daraus ergibt sich:

$R_L = \dfrac{U_L}{I_L} = \dfrac{6{,}5V}{135mA} = 48{,}1\Omega$

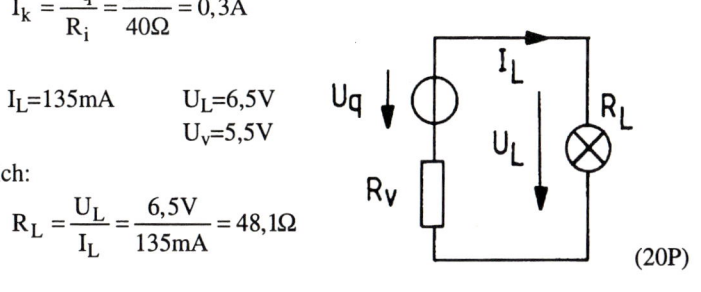

(20P)

Zu 1.2 $U_q = 14V$ $U_l = 14V$

$R_i = R_v = 40\Omega$ $I_k = \dfrac{U_q}{R_i} = \dfrac{14V}{40\Omega} = 0{,}35A$

abgelesen:

$I_L = 150mA$ $U_L = 8V$
$U_v = 6V$

daraus ergibt sich:

$R_L = \dfrac{U_L}{I_L} = \dfrac{8V}{150mA} = 53{,}3\Omega$

(5P)

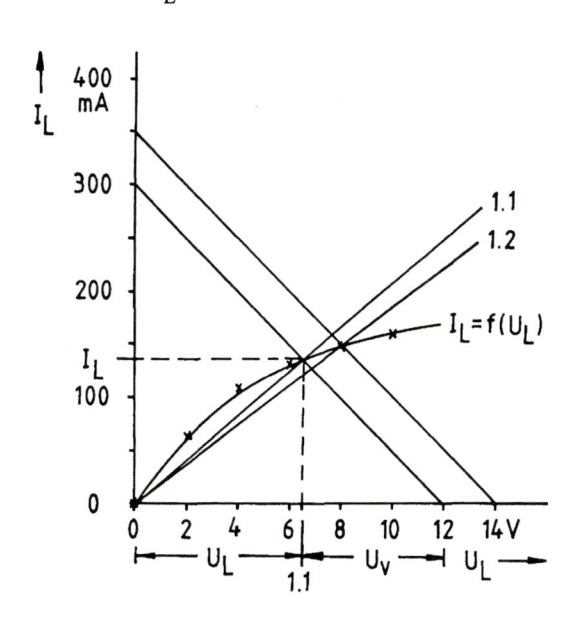

Lösungen zum Aufgabenblatt 7

Aufgabe 2:

Zu 2.1   Die beiden Energiequellen 1 und 2 sind in Reihe geschaltet, so dass sie als Spannungsquellen zusammengefasst werden müssen (Bd.1, S.35 oder FS S.7).
Die zusammengefasste Energiequelle 12 ist mit der Energiequelle 3 hinsichtlich des Widerstandes R_a parallel geschaltet; die parallel geschalteten Energiequellen müssen also als Stromquellen vorliegen und zu einer Stromquelle zusammengefasst werden (Bd.1, S.45, 54-55 oder FS S.9 und 11).
Es entsteht also ein Grundstromkreis mit Ersatzstromquelle.

$$I_{qers} = I_{q12} + I_{q3}$$

$$I_{qers} = \frac{U_{q12}}{R_{i12}} + \frac{U_{q3}}{R_{i3}}$$

$$I_{qers} = \frac{U_{q1} + U_{q2}}{R_{i1} + R_{i2}} + \frac{U_{q3}}{R_{i3}}$$

$$I_{qers} = \frac{U_{q1} + R_{i2} \cdot I_{q2}}{R_{i1} + R_{i2}} + \frac{U_{q3}}{R_{i3}}$$

$$R_{iers} = \frac{1}{\dfrac{1}{R_{i12}} + \dfrac{1}{R_{i3}}}$$

$$R_{iers} = \frac{1}{\dfrac{1}{R_{i1} + R_{i2}} + \dfrac{1}{R_{i3}}}$$

und mit Zahlenwerten

$$I_{qers} = \frac{14V + 2\Omega \cdot 5A}{4\Omega + 2\Omega} + \frac{15V}{3\Omega} = \frac{14V + 10V}{4\Omega + 2\Omega} + \frac{15V}{3\Omega}$$

$$I_{qers} = 4A + 5A = 9A$$

$$R_{iers} = \frac{1}{\dfrac{1}{4\Omega + 2\Omega} + \dfrac{1}{3\Omega}} = \frac{1}{0,5S} = 2\Omega$$

(18P)

Zu 2.2   Bd.1, S.49 Gl.2.86 oder FS S.20

$$I = \frac{R_{iers}}{R_{iers} + R_{aers}} \cdot I_{qers}$$

$$I = \frac{2\Omega}{2\Omega + 7\Omega} \cdot 9A = 2A \qquad (4P)$$

$$U = R_a \cdot I = 7\Omega \cdot 2A = 14V \qquad (3P)$$

Lösungen zum Aufgabenblatt 7

Aufgabe 3:

Zu 3.1 Es handelt sich um einen unbelasteten Spannungsteiler (Bd.1, S.34 oder FS S.6):

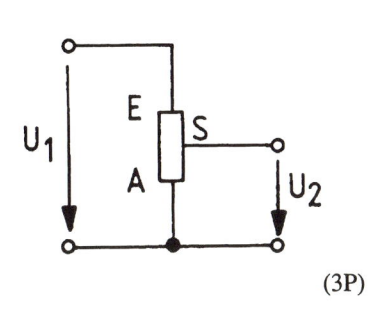

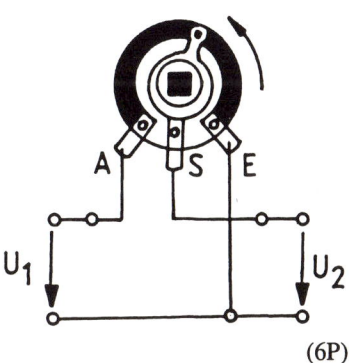

Zu 3.2 Es bedeuten: A Anfang, E Ende, S Schleifer

(3P) (6P)

Zu 3.3 Bd.1, S.24, Gl 1.47 oder FS S.3

Aus $P = I_{max}^2 \cdot R$

ergibt sich

$$I_{max} = \sqrt{\frac{P}{R}} = \sqrt{\frac{0{,}2 VA}{10 \cdot 10^3 V/A}} = 4{,}47 \cdot 10^{-3} A$$

$I_{max} = 4{,}47 mA$ (6P)

Zu 3.4 Nach dem Beispiel Seite 65 im Band 1 ist der Strom I_2 maximal, wenn der Schleifer des Potentiometers oben ist, d.h. wenn $U_2 = U_1$ ist.

Dann ist

$$I_2 = \frac{U_1}{R}$$

und

$U_1 = I_2 \cdot R = 4{,}47 mA \cdot 10 k\Omega$

$U_1 = 4{,}47 \cdot 10^{-3} A \cdot 10 \cdot 10^3 \Omega$

$U_1 = 44{,}7 V$ (6P)

Nach dem Bild 2.48 auf Seite 66 im Band 1 ist der Strom I_2 bei beliebiger Schleiferstellung und beliebiger Belastung immer kleiner als bei der oberen Schleiferstellung.

(4P)

Lösungen zum Aufgabenblatt 7

Aufgabe 4:
Zu 4.1 Bd.1, S.90 oder FS S.18-19

$$U_{qers} = U_l = U_2 - U_1$$

$$U_2 = R_2 \cdot \frac{U_{q2}}{R_{i2} + R_2}$$

$$U_1 = R_1 \cdot \frac{U_{q1}}{R_{i1} + R_1}$$

$$U_{qers} = R_2 \cdot \frac{U_{q2}}{R_{i2} + R_2} - R_1 \cdot \frac{U_{q1}}{R_{i1} + R_1}$$

$$U_{qers} = \frac{20\Omega \cdot 15V}{5\Omega + 20\Omega} - \frac{15\Omega \cdot 10V}{10\Omega + 15\Omega}$$

$$U_{qers} = 12V - 6V$$

$$U_{qers} = 6V \tag{8P}$$

$$R_{iers} = \frac{R_2 \cdot R_{i2}}{R_2 + R_{i2}} + \frac{R_1 \cdot R_{i1}}{R_1 + R_{i1}}$$

$$R_{iers} = \frac{20\Omega \cdot 5\Omega}{20\Omega + 5\Omega} + \frac{15\Omega \cdot 10\Omega}{15\Omega + 10\Omega}$$

$$R_{iers} = 4\Omega + 6\Omega$$

$$R_{iers} = 10\Omega \qquad R_{aers} = R = 2\Omega \tag{8P}$$

$$I = \frac{U_{qers}}{R_{iers} + R_{aers}}$$

$$I = \frac{6V}{10\Omega + 2\Omega}$$

$$I = 0,5A \tag{4P}$$

Zu 4.2 Hinsichtlich des Widerstandes R sind die bei den Spannungsquellen in Reihe geschaltet, wirken aber gegeneinander.
(Bd.1, S.35 oder FS S.7)

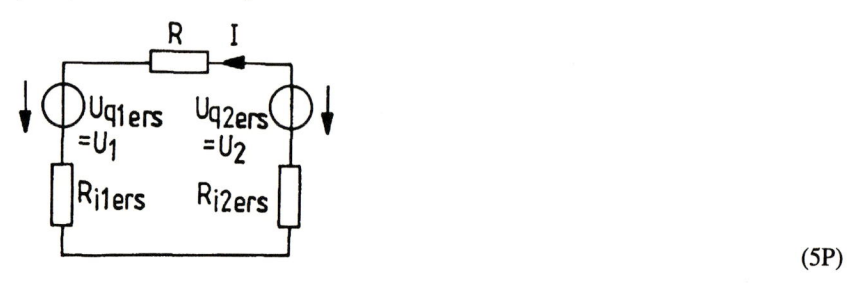

(5P)

Lösungen zum Aufgabenblatt 8

Aufgabe 1:

Zu 1.1 Bd.1, S.19, Gl.1.32 oder FS S.2

$$R_1 = R_{20} \cdot (1 + \alpha_1 \cdot \Delta\vartheta)$$

$$R_1 = R_{20} \cdot 1,24$$

d. h. $\alpha_1 \cdot \Delta\vartheta = 0,24$

$$\alpha_1 = \frac{0,24}{\Delta\vartheta} = \frac{0,24}{60K} = 0,004 K^{-1}$$

$$\alpha_1 = 4 \cdot 10^{-3} K^{-1}$$
(12P)

Zu 1.2 $R_2 = R_{20} \cdot (1 + \alpha_2 \cdot \Delta\vartheta)$

$$R_2 = R_{20} \cdot 1,003$$

d. h. $\alpha_2 \cdot \Delta\vartheta = 0,003$

$$\alpha_2 = \frac{0,003}{\Delta\vartheta} = \frac{0,003}{60K} = 50 \cdot 10^{-6} K^{-1}$$

$$\alpha_2 = 5 \cdot 10^{-5} K^{-1}$$
(7P)

Zu 1.3 Nach den Angaben für die Temperaturkoeffizienten in der Tabelle auf Seite 20 im Band 1 handelt es sich beim Draht Nr. 1 um Kupfer, Aluminium, Silber oder Gold, der Draht Nr. 2 besteht aus Chromnickel.
(6P)

Lösungen zum Aufgabenblatt 8

Aufgabe 2:
Zu 2.1 $U = I \cdot R_a$, d.h. Berechnen von I
(Bd.1, S.98 oder FS S.21)
Voraussetzung für die Anwendung des Maschenstromverfahrens ist die Umwandlung der Stromquelle in eine äquivalente Spannungsquelle: $U_{q1} = R_{i1} \cdot I_{q1}$.

$U_{q1} = (R_{i1} + R_1 + R_a) \cdot I_I + (R_{i1} + R_1) \cdot I_{II}$ $\quad | \cdot (R_{i1} + R_1 + R_{i2} + R_2)$

$U_{q1} - U_{q2} = (R_{i1} + R_1) \cdot I_I + (R_{i1} + R_1 + R_{i2} + R_2) \cdot I_{II}$ $\quad | \cdot (R_{i1} + R_1)$

$(R_{i1} + R_1 + R_{i2} + R_2) \cdot U_{q1} = (R_{i1} + R_1 + R_{i2} + R_2)(R_{i1} + R_1 + R_a) \cdot I_I + (R_{i1} + R_1 + R_{i2} + R_2)(R_{i1} + R_1) \cdot I_{II}$

$-\left[(R_{i1} + R_1)(U_{q1} - U_{q2}) = (R_{i1} + R_1)^2 \cdot I_I + (R_{i1} + R_1)(R_{i1} + R_1 + R_{i2} + R_2) \cdot I_{II} \right]$

$I = I_I = \dfrac{(R_{i1} + R_1 + R_{i2} + R_2) \cdot U_{q1} - (R_{i1} + R_1) \cdot (U_{q1} - U_{q2})}{(R_{i1} + R_1 + R_{i2} + R_2)(R_{i1} + R_1 + R_a) - (R_{i1} + R_1)^2}$

$U = I \cdot R_a = \dfrac{\left[(R_{i2} + R_2) \cdot U_{q1} + (R_{i1} + R_1) \cdot U_{q2} \right] \cdot R_a}{(R_{i1} + R_1)(R_{i2} + R_2) + R_a(R_{i1} + R_1 + R_{i2} + R_2)}$

$U = \dfrac{\left[(R_{i2} + R_2) \cdot R_{i1} \cdot I_{q1} + (R_{i1} + R_1) \cdot U_{q2} \right] \cdot R_a}{(R_{i1} + R_1)(R_{i2} + R_2) + R_a(R_{i1} + R_1 + R_{i2} + R_2)}$ (15P)

Zu 2.2 Bd.1, S.45 und 54 oder FS S.9 und 11
Hinsichtlich des Widerstandes R_a sind die beiden Energiequellen 1 und 2 parallel geschaltet, wobei zunächst die beiden Widerstände R_1 und R_2 in die Energiequellen einbezogen werden.
Umwandlung der Stromquelle I_{q1} in eine äquivalente Spannungsquelle: $U_{q1} = R_{i1} \cdot I_{q1}$

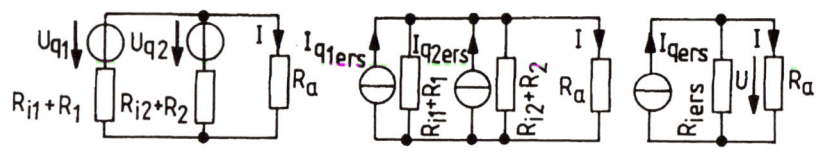

Umwandlung der Spannungsquellen in äquivalente Stromquellen und Zusammenfassen der parallel geschalteten Stromquellen:

$I_{qers} = I_{q1ers} + I_{q2ers} = \dfrac{U_{q1}}{R_{i1} + R_1} + \dfrac{U_{q2}}{R_{i2} + R_2}$ $\quad R_{iers} = \dfrac{(R_{i1} + R_1)(R_{i2} + R_2)}{R_{i1} + R_1 + R_{i2} + R_2}$ $\quad R_{aers} = R_a$

$U = I_{qers} \cdot \dfrac{R_{iers} \cdot R_{aers}}{R_{iers} + R_{aers}} = \dfrac{\left(\dfrac{R_{i1} \cdot I_{q1}}{R_{i1} + R_1} + \dfrac{U_{q2}}{R_{i2} + R_2}\right) \cdot \dfrac{(R_{i1} + R_1)(R_{i2} + R_2)}{R_{i1} + R_1 + R_{i2} + R_2} \cdot R_a}{\dfrac{(R_{i1} + R_1)(R_{i2} + R_2)}{R_{i1} + R_1 + R_{i2} + R_2} + R_a}$

$U = \dfrac{\dfrac{(R_{i2} + R_2) \cdot R_{i1} \cdot I_{q1} + (R_{i1} + R_1) \cdot U_{q2}}{(R_{i1} + R_1)(R_{i2} + R_2)} \cdot (R_{i1} + R_1)(R_{i2} + R_2) \cdot R_a}{(R_{i1} + R_1)(R_{i2} + R_2) + R_a \cdot (R_{i1} + R_1 + R_{i2} + R_2)}$ (10P)

Lösungen zum Aufgabenblatt 8

Aufgabe 3:

Zu 3.1 Unbelasteter Spannungsteiler (Bd.1, S.62 oder FS S.6).
Die beiden Widerstände R_1 und R_2 sind gleich, d.h.

$$U_{21} = 10V \quad \text{und} \quad v = \frac{R_2}{R} = \frac{1}{2} = 0{,}5 \tag{4P}$$

Zu 3.2 $U_2 = 0{,}95 \cdot U_{21} = 0{,}95 \cdot 10V = 9{,}5V$

Die Spannung U_2 erniedrigt sich bei Belastung mit R_3
(siehe Diagramm auf Seite 64 im Band 1). (4P)

Zu 3.3 Bd.1, S.64, Gl. 2.121 oder FS S.13
Mit

$$\frac{U_2}{U} = \frac{v}{\frac{R}{R_3} \cdot (v - v^2) + 1}$$

ergibt sich

$$\frac{R}{R_3} \cdot (v - v^2) + 1 = v \cdot \frac{U}{U_2}$$

$$\frac{R}{R_3} \cdot (v - v^2) = v \cdot \frac{U}{U_2} - 1$$

$$R = \frac{v \cdot \frac{U}{U_2} - 1}{v - v^2} \cdot R_3 \tag{11P}$$

Mit den obigen Zahlenwerten lassen sich R, R_1 und R_2 berechnen:

$v = 0{,}5 \qquad R_3 = 2{,}2k\Omega = 2200\Omega \qquad \frac{U}{U_2} = \frac{20V}{9{,}5V} = 2{,}105$

$$R = \frac{0{,}5 \cdot 2{,}105 - 1}{0{,}5 - 0{,}25} \cdot 2200\Omega$$

$R = 462\Omega$ (4P)

$R_1 = R_2 = \frac{1}{2} \cdot 462\Omega$

$R_1 = R_2 = 231\Omega$ (2P)

Lösungen zum Aufgabenblatt 8

Aufgabe 4:

Zu 4.1 Bd.1, S.24, Gl.1.47 oder FS S.3

Aus $\quad P = U \cdot I = \dfrac{U^2}{R}$

ergibt sich $\quad U = \sqrt{P \cdot R} = \sqrt{0,5 \text{VA} \cdot 3,2 \cdot 10^3 \text{V/A}}$

$U = 40 \text{V}$ (5P)

Zu 4.2 Leistungshyperbel: Aus $\quad P = U \cdot I \quad$ ergibt sich $\quad I = \dfrac{P}{U} = \dfrac{0,5\text{VA}}{U}$

U	V	10	20	30	40	50	60	70	80	90	100
I	mA	50	25	16,7	12,5	10	8,3	7,1	6,25	5,5	5

(8P)

Widerstandsgerade:

$U = R \cdot I$

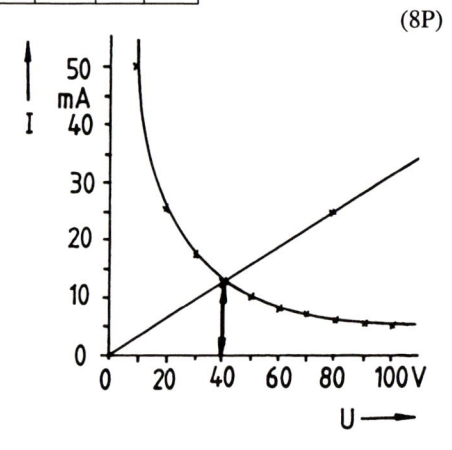

z. B. $I = 0,025 \text{A}$

$U = 3,2 \cdot 10^3 \Omega \cdot 0,025 \text{A}$

$U = 80 \text{V}$ (4P)

Zu 4.3 $P = \dfrac{U^2}{R} = f(U)$

U	V	0	10	20	30	40	50
P	mW	0	31,3	125	281	500	781

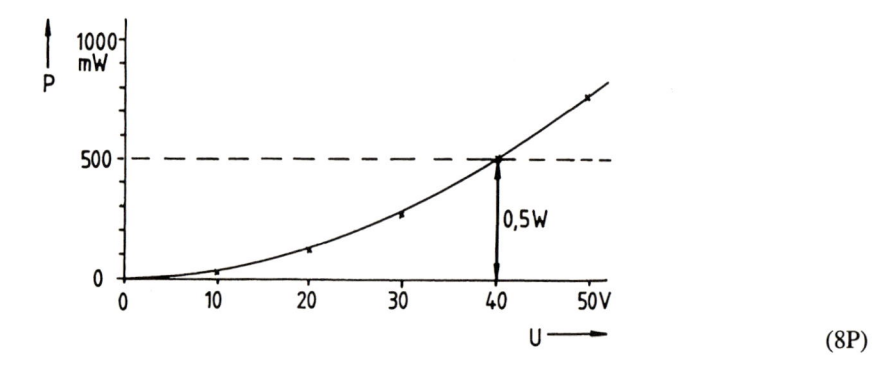

(8P)

Lösungen zum Aufgabenblatt 9

Aufgabe 1:

Zu 1.1 Bd.1, S.19 oder FS S.2

$$R = \frac{U}{I} = \frac{0{,}75\,V}{5 \cdot 10^{-3}\,A}$$

$$R = 150\,\Omega \tag{6P}$$

Zu 1.2 $R = R_o \cdot \left[1 + \alpha_o \cdot (\vartheta - 0^\circ C)\right]$

$$\frac{R}{R_o} = 1 + \alpha_o \cdot (\vartheta - 0^\circ C)$$

$$\vartheta = \frac{1}{\alpha_o} \cdot \left(\frac{R}{R_o} - 1\right)$$

$$\vartheta = \frac{1}{0{,}00385\,K^{-1}} \cdot \left(\frac{150\,\Omega}{100\,\Omega} - 1\right) = 129{,}9^\circ C$$

$$\vartheta = 130^\circ C \tag{11P}$$

Zu 1.3 $U = R \cdot I$

mit

$$R = R_o \cdot \left[1 + \alpha_o \cdot (\vartheta - 0^\circ C)\right]$$

$$R = 100\,\Omega \cdot \left[1 + 0{,}00385\,K^{-1} \cdot (-200^\circ C)\right]$$

$$R = 23\,\Omega$$

beträgt die Messspannung

$$U = 23\,\Omega \cdot 5 \cdot 10^{-3}\,A$$

$$U = 115\,mV \tag{8P}$$

Lösungen zum Aufgabenblatt 9

Aufgabe 2:

Zu 2.1   Bd. 1, S.102-103 oder FS S.22
Für die drei Knotenpunkte gilt:

k1: $\quad I_{q1} = I_1 + I_{i1}$

k2: $\quad I_1 = I_2 + I_3$

k3: $\quad I_3 + I_{i2} = I_4$

Das Gleichungssystem wird geordnet:
$$I_{q1} = I_1 + I_{i1}$$
$$0 = -I_1 + I_2 + I_3$$
$$0 = -I_3 - I_{i2} + I_4$$

Die Zweigströme ergeben mit den Zweigleitwerten und den Knotenspannungen:

$I_{i1} = G_{i1} \cdot U_{10} \qquad I_1 = G_1 \cdot (U_{10} - U_{20}) \qquad I_3 = G_3 \cdot (U_{20} - U_{30})$

$I_2 = G_2 \cdot U_{20} \qquad I_4 = G_4 \cdot U_{30} \qquad I_{i2} = G_{i2} \cdot (-U_{30} + U_{q2})$

Die Zweigströme werden in das Gleichungssystem eingesetzt:
$$I_{q1} = G_1 \cdot U_{10} - G_1 \cdot U_{20} + G_{i1} \cdot U_{10}$$
$$0 = -G_1 \cdot U_{10} + G_1 \cdot U_{20} + G_2 \cdot U_{20} + G_3 \cdot U_{20} - G_3 \cdot U_{30}$$
$$0 = -G_3 \cdot U_{20} + G_3 \cdot U_{30} + G_{i2} \cdot U_{30} - G_{i2} \cdot U_{q2} + G_4 \cdot U_{30}$$

und das Gleichungssystem wird geordnet:
$$I_{q1} = (G_1 + G_{i1}) \cdot U_{10} - G_1 \cdot U_{20}$$
$$0 = -G_1 \cdot U_{10} + (G_1 + G_2 + G_3) \cdot U_{20} - G_3 \cdot U_{30}$$
$$G_{i2} \cdot U_{q2} = -G_3 \cdot U_{20} + (G_3 + G_{i2} + G_4) \cdot U_{30} \qquad\qquad (16P)$$

Zu 2.2   Gesucht ist I_2 über U_{20}.
Mit den eingesetzten Größen lautet das geordnete Gleichungssystem:

$8A = 0,15S \cdot U_{10} - 0,05S \cdot U_{20}$ (1)

$0A = -0,05S \cdot U_{10} + 0,08S \cdot U_{20} - 0,02S \cdot U_{30}$ (2)

$5A = -0,02S \cdot U_{20} + 1,12S \cdot U_{30}$ (3)

---

(1) $\qquad\qquad 8A = 0,15S \cdot U_{10} - 0,05S \cdot U_{20}$

+3·(2) $\qquad\quad 0A = -0,15S \cdot U_{10} + 0,24S \cdot U_{20} - 0,06S \cdot U_{30}$

ergibt $\qquad\quad 8A = 0,19S \cdot U_{20} - 0,06S \cdot U_{30}$ (4)

$\qquad\qquad\quad 5A = -0,02S \cdot U_{20} + 1,12S \cdot U_{30}$ (3)

1,12·(4) $\qquad 8,96A = 0,2128S \cdot U_{20} - 0,0672S \cdot U_{30}$

+0,06·(3) $\qquad 0,3A = -0,0012S \cdot U_{20} + 0,0672S \cdot U_{30}$

---

ergibt $\qquad\quad 9,26A = 0,2116S \cdot U_{20}$

und damit $\quad U_{20} = 43,76V$

und $\qquad\quad I_2 = G_2 \cdot U_{20} = 0,01S \cdot 43,76V = 438mA \qquad (9P)$

Lösungen zum Aufgabenblatt 9

Aufgabe 3:

Zu 3.1 Es handelt sich um die Kompensationsschaltung (Bd.1, S.66-67 oder FS S.14).
Sie wird für Messungen von unbekannten Spannungen verwendet, wobei die Spannung nicht strommäßig belastet wird. (4P)

Zu 3.2 Bd. 1, S.90 oder FS S.18

$R_{aers} = R_A$ (2P)

$R_{iers} = \dfrac{R_1 \cdot R_2}{R_1 + R_2} = \dfrac{R_1 \cdot R_2}{R}$ (6P)

wobei die Spannungen U und U_x kurzgeschlossen sind.

$U_{qers} = U_l = U_2 - U_x$

mit

$U_2 = \dfrac{R_2}{R_1 + R_2} \cdot U = \dfrac{R_2}{R} \cdot U$

$U_{qers} = \dfrac{R_2}{R} \cdot U - U_x$ (6P)

Bd.1, S. 49, Gl.2.84 oder FS S.20

$I_3 = \dfrac{U_{qers}}{R_{iers} + R_{aers}}$

$I_3 = \dfrac{\dfrac{R_2}{R} \cdot U - U_x}{\dfrac{R_1 \cdot R_2}{R} + R_A}$

$I_3 = \dfrac{R_2 \cdot U - R \cdot U_x}{R_1 \cdot R_2 + R_A \cdot R}$ (5P)

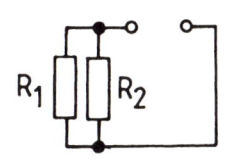

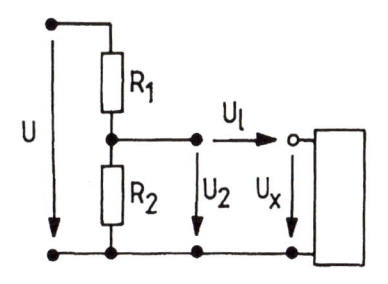

Zu 3.3 Mit

$I_3 = \dfrac{R_2 \cdot U - R \cdot U_x}{R_1 \cdot R_2 + R_A \cdot R} = 0$

ergibt sich $R_2 \cdot U - R \cdot U_x = 0$

oder $R_2 \cdot U = R \cdot U_x$

d. h. $U_x = \dfrac{R_2}{R} \cdot U = U_2$ (2P)

Lösungen zum Aufgabenblatt 9

Aufgabe 4:

Zu 4.1 Bd.1, S.45 oder FS S.9 $\qquad$ $R_{aers} = R$ (variabel)

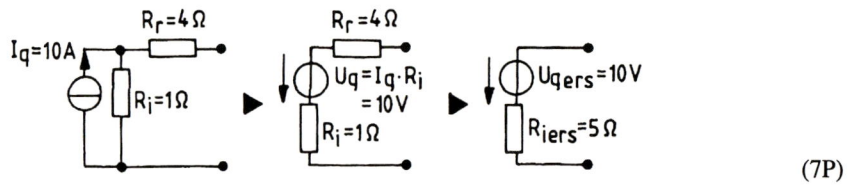

(7P)

Zu 4.2 Bd.1, S.49, Gl.2.84 oder FS S.20

$$I = \frac{U_{qers}}{R_{iers} + R_{aers}} = \frac{10V}{5\Omega + R}$$

R Ω	0	1	2	5	8	10
I A	2	1,67	1,43	1	0,77	0,67

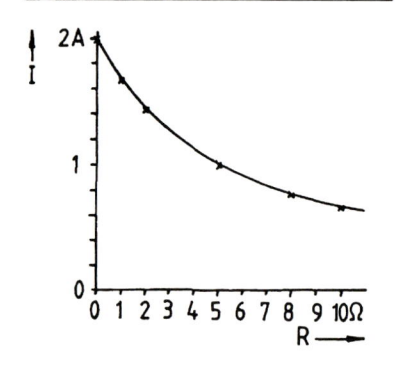

(8P)

Zu 4.3 Bd.1, S.31 oder FS S.5 $\qquad$ $U_l = U_{qers} = 10V$ $\qquad$ $I_k = \dfrac{U_{qers}}{R_{iers}} = \dfrac{10V}{5\Omega} = 2A$

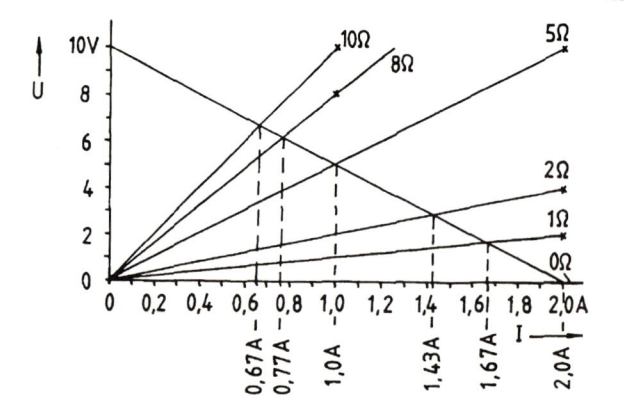

(8P)

Zu 4.4 Bd.1, S.29 oder FS S.4 $\qquad$ $R = 5\Omega$ $\qquad$ (2P)

Lösungen zum Aufgabenblatt 10

Aufgabe 1:

Zu 1.1   Bd.1, S.30-31 oder FS S.5
Kennlinie des aktiven Zweipols mit
$I_k = I_q = 500\text{mA}$ und $U_l = U_q = I_q \cdot R_i = 0{,}5\text{A} \cdot 200\Omega = 100\text{V}$

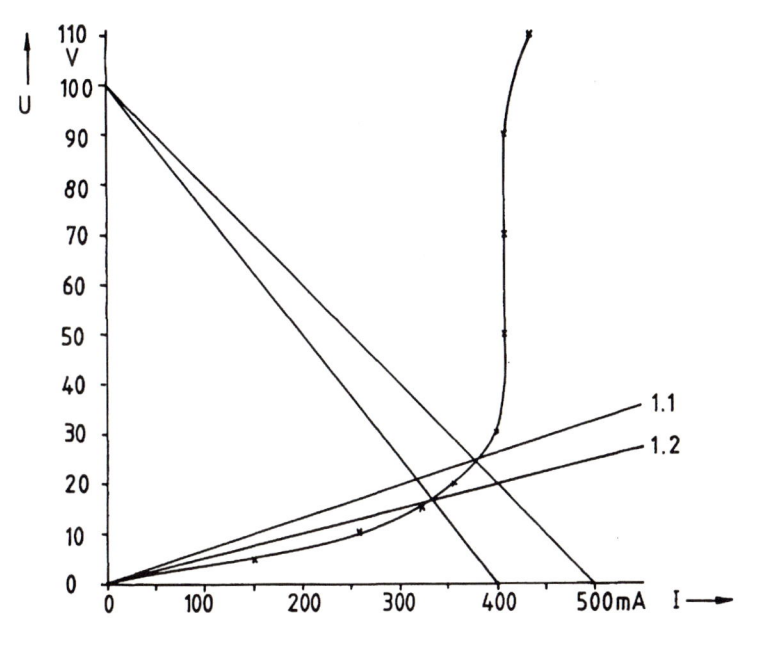

Im Schnittpunkt wird abgelesen: U=25V   I=375mA.
Daraus ergibt sich

$$R = \frac{U}{I} = \frac{25\text{V}}{375 \cdot 10^{-3}\text{A}} = 66{,}6\Omega \qquad (15\text{P})$$

Zu 1.2   Der Vorwiderstand R_v wird zum aktiven Zweipol genommen. Dadurch erhöht sich der Innenwiderstand des aktiven Zweipols von R_i auf $R_i + R_v$ und der Kurzschlussstrom I_k wird kleiner:

$$I_k = \frac{U_q}{R_i + R_v} = \frac{100\text{V}}{200\Omega + 50\Omega} = 0{,}4\text{A}$$

Im neuen Schnittpunkt wird abgelesen: U=17V   I=335mA.
Daraus ergibt sich

$$R = \frac{U}{I} = \frac{17\text{V}}{335 \cdot 10^{-3}\text{A}} = 51\Omega \qquad (10\text{P})$$

Lösungen zum Aufgabenblatt 10
Aufgabe 2:
Zu 2.1 Bd.1, S.70-71, Gl.2.147-2.149 oder FS S.15:   Dreieck-Stern-Umwandlung

$$R_1' = \frac{R_2 \cdot R_3}{R_1 + R_2 + R_3} = \frac{100\Omega \cdot 120\Omega}{100\Omega + 100\Omega + 120\Omega} = 37,5\Omega$$

$$R_2' = \frac{R_3 \cdot R_1}{R_1 + R_2 + R_3} = \frac{120\Omega \cdot 100\Omega}{100\Omega + 100\Omega + 120\Omega} = 37,5\Omega$$

$$R_3' = \frac{R_1 \cdot R_2}{R_1 + R_2 + R_3} = \frac{100\Omega \cdot 100\Omega}{100\Omega + 100\Omega + 120\Omega} = 31,25\Omega$$

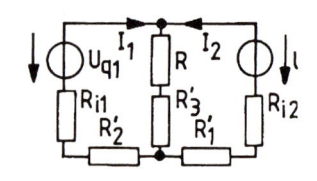

Bd.1, S.45 oder FS S.9: Parallelschaltung zweier Spannungsquellen

$$I_{q1} = \frac{U_{q1}}{R_{i1} + R_2'} = \frac{16V}{12\Omega + 37,5\Omega} = 0,323A \qquad I_{q2} = \frac{U_{q2}}{R_{i2} + R_1'} = \frac{12V}{8\Omega + 37,5\Omega} = 0,264A$$

$$I_{qers} = I_{q1} + I_{q2} = 0,323A + 0,264A = 0,587A$$

$$R_{iers} = \frac{(R_{i1} + R_2')(R_{i2} + R_1')}{R_{i1} + R_2' + R_{i2} + R_1'} = \frac{(12\Omega + 37,5\Omega)(8\Omega + 37,5\Omega)}{12\Omega + 37,5\Omega + 8\Omega + 37,5\Omega} = 23,71\Omega$$

$$R_{aers} = R + R_3' = 50\Omega + 31,25\Omega = 81,25\Omega$$

$$I = I_{qers} \cdot \frac{R_{iers}}{R_{iers} + R_{aers}} = 0,587A \cdot \frac{23,71\Omega}{23,71\Omega + 81,25\Omega} = 0,133A \tag{14P}$$

Zu 2.2 Beim Überlagerungsverfahren (Bd.1 S.87 oder FS S.17) muss für die Berechnung der Teilströme die Dreieck-Stern-Umwandlung vorgenommen sein (siehe unter 2.1).
Die Spannungsquelle U_{q1} wirkt:

$$\frac{I_{U_{q1}}}{I_{1U_{q1}}} = \frac{R_{i2} + R_1'}{R + R_3' + R_{i2} + R_1'}$$

$$I_{1U_{q1}} = \frac{U_{q1}}{R_{i1} + R_2' + \dfrac{(R + R_3')(R_{i2} + R_1')}{R + R_3' + R_{i2} + R_1'}}$$

$$I_{U_{q1}} = \frac{(R_{i2} + R_1') \cdot U_{q1}}{(R_{i1} + R_2')(R + R_3' + R_{i2} + R_1') + (R + R_3')(R_{i2} + R_1')}$$

$$I_{U_{q1}} = \frac{45,5\Omega \cdot 16V}{49,5\Omega \cdot 126,75\Omega + 81,25\Omega \cdot 45,5\Omega} = 0,073A \tag{5P}$$

Die Spannungsquelle U_{q2} wirkt:

$$\frac{I_{U_{q2}}}{I_{2U_{q2}}} = \frac{R_{i1} + R_2'}{R + R_3' + R_{i1} + R_2'}$$

$$I_{2U_{q2}} = \frac{U_{q2}}{R_{i2} + R_1' + \dfrac{(R + R_3')(R_{i1} + R_2')}{R + R_3' + R_{i1} + R_2'}}$$

$$I_{U_{q2}} = \frac{(R_{i1} + R_2') \cdot U_{q2}}{(R_{i2} + R_1')(R + R_3' + R_{i1} + R_2') + (R + R_3')(R_{i1} + R_2')}$$

$$I_{U_{q2}} = \frac{49,5\Omega \cdot 12V}{45,5\Omega \cdot 130,75\Omega + 81,25\Omega \cdot 49,5\Omega} = 0,060A \tag{5P}$$

$$I = I_{U_{q1}} + I_{U_{q2}} = 0,073A + 0,060A = 0,133A \tag{1P}$$

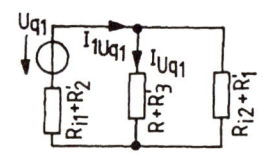

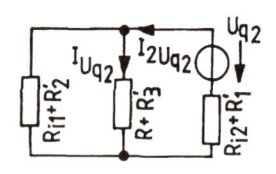

Lösungen zum Aufgabenblatt 10

Aufgabe 3:
Zu 3.1   Bd.1, S.34, Gl.2.35 oder FS S.6

$$\frac{U_2}{U_1} = \frac{R_2}{R_1 + R_2} \tag{3P}$$

Zu 3.2   Bd.1, S.42, Gl.2.65 oder FS S.9

$$\frac{U_4}{U_1} = \frac{U_4}{U_2} \cdot \frac{U_2}{U_1}$$

$$\frac{U_4}{U_1} = \frac{R_4}{R_3 + R_4} \cdot \frac{\frac{R_2(R_3+R_4)}{R_2+R_3+R_4}}{R_1 + \frac{R_2(R_3+R_4)}{R_2+R_3+R_4}} = \frac{R_4}{R_3+R_4} \cdot \frac{R_2(R_3+R_4)}{R_1(R_2+R_3+R_4)+R_2(R_3+R_4)}$$

$$\frac{U_4}{U_1} = \frac{R_2 \cdot R_4}{R_1(R_2+R_3+R_4)+R_2(R_3+R_4)} \tag{10P}$$

Zu 3.3
$$\frac{U_6}{U_1} = \frac{U_6}{U_4} \cdot \frac{U_4}{U_2} \cdot \frac{U_2}{U_1}$$

$$\frac{U_6}{U_1} = \frac{R_6}{R_5+R_6} \cdot \frac{\frac{R_4(R_5+R_6)}{R_4+R_5+R_6}}{R_3 + \frac{R_4(R_5+R_6)}{R_4+R_5+R_6}} \cdot \frac{R_2 \cdot \left[R_3 + \frac{R_4(R_5+R_6)}{R_4+R_5+R_6}\right]}{R_2+R_3+\frac{R_4(R_5+R_6)}{R_4+R_5+R_6}}{R_1 + \frac{R_2 \cdot \left[R_3+\frac{R_4(R_5+R_6)}{R_4+R_5+R_6}\right]}{R_2+R_3+\frac{R_4(R_5+R_6)}{R_4+R_5+R_6}}}$$

$$\frac{U_6}{U_1} = \frac{R_6 \cdot R_4}{R_4+R_5+R_6} \cdot \frac{R_2}{R_1 \cdot \left[R_2+R_3+\frac{R_4(R_5+R_6)}{R_4+R_5+R_6}\right] + R_2 \cdot \left[R_3+\frac{R_4(R_5+R_6)}{R_4+R_5+R_6}\right]}$$

$$\frac{U_6}{U_1} = \frac{R_2 \cdot R_4 \cdot R_6}{R_1 \cdot [(R_2+R_3)(R_4+R_5+R_6)+R_4(R_5+R_6)] + R_2 \cdot [R_3(R_4+R_5+R_6)+R_4(R_5+R_6)]}$$

(12P)

Lösungen zum Aufgabenblatt 10

Aufgabe 4:

Zu 4.1 Bd.1, S.86-87 oder FS S.17

Die Stromquelle I_{q1} wirkt:

$$I_{I_{q1}} = \frac{R_{i1}}{R_{i1} + R_{i2} + R} \cdot I_{q1} \qquad (5P)$$

Die Spannungsquelle U_{q2} wirkt:

$$I_{U_{q2}} = \frac{U_{q2}}{R_{i1} + R_{i2} + R} \qquad (5P)$$

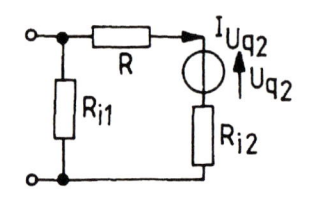

Überlagerung:

$$I = I_{I_{q1}} + I_{U_{q2}} = \frac{R_{i1} \cdot I_{q1} + U_{q2}}{R_{i1} + R_{i2} + R} \qquad (3P)$$

Zu 4.2 Bd.1, S.35 und 45 oder FS S.7 und 9
Die beiden Energiequellen sind hinsichtlich des Widerstandes R in Reihe geschaltet. Deshalb müssen die Energiequellen als Spannungsquellen vorliegen.
Die Stromquelle muss in eine äquivalente Spannungsquelle umgewandelt werden. Beide Spannungsquellen werden dann zu einer Spannungsquelle zusammengefasst, so dass ein Grundstromkreis entsteht.

Im Grundstromkreis für die Ersatzspannungsquelle lässt sich der Strom berechnen:

$$I = \frac{U_{qers}}{R_{iers} + R_{aers}}$$

mit $\qquad U_{qers} = U_{q1} + U_{q2}$

und $\qquad R_{iers} = R_{i1} + R_{i2}$

und $\qquad R_{aers} = R$

$$I = \frac{U_{q1} + U_{q2}}{R_{i1} + R_{i2} + R}$$

und mit $\qquad U_{q1} = R_{i1} \cdot I_{q1}$

ergibt sich

$$I = \frac{R_{i1} \cdot I_{q1} + U_{q2}}{R_{i1} + R_{i2} + R} \qquad (12P)$$

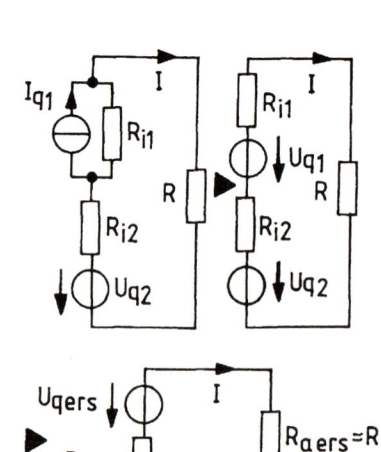

Aufgabenblätter

Abschnitt 2:

3 Das elektromagnetische Feld

Aufgabenblatt 1

Aufgabe 1:
An einem Plattenkondensator mit drei quer geschichteten Dielektrika, deren relative Dielektrizitätskonstanten $\varepsilon_{r1}=6{,}5$, $\varepsilon_{r2}=1$ und $\varepsilon_{r3}=4$ betragen, liegt eine Spannung von 20kV an. Randstörungen des Feldes bleiben unberücksichtigt.

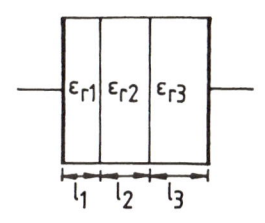

1.1 Entwickeln Sie die Formel für die elektrische Feldstärke E_1 im Dielektrikum mit ε_{r1}. Berechnen Sie E_1 mit den ε-Werten und mit den Längen $l_1=1{,}5$cm, $l_2=2$cm und $l_3=2{,}5$cm. (17P)

1.2 Berechnen Sie die Teilspannungen U_1, U_2 und U_3, die zwischen den Grenzschichten der Dielektika anliegen. Kontrollieren Sie die Ergebnisse mit der Gesamtspannung U. (8P)

Aufgabe 2:
Ein genormter EI-150-Kern (Maße in mm: a=150, b=100, c=20, e=80, f=40, g=35) aus Dynamoblech mit der punktweise gegebenen Magnetisierungskennlinie und mit einem Luftspalt von 0,8mm, einer Schichthöhe von 50mm und einem Eisenfüllfaktor 0,95 soll auf dem Mittelschenkel eine Spule tragen, deren Durchflutung eine Luftspaltinduktion von 1,2T erzeugt. Die Streuung beträgt 10%.

2.1 Ermitteln Sie die magnetischen Feldstärken und magnetischen Spannungen im Luftspalt und im E- und I-Kern und die notwendige Durchflutung.

H	A/m	0	125	250	500	1000
B	T	0	0,8	1,0	1,2	1,4

(18P)

2.2 Wie groß wird die Durchflutung, wenn der Luftspalt auf 0,1mm vermindert und die Streuung vernachlässigt wird? (7P)

Aufgabe 3:
Die Leiter der gezeichneten Leiteranordnung sind vom gleichen Strom I in gleicher Richtung durchflossen.

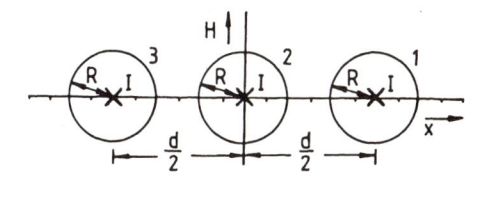

3.1 Tragen Sie die qualitativen Verläufe der magnetischen Feldstärken der einzelnen Leiter und der gesamten Leiteranordnung in Abhängigkeit von x im gezeichneten Bild ein. Begründen Sie die Verläufe. (13P)

3.2 Leiten Sie die Formel für die Berechnung der magnetischen Feldstärke zwischen und außerhalb der Leiter her. (12P)

Aufgabe 4:
Stellen Sie für die beiden gezeichneten Ersatzschaltungen des Transformators die Spannungsgleichungen auf und ermitteln Sie deren ohmsche Widerstände und Induktivitäten, indem Sie die Spannungsgleichungen mit den Gleichungen des Transformators vergleichen. Die Permeabilität μ sei konstant und die ohmsche Belastung gleich R. Zeichnen Sie die Ersatzschaltungen mit den ermittelten Ersatzschaltelementen des Transformators.

4.1 (13P)   4.2 (12P)

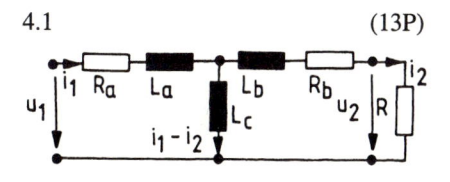

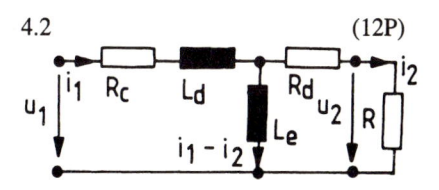

Aufgabenblatt 2

Aufgabe 1:
Ein Zylinderkondensator der Höhe h, der aus zwei Dielektrika mit ε_{r1} und ε_{r2} besteht, ist mit $\pm Q$ aufgeladen. Der Radius der Innenelektrode ist r_0, der Radius der Grenzschicht $r_1 = 2 \cdot r_0$ und der Radius der Außenelektrode $r_2 = 3 \cdot r_0$.

1.1 Geben Sie die Formeln für die Spannungen U_1 und U_2 an und berücksichtigen Sie die Angaben über die Radien. (8P)

1.2 Berechnen Sie das Verhältnis $\varepsilon_{r1}/\varepsilon_{r2}$, damit die Spannungen gleich sind. (6P)

1.3 Kontrollieren Sie das Ergebnis für $\varepsilon_{r1}/\varepsilon_{r2}$, indem Sie die Kapazitäten der Einzelschichten vergleichen. (6P)

1.4 Wie groß ist bei dem berechneten Verhältnis von $\varepsilon_{r1}/\varepsilon_{r2}$ die Gesamtkapazität pro Höhe h des geschichteten Kondensators, wenn $\varepsilon_{r1}=3$ beträgt? (5P)

Aufgabe 2:

2.1 Ein genormter M 42 Kern (Maße in mm: a=42, b=42, c=6, e=30, f=12, g=9) aus Dynamoblech III mit der punktweise gegebenen Magnetisierungskennlinie, mit einem Luftspalt von 1mm und einem Eisenfüllfaktor 0,85 soll auf dem Mittelschenkel eine Spule mit w=1000 tragen, deren Durchflutung im Luftspalt eine magnetische Induktion von 1T garantiert. Die Streuung wird auf 10% geschätzt. Berechnen Sie den dafür notwendigen Strom. (17P)

H	A/m	0	100	200	300	400
B	T	0	0,6	1,0	1,2	1,3

2.2 Auf welchen Wert muss der Strom geändert werden, wenn anstelle eines M 42 Kerns ein M 55 Kern (Maße in mm: a=55, b=55, c=8,5, e=38, f=17, g=10,5) verwendet wird und wenn der Luftspalt, der Eisenfüllfaktor, die Luftspaltinduktion und die Streuung unverändert bleiben? (8P)

Aufgabe 3:
Die vier parallel liegenden Leiter mit gleichem Radius R der gezeichneten Leiteranordnung sind vom gleichen Strom I in gleicher Richtung durchflossen.

3.1 Leiten Sie die Formel für die Berechnung der magnetischen Feldstärke (magnetische Erregung) zwischen und außerhalb der Leiter her und zwar auf der Verbindungslinie zwischen den Leitermittelpunkten. (10P)
Begründen Sie die Herleitung. (8P)

3.2 Wie ändert sich die Formel, wenn in den beiden Leitern 1 und 2 die Stromrichtung geändert wird? (7P)

Aufgabe 4:

4.1 Für den gezeichneten magnetischen Kreis mit zwei Wicklungen $w_1=400$, $w_2=1000$, l=10cm, A=9cm² und $\mu_r=2000$ sollen die Gegeninduktivitäten berechnet werden, wobei Sie die Koppelfaktoren k_1 und k_2 verwenden. (10P)

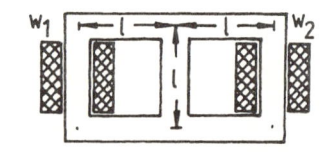

4.2 Ermitteln Sie dann die Selbstinduktivitäten und mit der Gegeninduktivität den Koppelfaktor k. Kontrollieren Sie das Ergebnis mit k_1 und k_2. (10P)
Ermitteln Sie schließlich die Streufaktoren σ_1, σ_2 und σ. (5P)

Aufgabenblatt 3

Aufgabe 1:
Zwischen den Elektroden eines Zylinderkondensators der Höhe h mit den Radien r_a und r_i liegt die Spannung U. Die Außenelektrode hat das elektrische Potential Null.
1.1 Ermitteln Sie den Radius r_x der Äquipotentialfläche, die die Spannung U/2 hat. (18P)
1.2 Berechnen Sie r_x, wenn r_a=8cm und r_i=5cm betragen, und stellen Sie das Ergebnis zeichnerisch dar. (7P)

Aufgabe 2:
Für die Messung von großen Gleichströmen in einer Stromschiene wird die Schiene durch zwei gleiche Eisenkerne aus Dynamoblech umgeben. Die Magnetisierungskennlinie ist durch folgende Wertetabelle gegeben. In einem der beiden Luftspalte wird mittels einer Hallsonde die magnetische Induktion B_L gemessen. Die Streuung in beiden Luftspalten beträgt 10%.
2.1 Berechnen Sie den Strom I, wenn für B_L=1,2T gemessen wurde. (15P)

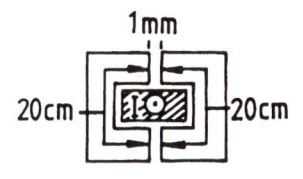

H	A/m	0	500	1000	2000	3000
B	T	0	1,20	1,40	1,58	1,64

2.2 Welchen Wert würde die Hallsonde für die Luftspaltinduktion B_L anzeigen, wenn der Strom I=1200A betragen würde? (10P)

Aufgabe 3:
Aus einem homogenen, zeitlich konstanten Magnetfeld mit der magnetischen Induktion B=1T wird eine Leiterschleife mit den Abmessungen a=50mm, b=20mm, c=30mm mit der Geschwindigkeit v=0,2m/s herausgezogen. Während des Bewegungsvorgangs verlaufen die magnetischen Feldlinien senkrecht durch die Fläche der Leiterschleife. 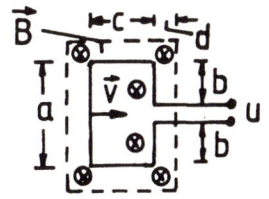
3.1 Welche Seiten der Leiterschleife sind an der Induktion der Gesamtspannung u beteiligt? Zeichnen Sie die Richtungen der Spannungen ein und begründen Sie Ihre Aussage. (10P)
3.2 Berechnen Sie die Teilspannungen und die jeweils wirksamen Gesamtspannungen mit den Zahlenwerten und zeichnen Sie den zeitlichen Verlauf der Gesamtspannung u, wenn sich zum Zeitpunkt t=0 die Leiterschleife in der gezeichneten Lage mit d=10mm befindet und dann nach rechts vollständig herausgezogen wird. (15P)

Aufgabe 4:
Ein elektrodynamischer Lautsprecher enthält einen ringförmigen Dauermagneten aus AlNiCo 700, der nach der maximalen Energiedichte dimensioniert werden soll (B_{Mopt}=1,06T, H_{Mopt}=-53kA/m). Die Luftspaltinduktion soll 1,2T betragen, obwohl wegen Streuungen nur 60% des Dauermagnet-Flusses im Luftspalt ankommen. 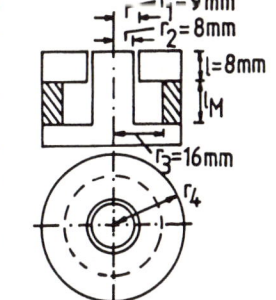
4.1 Zeichnen Sie den Verlauf der magnetischen Flüsse und die Flächen A_M und A_L in das gezeichnete Bild ein. Welcher Art sind die Flächen? (5P)
4.2 Geben Sie die Formeln für die Flächen A_M und A_L an, wenn im Luftspalt ein homogener Feldverlauf angenommen wird. Berechnen Sie A_L mit den Zahlenwerten. (6P)
4.3 Entwickeln Sie aus der Gleichung für die magnetischen Flüsse die Formel für A_M bei Berücksichtigung der Streuung. Berechnen Sie A_M und r_4 mit den Zahlenwerten. (8P)
4.4 Entwickeln Sie schließlich mit Hilfe des Durchflutungssatzes die Formel für die Länge l_M des Dauermagneten und berechnen Sie l_M mit den Zahlenwerten. (6P)

Aufgabenblatt 4

Aufgabe 1:
Ein Kugelkondensator enthält zwei Isolierschichten mit den Dielektrizitätskonstanten ε_1 und ε_2.

1.1 Geben Sie die Formeln für die Feldstärkeverläufe $E_1(r)$ und $E_2(r)$ in den beiden Bereichen bei gegebener Ladung Q an. (8P)

1.2 Ermitteln Sie die Teilspannungen U_1 und U_2 und die Spannung U und damit die Kapazität des geschichteten Kugelkondensators. (17P)

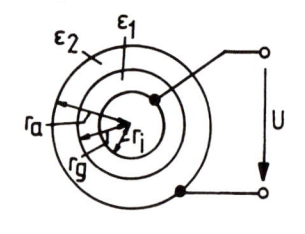

Aufgabe 2:
Durch ein dickes Kupferrohr der Länge l mit den Radien r_a und r_i (aufgeschnitten dargestellt) fließt ein Strom I. Berechnen Sie den magnetischen Fluss in den Bereichen

2.1 $0 < r < r_1$ (5P)
2.2 $r_i < r < r_a$ (10P)
2.3 $r_a < r < 2r_a$ (10P)

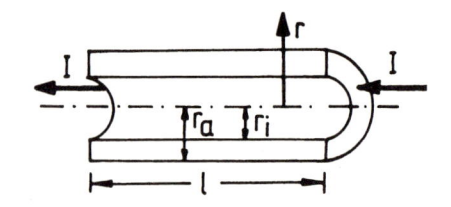

Aufgabe 3:
Auf dem Mittelschenkel eines genormten EI-150-Kern (Maße in mm: a=150, b=100, c=20, e=80, f=40, g=35, Schichtdicke 40mm) aus Dynamoblech mit der punktweise gegebenen Magnetisierungskennlinie

H	A/m	0	250	500	750	1000	1500	2000	3000	4000	5000	6000	7000
B	T	0	0,9	1,15	1,27	1,35	1,45	1,5	1,55	1,6	1,63	1,65	1,67

befindet sich eine Spule mit der Windungszahl w=1000. Der Abstand zwischen E-Kern und I-Kern beträgt 0,8mm.

3.1 Ermitteln Sie die Luftspaltinduktionen B_L, wenn die Spule mit verschieden großen Strömen belastet wird: I=0,5A 1A 1,5A 2A. (21P)

3.2 Stellen Sie die ermittelte Funktion $B_L=f(I)$ grafisch dar. (4P)

Aufgabe 4:
4.1 In dem gezeichneten Variometer ändert sich die Gegeninduktivität als Funktion des Winkels α von 0° bis 90°. Leiten Sie die Formel für die Gegeninduktivität M_{12} her. Gegeben sind die Windungszahlen w_1 und w_2, die Längen l_1 und l_2 und die Durchmesser d_1 und d_2 der beiden Spulen. (20P)

4.2 Warum lässt sich M_{21} nicht auf die gleiche Weise herleiten? (5P)

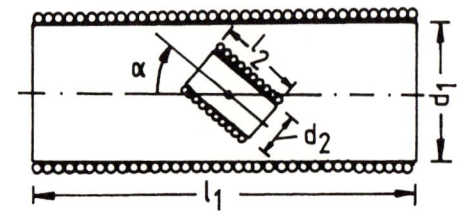

Aufgabenblatt 5

Aufgabe 1:
Ein Kugelkondensator mit zwei geschichteten Isolierschichten mit ε_{r1} und ε_{r2} ist mit $\pm Q$ aufgeladen. Der Radius der Innenelektrode ist r_i, der Radius der Grenzschicht $r_g = 2 \cdot r_i$ und der Radius der Außenelektrode $r_a = 3 \cdot r_i$.

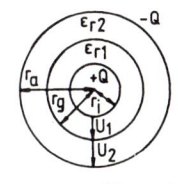

1.1 Entwickeln Sie die Formeln für die Spannungen U_1 und U_2 in Abhängigkeit von r_i. (10P)

1.2 Um das wievielfache größer muss ε_{r1} gegenüber ε_{r2} sein, damit die Spannungen U_1 und U_2 gleich sind. (7P)

1.3 Kontrollieren Sie das Ergebnis für $\varepsilon_{r1}/\varepsilon_{r2}$, indem Sie die Kapazitäten der Schichten in Abhängigkeit von r_i berechnen und vergleichen. (8P)

Aufgabe 2:
2.1 In der gezeichneten U/I-Anordnung aus Dynamoblechen mit einer Schichtdicke von 20mm soll eine Spule mit w=1000 untergebracht werden. Ermitteln Sie die Abhängigkeit des Spulenstroms vom Luftspalt $I=f(l_L)$ mit $l_L=1, 2, 3, 4$mm, wenn in dem Luftspalt jeweils ein magnetischer Fluss $\Phi_L = 256\mu Vs$ vorhanden sein soll. Eine Ausweitung der Feldlinien ist nicht zu berücksichtigen, die Streuung wird 10% geschätzt und der Eisenfüllfaktor betrage 0,85. (18P)

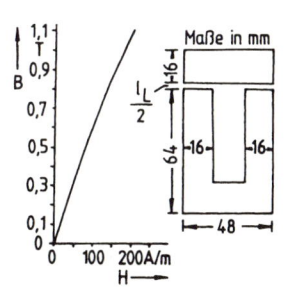

2.2 Berechnen Sie überschlägig, bei welchen Luftspaltlängen l_L die Spule thermisch überlastet wird, wenn die zulässige Stromdichte $S_{zul} = 2A/mm^2$ beträgt? (7P)

Aufgabe 3:
Ein Dauermagnetkreis mit einem Luftspalt $A_L = 5cm^2$, $l_L = 2$mm soll optimal dimensioniert werden. Gefordert ist eine Luftspaltinduktion $B_L = 0,5T$. Für drei Magnetmaterialien sind aus den Entmagnetisierungskurven die Werte für B_{Mopt} und H_{Mopt} abgelesen:
AlNiCo (1,03T, -40·10³A/m), Hartferrit (0,20T, -120·10³A/m), Seco (0,5T, -350·10³A/m).

3.1 Ermitteln Sie $(B_M \cdot H_M)_{max}$ für die drei Materialien. (6P)

3.2 Errechnen Sie dann die notwendigen Volumen V_M, die Flächen A_M, die Längen l_M und den jeweiligen Preis der Dauermagnete. (16P)

3.3 Vergleichen Sie die Ergebnisse hinsichtlich des Volumens und des Preises.
(Preise: AlNiCo: 0,36Euro/cm³, Hartferrit: 0,13Euro/cm³, Seco: 2,56Euro/cm³) (3P)

Aufgabe 4:
Der gezeichnete Transformator besteht aus einem geblechten Eisenkern mit l=80mm, Schichtdicke d=30mm, c=20mm, Eisenfüllfaktor $f_{Fe}=0,9$ und konstanter Permeabilität $\mu_r = 5000$ und zwei übereinander liegenden Spulen mit $w_1 = 500$ und $w_2 = 1200$.

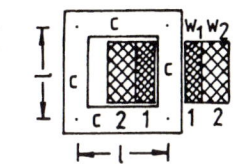

4.1 Leiten Sie die Formel für die Gegeninduktivität M bei vernachlässigbarem Streufluss her und berechnen Sie M mit den angegebenen Zahlenwerten. (15P)

4.2 Berechnen Sie die in der Spule 2 induzierte Spannung u_2, wenn in der Spule 1 ein Strom $i = \hat{i} \cdot \sin \omega t$ mit $\hat{i} = 25mA$, $\omega = 314s^{-1}$ fließt und der Transformator sekundärseitig unbelastet ist. (10P)

Aufgabenblatt 6

Aufgabe 1:
An der Innenelektrode eines Zylinderkondensators der Höhe h mit einem Dielektrikum ε liegt die Spannung U gegenüber der geerdeten Außenelektrode an.

1.1 Entwickeln Sie die Formel für die Radien r_x der Äquipotentialflächen k·U in Abhängigkeit von r_a, r_i und k mit $0 < k < 1$. (15P)

1.2 Berechnen Sie die Radien r_x für k=3/4, 1/2 und 1/4, wenn r_i=2cm und r_a=8cm betragen. (6P)

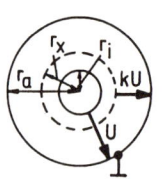

1.3 Stellen Sie den Zylinderkondensator im Querschnitt mit seinen berechneten Äquipotentiallinien quantitativ dar. (4P)

Aufgabe 2:
Auf dem Mittelschenkel eines EI-84-Kerns aus Dynamoblech mit der punktweise gegebenen Magnetisierungskennlinie (Maße in mm: a=84, b=56, c=14, e=42, f=28, g=14, Schichtdicke 28mm) befindet sich eine Spule (w=2000), durch die ein Strom von 0,5A fließt.

H	A/m	0	250	500	750	1000	1500	2000	3000	4000	5000	6000	7000
B	T	0	0,9	1,15	1,27	1,35	1,45	1,5	1,55	1,6	1,63	1,65	1,67

2.1 Ermitteln Sie die Luftspaltinduktionen B_L, wenn sich der Abstand zwischen E-Kern und I-Kern und damit der Gesamtluftspalt l_L und die Streuung verändern. (18P)

l_L	mm	0	0,5	1	1,5	2,0
σ	%	0	5	10	15	20

2.2 Berechnen Sie die auftretenden Anzugskräfte für die Luftspaltlängen und stellen Sie diese Funktion $F=f(l_L)$ in einem Diagramm dar. (7P)

Aufgabe 3:
Für die gezeichnete Magnetanordnung mit zwei Spulen sind gegeben:
l=4cm, A=1cm², w_1=1200, w_2=500, μ_r=2000.

3.1 Ist die Spule 1 oder die Spule 2 stromdurchflossen, dann entstehen magnetische Flüsse, die durch magnetische Widerstände begrenzt werden. Berechnen Sie die magnetischen Widerstände. (6P)

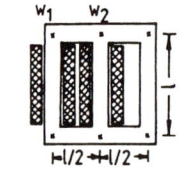

3.2 Anschließend sind die Induktivitäten L_1, L_2, M_{12} und M_{21} zu berechnen. (10P)

3.3 Kontrollieren Sie die Ergebnisse mit $k = \sqrt{k_1 \cdot k_2} = \sqrt{\dfrac{M_{12} \cdot M_{21}}{L_1 \cdot L_2}}$ (3P)

3.4 Berechnen Sie die Spannung $u_2(t)$ an der Spule 2, wenn die Spule 1 mit dem gezeichneten dreieckförmigen Strom $i_1(t)$ durchflossen ist. Zeichnen Sie den Verlauf von $u_2(t)$. (6P)

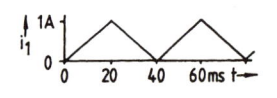

Aufgabe 4:
Die gezeichnete Dreileiteranordnung mit a=1m ist in gleicher Richtung jeweils vom gleichen Strom I=1A durchflossen.

4.1 Berechnen Sie durch Überlagerung die magnetischen Induktionen B_1, B_2 und B_3 in den Achsen der drei Leiter und tragen Sie diese quantitativ in der Anordnung ein. (15P)

4.2 Berechnen Sie die Kräfte F_1, F_2, F_3, die auf die drei Leiter pro Länge wirken. Tragen Sie die Kräfte ebenfalls in der Anordnung quantitativ ein. (10P)

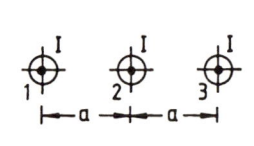

Aufgabenblatt 7

Aufgabe 1:
An der Innenelektrode eines Kugelkondensators mit einem Dielektrikum
ε liegt die Spannung U gegenüber der geerdeten Außenelektrode an.
1.1 Entwickeln Sie die Formel für die Radien r_x der Äquipotentialflächen $k \cdot U$ in Abhängigkeit von r_a, r_i und k mit $0 < k < 1$. (12P)
1.2 Berechnen Sie die Radien r_x für k=3/4, 1/2 und 1/4, wenn r_i=2cm und r_a=8cm betragen. (6P)
1.3 Stellen Sie den Kugelkondensator im Querschnitt mit seinen berechneten Äquipotentiallinien quantitativ dar. (3P)
1.4 Warum liegen die entsprechenden Äquipotentiallinien enger an der Innenelektrode als beim Zylinderkondensator? (4P)

Aufgabe 2:
Ein magnetischer Kreis besteht aus genormten M55-Blechen (Maße in mm: a=55, b=55, c=8,5, e=38, f=17, g=10,5) aus Dynamoblech mit der punktweise gegebenen Magnetisierungskennlinie mit einem Füllfaktor 0,85 und einer Spule mit w=500 auf dem Mittelschenkel. Die Streuung im Luftspalt l_L=0,8mm wird auf 5% geschätzt.

H	A/m	0	200	400	600	800	1000	1200	1400	1600	1800	2000
B	T	0	0,80	1,10	1,25	1,35	1,41	1,46	1,50	1,52	1,54	1,56

2.1 Ermitteln Sie den Spulenstrom I, damit im Luftspalt eine magnetische Induktion B_L=0,8T gemessen werden kann. (13P)
2.2 Kontrollieren Sie die Lösung von 2.1, indem Sie den ermittelten Strom I als gegeben annehmen und die Luftspaltinduktion B_L ermitteln. (12P)

Aufgabe 3:
Ein Dauermagnetkreis besteht aus einem Dauermagnet aus AlNiCo 400 mit einer Länge l_M=5cm, einem Weicheisen und einem Luftspalt mit l_L=2mm und A_L=1cm². Die Entmagnetisierungskennlinie mit H_k=-44·10³A/m und B_r=1,07T ist punktweise gegeben:

H_M	10^3A/m	0	-5	-10	-15	-20	-25	-30	-35	-40
B_M	T	1,07	1,0	0,95	0,88	0,82	0,74	0,64	0,50	0,30

3.1 Ermitteln Sie die magnetische Induktion B_M im Dauermagneten und die Luftspaltinduktion B_L, wenn die Dauermagnetfläche variabel ist: A_M=1, 2, 3, 4, 5cm². (20P)
3.2 Stellen Sie die Abhängigkeit der ermittelten Luftspaltinduktion B_L vom Volumen des Dauermagneten V_M in einer Wertetabelle und grafisch dar. (5P)

Aufgabe 4:
Der zeitlich veränderliche Strom $i_1(t)$ verursacht ein zeitlich veränderliches Feld innerhalb der Zylinderspule 1.
4.1 Leiten Sie die Formel für den magnetischen Fluß $\Phi_1(t)$ allgemein her, der durch den Strom $i_1(t)$ innerhalb der Spule verursacht wird. (6P)
4.2 Befindet sich innerhalb der Spule eine koaxial angeordnete Spule 2, dann wird in ihr eine Spannung u_2 erzeugt.
Berechnen Sie die Spannung $u_2(t)$, wenn der Strom $i_1(t)$ den gezeichneten Verlauf hat. Stellen Sie $u_2(t)$ in einem Diagramm dar. (16P)
4.3 Wie verändert sich die Spannung, wenn die Windungszahl w_2 verdoppelt wird oder wenn der Durchmesser d_2 verdoppelt wird oder die Länge l_2 verdoppelt wird? (3P)

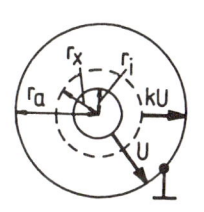

Aufgabenblatt 8

Aufgabe 1:
Für ein Koaxialkabel, bestehend aus einem Kupfer-Innenleiter, einem geerdeten Eisen-Außenmantel und einem dreifach konzentrisch geschichteten Dielektrikum soll die Kapazität pro Länge ermittelt werden.

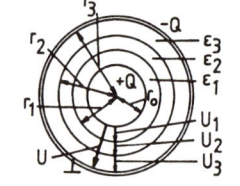

1.1 Geben Sie die allgemeinen Formeln für die elektrischen Feldstärken $E_1(r)$, $E_2(r)$ und $E_3(r)$ an, wenn Q, h, ε_{r1}, ε_{r2} und, ε_{r3} gegeben sind. (6P)
1.2 Ermitteln Sie daraus die allgemeinen Formeln für die Teilspannungen U_1, U_2 und U_3 und die Gesamtspannung U. (8P)
1.3 Leiten Sie aus der Formel für U die Formel für die Kapazität pro Länge h her. (7P)
1.4 Berechnen Sie die Kapazität pro Länge, wenn r_0=12mm, r_1=18mm, r_2=24mm, r_3=36mm, ε_{r1}=2, ε_{r2}=4 und ε_{r3}=8 betragen. (4P)

Aufgabe 2:
Durch den Luftspalt (l_L=0,5mm) eines Kern aus M42-Dynamoblechen (Maße in mm: a=42, b=42, c=6, e=30, f=12, g=9), auf dessen Mittelschenkel eine Spule (w=250) mit variabler Durchflutung Θ=100A, 200A, 300A und 400A sitzt, wird die punktweise gegebene Magnetisierungskennlinie "geschert".

H_{Fe}	A/m	0	500	1000	1500	2000	2500
B_{Fe}	T	0	0,5	0,75	0,95	1,1	1,2

2.1 Ermitteln Sie mit Hilfe der Magnetisierungskennlinie die Abhängigkeit $B_L=B_{Fe}$ von H_0, und zeichnen Sie die Funktion $B_L=f(H_0)$. (18P)
2.2 Ermitteln Sie mit der gescherten Kennlinie den Strom durch die Spule, damit sich eine Luftspaltinduktion von 0,5T ergibt. (7P)

Aufgabe 3:
Auf dem Mittelschenkel der gezeichneten Magnetanordnung mit A=1cm², l=4cm und μ_r=2000 (konstant) sind die beiden Spulen mit w_1=250 und w_2=150 so angeordnet, dass k=1 ist.

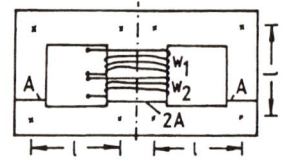

3.1 Berechnen Sie L_1, L_2 und M und kontrollieren Sie Ihre Ergebnisse mit $M = k \cdot \sqrt{L_1 \cdot L_2}$. (7P)
3.2 Die Magnetanordnung soll als Transformator betrieben werden, indem an der Primärspule u_1 angelegt und die Sekundärseite mit R belastet wird. Kennzeichnen Sie den Wicklungssinn der Spulen. Tragen Sie sämtliche Spannungen, Ströme und magnetischen Flüsse in die Magnetanordnung ein. Geben Sie die Spannungsgleichungen an, und zeichnen Sie das Ersatzschaltbild. (12P)
3.3 Berechnen Sie u_1 und u_2, wenn die Verluste vernachlässigbar, der Belastungswiderstand R unendlich groß und i_1 den gezeichneten Verlauf hat. (6P)

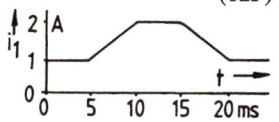

Aufgabe 4:
In der gezeichneten Dreileiteranordnung mit a=1m fließen I_1=2A, I_2=1A und I_3=4A in den angegebenen Richtungen.

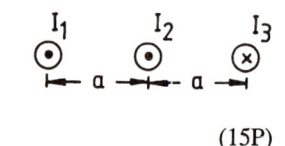

4.1 Berechnen Sie durch Überlagerung die magnetischen Induktionen B_1, B_2 und B_3 in den Achsen der drei Leiter, und tragen Sie diese quantitativ in der Anordnung ein. (15P)
4.2 Berechnen Sie die Kräfte F_1, F_2 und F_3, die auf die drei Leiter pro Länge wirken. Tragen Sie die Kräfte ebenfalls in der Anordnung quantitativ ein. (10P)

Aufgabenblatt 9

Aufgabe 1:
Ein Trimmpotentiometer besitzt eine Kohleschicht mit $\rho = 65\,\Omega\cdot mm^2/m$ ($r_a=6mm$, $r_i=4mm$, $h=0{,}755\cdot 10^{-3}mm$), auf der ein Schleifer um 270° gedreht werden kann. Wird an die beiden Enden des Widerstandes eine Spannung U angelegt, entsteht ein inhomogenes Strömungsfeld.

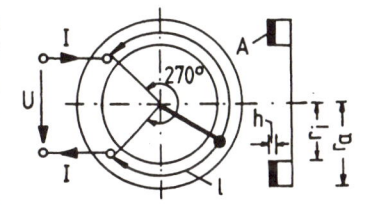

1.1 Entwickeln Sie die Formel für den exakten Widerstand R durch "Homogenität im Kleinen" und berechnen Sie R mit den angegebenen Größen. (12P)

1.2 Entwickeln Sie die Formel für den Widerstand, indem Sie angenähert ein homogenes Strömungsfeld annehmen und berechnen Sie R mit den angegebenen Größen. (10P)

1.3 Geben Sie aus beiden Formeln die prozentuale Abweichung an und berechnen Sie die prozentuale Abweichung mit den angegebenen Größen. (3P)

Aufgabe 2:
Ein genormter M55-Kern (a=55, b=55, c=8,5, e=38, f=17, g=10,5 in mm) aus Dynamoblech mit der punktweise gegebenen Magnetisierungskennlinie mit einem Luftspalt von 1mm und einem Eisenfüllfaktor 0,85 soll auf dem Mittelschenkel eine Spule mit w=1000 tragen, deren Durchflutung eine Luftspaltinduktion von 1T garantieren soll. Die Streuung wird auf 10% geschätzt.

H	A/m	0	50	100	500	1000	1500
B	T	0	0,3	1,0	1,4	1,6	1,7

2.1 Berechnen Sie den dafür notwendigen Strom und untersuchen Sie, ob die Spule thermisch überlastet wird bei einer zulässigen Stromdichte $S_{zul}=2A/mm^2$. (15P)

2.2 Auf welchen Wert ändern sich der Strom und die Stromdichte, wenn anstelle eines M55-Kern ein M65-Kern (a=65, b=65, c=10, e=45, f=20, g=12,5 in mm) verwendet wird und wenn die sonstigen Daten unverändert bleiben? Ist die zulässige Stromdichte von $2A/mm^2$ überschritten? (10P)

Aufgabe 3:
3.1 Berechnen Sie L_1, L_2 und M des gezeichneten Transformators mit $w_1=400$, $w_2=200$, $k=0{,}8$, $\mu_r=1500$, $A=1{,}2cm^2$ und $l=5cm$. (6P)

3.2 Zeichnen Sie die Richtungen der magnetischen Flüsse und induzierten Spannungen in den Transformator ein, wenn dieser bei Leerlauf betrieben wird. (5P)
Wie groß sind u_1 und u_2, wenn R_1 und R_2 vernachlässigt werden? (6P)

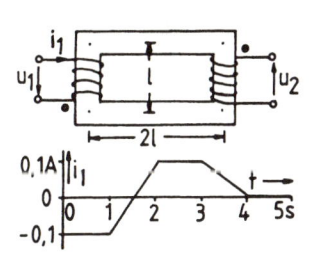

3.3 In dem bei Leerlauf betriebenen Transformator wird in den Eingang ein Strom i_1 eingespeist, dessen Verlauf gezeichnet ist. Ermitteln Sie die Spannungen u_1 und u_2 mit vernachlässigbaren Widerständen und zeichnen Sie ihre zeitlichen Verläufe. (8P)

Aufgabe 4:
Eine Toroidspule mit Eisenkern ($r_a=5cm$, $r_i=3cm$, $h=2cm$, $w=200$) aus demselben Material wie in Aufgabe 2 und einem Luftspalt $l_L=0{,}5mm$ ist mit einem Strom $I=2A$ belastet.

4.1 Ermitteln Sie die magnetische Induktion im Eisen und im Luftspalt $B_{Fe}=B_L$. (8P)

4.2 Berechnen Sie die magnetische Energie des Luftspaltes über die Energiedichte. (8P)

4.3 Ermitteln Sie mit Hilfe der gezeichneten Magnetisierungskennlinie die magnetische Energie des Eisenkerns und die Gesamtenergie des magnetischen Kreises. (9P)

Aufgabenblatt 10

Aufgabe 1:
Zwischen den Elektroden eines Zylinderkondensators der Höhe h mit den Radien r_a und r_i liegt die Spannung U. Die Außenelektrode hat das elektrische Potential Null.
1.1 Ermitteln Sie die Formel für U_1, die zwischen der Innenelektrode und der Äquipotentialfläche liegt, die den Abstand zwischen Innen- und Außenelektrode halbiert. (13P)
1.2 Berechnen Sie mit dieser Formel U_1, wenn r_a=6cm, r_i=2cm und U=10kV betragen. (5P)
1.3 Kontrollieren Sie das Ergebnis, indem Sie die Spannung U_2 ermitteln, die zwischen der Äquipotentialfläche und der Außenelektrode anliegt. (7P)

Aufgabe 2:
Um die Streuung der gezeichneten Magnetanordnung aus UI39-Blechen (a=39, c=13, b=a+c=52, l_L=2 in mm, f_{Fe}=0,95) mit der Schichtdicke d=20mm gering zu halten, wird die Spule mit w=1000 in zwei Teilspulen mit gleichen Windungszahlen w/2 geteilt. Die Magnetisierungskurve ist punktweise gegeben:

H	A/m	0	50	100	200	300	500	700	1000
B	T	0	0,5	0,75	1,0	1,1	1,2	1,26	1,28

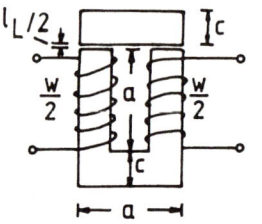

2.1 Berechnen Sie die erforderliche Durchflutung, die beide Teilspulen aufbringen müssen, damit eine Luftspaltinduktion von 1,2T entsteht. (10P)
2.2 Schalten Sie die beiden Teilspulen so in Reihe, dass ein magnetischer Fluss Φ auftritt und berechnen Sie den durch beide Teilspulen fließende Strom I. (7P)
2.3 Berechnen Sie diesen magnetischen Fluss Φ und die Selbstinduktivität L. (8P)

Aufgabe 3:
Ein Dauermagnetkreis aus AlNiCo bildet mit einem Weicheisen und einem Luftspalt mit l_L=2mm einen Dauermagnetkreis, wobei die Luftspaltfläche gleich der Dauermagnetfläche ist: A_L=A_M=1cm². Die Entmagnetisierungskurve mit H_k=-44·10³A/m und B_r=1,07T ist punktweise gegeben.

H_M	10³A/m	0	-5	-10	-15	-20	-25	-30	-35	40
B_M	T	1,07	1,0	0,95	0,88	0,82	0,74	0,64	0,50	0,30

3.1 Ermitteln Sie die Luftspaltinduktionen B_L, wenn die Länge des Dauermagneten veränderlich ist: l_M=1, 2, 3, 4 und 5cm. (20P)
3.2 Stellen Sie die Abhängigkeit der ermittelten Luftspaltinduktionen B_L vom Volumen des Dauermagneten V_M in einer Wertetabelle und grafisch dar. (5P)

Aufgabe 4:
Sind die beiden Spulen (w_1=400 und w_2=1000) in der gezeichneten Magnetanordnung stromdurchflossen, dann entsteht im Eisen ein magnetischer Fluss, der im Luftspalt wegen der Streuung vermindert ist. 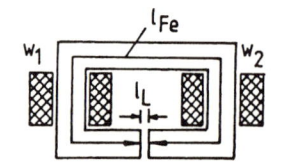
4.1 Berechnen Sie die Gegeninduktivität M_{12}, indem Sie das Ersatzschaltbild zu Hilfe nehmen. (18P)
4.2 Begründen Sie, warum M_{12}=M_{21} ist. (2P)
4.3 Berechnen Sie die Gegeninduktivität mit μ_r=2000, l_{Fe}=20cm, l_L=1mm, A_{Fe}=A_L=9cm² und σ=10%. (5P)

Lösungen

Abschnitt 2:

3 Das elektromagnetische Feld

Lösungen zum Aufgabenblatt 1

Aufgabe 1:
Zu 1.1   Bd.1, S.206 Beispiel   oder FS S.43

$$U = U_1 + U_2 + U_3$$

$$U = E_1 \cdot l_1 + E_2 \cdot l_2 + E_3 \cdot l_3$$

da $D_1 = D_2 = D_3$

$$\varepsilon_1 \cdot E_1 = \varepsilon_2 \cdot E_2 = \varepsilon_3 \cdot E_3$$

$$E_2 = \frac{\varepsilon_1}{\varepsilon_2} \cdot E_1 \qquad E_3 = \frac{\varepsilon_1}{\varepsilon_3} \cdot E_1$$

$$U = E_1 \cdot l_1 + \frac{\varepsilon_1}{\varepsilon_2} \cdot E_1 \cdot l_2 + \frac{\varepsilon_1}{\varepsilon_3} \cdot E_1 \cdot l_3$$

$$E_1 = \frac{U}{l_1 + \frac{\varepsilon_1}{\varepsilon_2} \cdot l_2 + \frac{\varepsilon_1}{\varepsilon_3} \cdot l_3} = \frac{U}{\varepsilon_1 \cdot \left(\frac{l_1}{\varepsilon_1} + \frac{l_2}{\varepsilon_2} + \frac{l_3}{\varepsilon_3} \right)}$$

mit $\varepsilon_1 = \varepsilon_0 \cdot \varepsilon_{r1}$ $\varepsilon_2 = \varepsilon_0 \cdot \varepsilon_{r2}$ $\varepsilon_3 = \varepsilon_0 \cdot \varepsilon_{r3}$

$$E_1 = \frac{U}{\varepsilon_{r1} \cdot \left(\frac{l_1}{\varepsilon_{r1}} + \frac{l_2}{\varepsilon_{r2}} + \frac{l_3}{\varepsilon_{r3}} \right)} \tag{14P}$$

$$E_1 = \frac{20\text{kV}}{6{,}5 \cdot \left(\frac{1{,}5\text{cm}}{6{,}5} + \frac{2\text{cm}}{1} + \frac{2{,}5\text{cm}}{4} \right)}$$

$$E_1 = 1{,}08 \frac{\text{kV}}{\text{cm}} = 108 \frac{\text{kV}}{\text{m}} \tag{3P}$$

Zu 1.2 $U_1 = E_1 \cdot l_1 = 1{,}08 \frac{\text{kV}}{\text{cm}} \cdot 1{,}5\text{cm} = 1{,}62\text{kV}$

$$U_2 = E_2 \cdot l_2 = \frac{\varepsilon_{r1}}{\varepsilon_{r2}} \cdot E_1 \cdot l_2 = \frac{6{,}5}{1} \cdot 1{,}08 \frac{\text{kV}}{\text{cm}} \cdot 2\text{cm} = 14{,}00\text{kV}$$

$$U_3 = E_3 \cdot l_3 = \frac{\varepsilon_{r1}}{\varepsilon_{r3}} \cdot E_1 \cdot l_3 = \frac{6{,}5}{4} \cdot 1{,}08 \frac{\text{kV}}{\text{cm}} \cdot 2{,}5\text{cm} = 4{,}38\text{kV}$$

$$U = U_1 + U_2 + U_3 = 1{,}62\text{kV} + 14{,}00\text{kV} + 4{,}38\text{kV} = 20\text{kV} \tag{8P}$$

Lösungen zum Aufgabenblatt 1

Aufgabe 2:

Zu 2.1 Bd.1, S.250 Aufgabenstellung 1, S.258-260, Beispiel 3 oder FS S.55-56 Beispiel 3

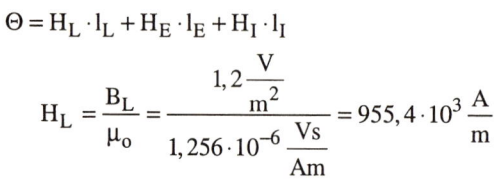

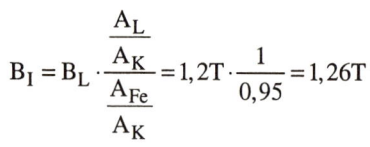

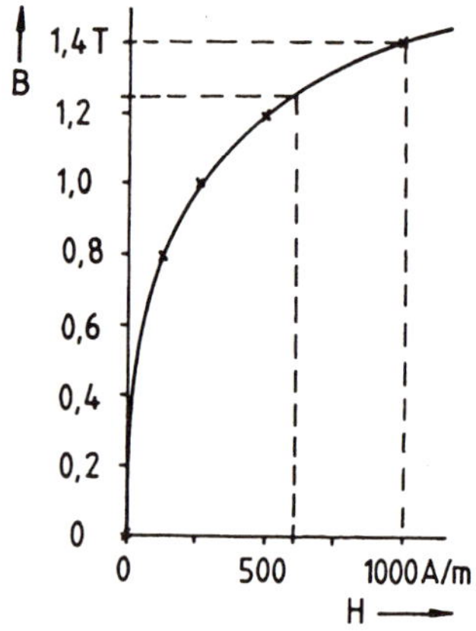

$$\Theta = H_L \cdot l_L + H_E \cdot l_E + H_I \cdot l_I$$

$$H_L = \frac{B_L}{\mu_o} = \frac{1,2 \frac{V}{m^2}}{1,256 \cdot 10^{-6} \frac{Vs}{Am}} = 955,4 \cdot 10^3 \frac{A}{m}$$

$$B_I = B_L \cdot \frac{\frac{A_L}{A_K}}{\frac{A_{Fe}}{A_K}} = 1,2T \cdot \frac{1}{0,95} = 1,26T$$

abgelesen: $H_I = 600 \frac{A}{m}$

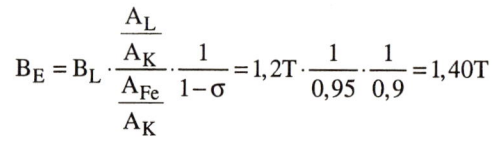

$$B_E = B_L \cdot \frac{\frac{A_L}{A_K}}{\frac{A_{Fe}}{A_K}} \cdot \frac{1}{1-\sigma} = 1,2T \cdot \frac{1}{0,95} \cdot \frac{1}{0,9} = 1,40T$$

abgelesen: $H_E = 1000 \frac{A}{m}$

Bd.1, S.260, Gl. 3.221 und 3.222 oder FS S.56 Beispiel 3

$l_I = g + 2c = (35 + 2 \cdot 20)mm = 75mm$

$l_E = 2e + g + 2c = (2 \cdot 80 + 35 + 2 \cdot 20)mm = 235mm$

$$\Theta = 955,4 \cdot 10^3 \frac{A}{m} \cdot 1,6 \cdot 10^{-3} m + 1000 \frac{A}{m} \cdot 235 \cdot 10^{-3} m + 600 \frac{A}{m} \cdot 75 \cdot 10^{-3} m$$

$\Theta = 1529A + 235A + 45$

$\Theta = 1809A$ (18P)

Zu 2.2 Bd.1, S.260

$$\Theta = H_L \cdot l_L + H \cdot (l_I + l_E)$$

$B_I = B_E = 1,26T$ abgelesen: $H_I = H_E = H = 600 \frac{A}{m}$

$$\Theta = 955,4 \cdot 10^3 \frac{A}{m} \cdot 0,2 \cdot 10^{-3} m + 600 \frac{A}{m} \cdot 310 \cdot 10^{-3} m$$

$\Theta = 191A + 186A$

$\Theta = 377A$ (7P)

Lösungen zum Aufgabenblatt 1

Aufgabe 3:
Zu 3.1   Bd.1, S.234 Bild 3.82 und Übungsaufgabe 3.42 oder FS S.51

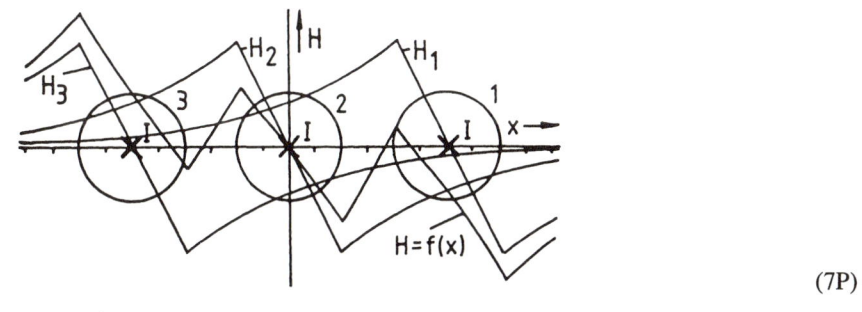

(7P)

Begründung:

Die magnetischen Feldstärkeanteile verlaufen nur senkrecht zur x-Achse, so dass nur die Beträge addiert oder subtrahiert werden müssen, um den Gesamtverlauf H=f(x) zu erhalten.

Innerhalb der Leiter ist der Verlauf von H=f(x) linear, außerhalb der Leiter hyperbolisch   (Bd.1, S.232-234, Beispiel 2 oder FS S.50-51).

Da die Anordnung der drei Leiter symmetrisch ist, brauchen nur die magnetischen Feldstärken für positive x ausgerechnet zu werden, für negative x haben die H-Werte umgekehrtes Vorzeichen. (6P)

Zu 3.2   Bd.1, siehe Übungsaufgabe 3.42

$x > \dfrac{d}{2} + R :$ (außerhalb aller drei Leiter)

$$H = -H_1 - H_2 - H_3$$

$$H = -\frac{I}{2\pi(x-d/2)} - \frac{I}{2\pi x} - \frac{I}{2\pi(x+d/2)}$$

$$H = -\frac{I}{2\pi}\left(\frac{1}{x-d/2} + \frac{1}{x} + \frac{1}{x+d/2}\right)$$

(5P)

$R < x < \dfrac{d}{2} - R :$ (zwischen Leiter 1 und 2)

$$H = H_1 - H_2 - H_3$$

$$H = \frac{I}{2\pi(d/2-x)} - \frac{I}{2\pi x} - \frac{I}{2\pi(d/2+x)}$$

$$H = -\frac{I}{2\pi}\left(\frac{1}{x-d/2} + \frac{1}{x} + \frac{1}{x+d/2}\right)$$

(5P)

Für alle Bereiche lässt sich die magnetische Feldstärke H durch eine Formel angeben.
(2P)

Lösungen zum Aufgabenblatt 1

Aufgabe 4:

Zu 4.1

$$u_1 = R_a \cdot i_1 + L_a \cdot \frac{di_1}{dt} + L_c \cdot \frac{d(i_1 - i_2)}{dt}$$

$$u_2 = -R_b \cdot i_2 - L_b \cdot \frac{di_2}{dt} + L_c \cdot \frac{d(i_1 - i_2)}{dt}$$

$$u_1 = R_a \cdot i_1 + (L_a + L_c) \cdot \frac{di_1}{dt} - L_c \cdot \frac{di_2}{dt}$$

$$u_2 = -R_b \cdot i_2 - (L_b + L_c) \cdot \frac{di_2}{dt} + L_c \cdot \frac{di_1}{dt}$$

------

zum Vergleich
die Transformatorengleichungen:

Zu 4.2

$$u_1 = R_c \cdot i_1 + L_d \cdot \frac{di_1}{dt} + L_e \cdot \frac{d(i_1 - i_2)}{dt}$$

$$u_2 = -R_d \cdot i_2 + L_e \cdot \frac{d(i_1 - i_2)}{dt}$$

$$u_1 = R_c \cdot i_1 + (L_d + L_e) \cdot \frac{di_1}{dt} - L_e \cdot \frac{di_2}{dt}$$

$$u_2 = -R_d \cdot i_2 - L_e \cdot \frac{di_2}{dt} + L_e \cdot \frac{di_1}{dt}$$

------

zum Vergleich
die Transformatorengleichungen:

(Bd.1, S.333, Gl. 3.354 und S.320, Gl. 3.340 oder FS S.80 und S.73)

$$u_1 = R_1 \cdot i_1 + L_1 \cdot \frac{di_1}{dt} - M \cdot \frac{di_2}{dt}$$

$$u_2 = -R_2 \cdot i_2 - L_2 \cdot \frac{di_2}{dt} + M \cdot \frac{di_1}{dt}$$

Der Koeffizientenvergleich ergibt:

$R_a = R_1 \qquad L_a + L_c = L_1 \qquad L_c = M$
$R_b = R_2 \qquad L_b + L_c = L_2 \qquad L_c = M$

und daraus

$L_a = L_1 - L_c = L_1 - M$
$L_b = L_2 - L_c = L_2 - M$

Damit kann das Ersatzschaltbild gezeichnet werden:

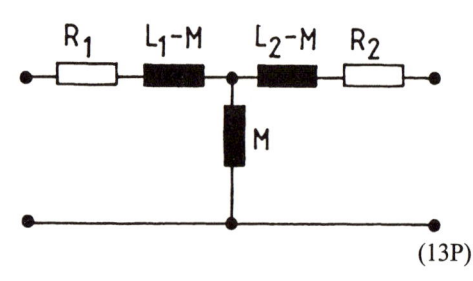

$R_1 \quad L_1 - M \quad L_2 - M \quad R_2$

M

(13P)

$$u_1 = R_1 \cdot i_1 + L_1 \cdot \frac{di_1}{dt} - M \cdot \frac{di_2}{dt}$$

$$u_2 = -R_2 \cdot i_2 - L_2 \cdot \frac{di_2}{dt} + M \cdot \frac{di_1}{dt}$$

Der Koeffizientenvergleich ergibt:

$R_c = R_1 \qquad L_d + L_e = L_1 \qquad L_e = M$
$R_d = R_2 \qquad L_e = L_2 \qquad L_e = M$

und daraus

$L_d = L_1 - L_e = L_1 - M$
$L_2 = M$

Damit kann das Ersatzschaltbild gezeichnet werden:

$R_1 \quad L_1 - L_2 \quad R_2$
oder $L_1 - M$

$L_2 = M$

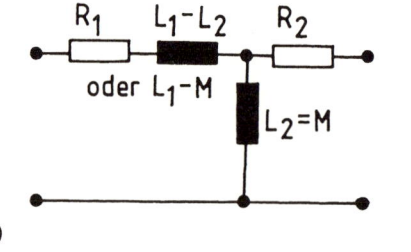

(12P)

Lösungen zum Aufgabenblatt 2

Aufgabe 1:

Zu 1.1 Nach Bd.1, S.190, Gl. 3.79 oder FS S.39

$$U_{12} = \frac{Q}{2\pi\varepsilon h} \cdot \ln\frac{r_2}{r_1}$$

ist $\quad U_1 = \frac{Q}{2\pi\varepsilon_1 h} \cdot \ln\frac{r_1}{r_0} = \frac{Q}{2\pi\varepsilon_0\varepsilon_{r1} h} \cdot \ln\frac{2r_0}{r_0}$

$$U_1 = \frac{Q}{2\pi\varepsilon_0\varepsilon_{r1} h} \cdot \ln 2 \qquad (4P)$$

und $\quad U_2 = \frac{Q}{2\pi\varepsilon_2 h} \cdot \ln\frac{r_2}{r_1} = \frac{Q}{2\pi\varepsilon_0\varepsilon_{r2} h} \cdot \ln\frac{3r_0}{2r_0}$

$$U_2 = \frac{Q}{2\pi\varepsilon_0\varepsilon_{r2} h} \cdot \ln 1,5 \qquad (4P)$$

Zu 1.2 $\quad U_1 = U_2$

$$\frac{Q}{2\pi\varepsilon_0\varepsilon_{r1} h} \cdot \ln 2 = \frac{Q}{2\pi\varepsilon_0\varepsilon_{r2} h} \cdot \ln 1,5$$

$$\frac{\varepsilon_{r1}}{\varepsilon_{r2}} = \frac{\ln 2}{\ln 1,5} = 1,71 \qquad (6P)$$

Zu 1.3 Nach Bd.1, S.176, Gl.3.42 oder S.194, Beispiel 1 oder FS. S.35 bzw. 40

$$C = \varepsilon \cdot \frac{2\pi h}{\ln\frac{r_a}{r_i}}$$

ergeben sich

$$C_1 = \varepsilon_1 \cdot \frac{2\pi h}{\ln\frac{r_1}{r_0}} = \varepsilon_1 \cdot \frac{2\pi h}{\ln\frac{2r_0}{r_0}} = \varepsilon_0 \cdot \varepsilon_{r1} \cdot \frac{2\pi h}{\ln 2} \qquad C_2 = \varepsilon_2 \cdot \frac{2\pi h}{\ln\frac{r_2}{r_1}} = \varepsilon_2 \cdot \frac{2\pi h}{\ln\frac{3r_0}{2r_0}} = \varepsilon_0 \cdot \varepsilon_{r2} \cdot \frac{2\pi h}{\ln 1,5}$$

Die Spannungen sind gleich, wenn die Kapazitäten in Reihenschaltung gleich sind:

$$\varepsilon_0 \cdot \varepsilon_{r1} \cdot \frac{2\pi h}{\ln 2} = \varepsilon_0 \cdot \varepsilon_{r2} \cdot \frac{2\pi h}{\ln 1,5} \qquad \text{d. h.} \qquad \frac{\varepsilon_{r1}}{\varepsilon_{r2}} = \frac{\ln 2}{\ln 1,5} = 1,71 \qquad (6P)$$

Zu 1.4 $\quad C = \dfrac{1}{\dfrac{1}{C_1} + \dfrac{1}{C_1}} = \dfrac{C_1}{2} = \varepsilon_0 \cdot \varepsilon_{r1} \cdot \dfrac{\pi \cdot h}{\ln 2}$

$$\frac{C}{h} = \varepsilon_0 \cdot \varepsilon_{r1} \cdot \frac{\pi}{\ln 2} = 8,8542 \cdot 10^{-12}\,\frac{As}{Vm} \cdot 3 \cdot \frac{3,14}{0,693}$$

$$\frac{C}{h} = 120,4 \cdot 10^{-12}\,\frac{As}{Vm} = 120,4\,\frac{pF}{m} \qquad (5P)$$

Lösungen zum Aufgabenblatt 2

Aufgabe 2:

Zu 2.1 Bd.1, S.250 Aufgabenstellung 1, S.255-256, Beispiel 2 oder FS S.55-56 Beispiel 2

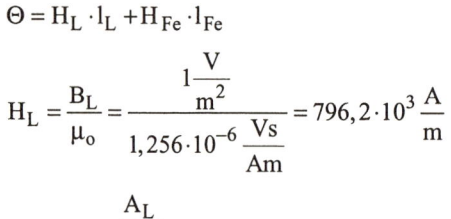

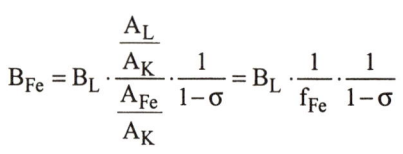

$$\Theta = H_L \cdot l_L + H_{Fe} \cdot l_{Fe}$$

$$H_L = \frac{B_L}{\mu_o} = \frac{1\frac{V}{m^2}}{1,256 \cdot 10^{-6} \frac{Vs}{Am}} = 796,2 \cdot 10^3 \frac{A}{m}$$

$$B_{Fe} = B_L \cdot \frac{\frac{A_L}{A_K}}{\frac{A_{Fe}}{A_K}} \cdot \frac{1}{1-\sigma} = B_L \cdot \frac{1}{f_{Fe}} \cdot \frac{1}{1-\sigma}$$

$$B_{Fe} = 1T \cdot \frac{1}{0,85} \cdot \frac{1}{0,9} = 1,31T$$

abgelesen: $H_{Fe} = 420 \frac{A}{m}$

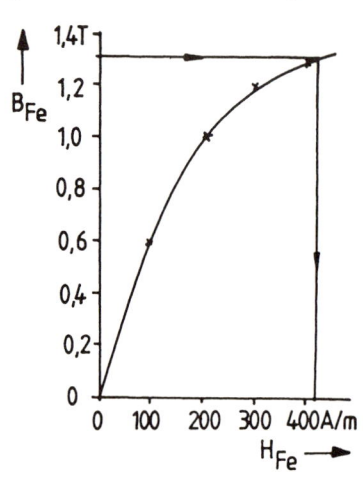

Bd.1, S.256, Gl 3.218 oder FS S.56

$$l_{Fe} = 2a - 2c + b - c - \frac{f}{2} - l_L$$

$$l_{Fe} = (84 - 12 + 42 - 6 - 6 - 1)mm = 101mm$$

$$\Theta = 796,2 \cdot 10^3 \frac{A}{m} \cdot 1 \cdot 10^{-3} m + 420 \frac{A}{m} \cdot 101 \cdot 10^{-3} m$$

$$\Theta = 796,2A + 42,4A = 838,6A$$

$$\Theta = I \cdot w = 839A$$

$$I = \frac{\Theta}{w} = \frac{839A}{1000} = 839mA \tag{17P}$$

Zu 2.2 In der Gleichung für die Durchflutung wird nur die Eisenweglänge verändert:

$$\Theta = H_L \cdot l_L + H_{Fe} \cdot l_{Fe}$$

$$l_{Fe} = 2a - 2c + b - c - \frac{f}{2} - l_L$$

$$l_{Fe} = (110 - 17 + 55 - 8,5 - 8,5 - 1)mm = 130mm$$

$$\Theta = 796,2 \cdot 10^3 \frac{A}{m} \cdot 1 \cdot 10^{-3} m + 420 \frac{A}{m} \cdot 130 \cdot 10^{-3} m$$

$$\Theta = 796,2A + 54,6A = 850,8A$$

$$\Theta = 851A$$

$$I = \frac{\Theta}{w} = \frac{851A}{1000} = 851mA \tag{8P}$$

Lösungen zum Aufgabenblatt 2

Aufgabe 3:
Zu 3.1 Bd.1, S.234 Bild 3.82 und S.278 Bild 3.136 oder FS S.51 und 60
Die Feldstärkeanteile auf der Verbindungslinie zwischen den Leitermittelpunkten verlaufen nur senkrecht zur Verbindungslinie, so dass nur die Beträge addiert bzw. subtrahiert werden. (4P)
Da die Anordnung symmetrisch ist, brauchen die Feldstärken nur für positive x ausgerechnet zu werden. Für negative x sind die entsprechenden H-Werte negativ. (4P)

$x > 1,5d + R$: (rechts außerhalb aller Leiter)

$$H = H_1 + H_2 + H_3 + H_4 = \frac{I}{2\pi(x-1,5d)} + \frac{I}{2\pi(x-0,5d)} + \frac{I}{2\pi(x+0,5d)} + \frac{I}{2\pi(x+1,5d)}$$

$$H = \frac{I}{2\pi}\left[\frac{(x+1,5d)+(x-1,5d)}{(x-1,5d)(x+1,5d)} + \frac{(x+0,5d)+(x-0,5d)}{(x-0,5d)(x+0,5d)}\right] = \frac{I \cdot x}{\pi}\left[\frac{1}{x^2-(1,5d)^2} + \frac{1}{x^2-(0,5d)^2}\right]$$

$0,5d + R < x < 1,5d - R$ (zwischen Leiter 1 und 2)

$$H = -H_1 + H_2 + H_3 + H_4 = -\frac{I}{2\pi(1,5d-x)} + \frac{I}{2\pi(x-0,5d)} + \frac{I}{2\pi(x+0,5d)} + \frac{I}{2\pi(x+1,5d)}$$

mit $-\frac{I}{2\pi(1,5d-x)} = \frac{I}{2\pi(x-1,5d)}$ ist die H-Formel gleich.

$0 \leq x \leq 0,5d - R$: (zwischen x=0 und Leiter 2)

$$H = -H_1 - H_2 + H_3 + H_4 = -\frac{I}{2\pi(1,5d-x)} - \frac{I}{2\pi(0,5d-x)} + \frac{I}{2\pi(0,5d+x)} + \frac{I}{2\pi(1,5d+x)}$$

mit $-\frac{I}{2\pi(1,5d-x)} = \frac{I}{2\pi(x-1,5d)}$ und $-\frac{I}{2\pi(0,5d-x)} = \frac{I}{2\pi(x-0,5d)}$

ist die H-Formel gleich.

Für alle Bereiche lässt sich die magnetische Feldstärke H durch eine Formel angeben. (10P)

Zu 3.2 $x > 1,5d + R$: (rechts außerhalb aller Leiter)

$$H = -H_1 - H_2 + H_3 + H_4 = -\frac{I}{2\pi(x-1,5d)} - \frac{I}{2\pi(x-0,5d)} + \frac{I}{2\pi(x+0,5d)} + \frac{I}{2\pi(x+1,5d)}$$

$$H = \frac{I}{2\pi}\left[\frac{(1,5d+x)+(1,5d-x)}{(1,5d-x)(1,5d+x)} + \frac{(0,5d+x)+(0,5d-x)}{(0,5d-x)(0,5d+x)}\right] = \frac{I \cdot d}{2\pi}\left[\frac{3}{(1,5d)^2-x^2} + \frac{1}{(0,5d)^2-x^2}\right]$$

$0,5d + R < x < 1,5d - R$: (zwischen Leiter 1 und 2)

$$H = H_1 - H_2 + H_3 + H_4 = \frac{I}{2\pi(1,5d-x)} - \frac{I}{2\pi(x-0,5d)} + \frac{I}{2\pi(x+0,5d)} + \frac{I}{2\pi(x+1,5d)}$$

Die H-Formel ist gleich.

$0 \leq x \leq 0,5d - R$: (zwischen x=0 und Leiter 2)

$$H = H_1 + H_2 + H_3 + H_4 = \frac{I}{2\pi(1,5d-x)} + \frac{I}{2\pi(0,5d-x)} + \frac{I}{2\pi(x+0,5d)} + \frac{I}{2\pi(x+1,5d)}$$

Die H-Formel ist gleich.

Für alle Bereiche lässt sich die magnetische Feldstärke H durch eine Formel angeben. (7P)

Lösungen zum Aufgabenblatt 2

Aufgabe 4:

Zu 4.1 Bd. 1, S.319-322 oder FS S.73-74

$$M_{12} = \frac{\Psi_{12}}{I_1} = \frac{w_2 \cdot \Phi_{12}}{I_1}$$

$$\Phi_{12} = k_1 \cdot \Phi_1 = \frac{1}{4} \cdot \Phi_1 \quad \text{weil} \quad k_1 = \frac{\Phi_{12}}{\Phi_1} = \frac{1}{4} = 0,25 \quad \text{("Flussteilerregel")}$$

$$M_{12} = \frac{w_2 \cdot k_1 \cdot \Phi_1}{I_1} = \frac{w_2 \cdot \frac{1}{4} \cdot \Phi_1}{I_1}$$

$$\Phi_1 = \frac{\Theta_1}{R_{m1}} = \frac{I_1 \cdot w_1}{\frac{1}{\mu \cdot A}\left(3 + \frac{1 \cdot 3}{1+3}\right)} = \frac{I_1 \cdot w_1}{\frac{1}{\mu \cdot A} \cdot \frac{15}{4}}$$

$$M_{12} = \frac{w_2 \cdot \frac{1}{4} \cdot I_1 \cdot w_1}{I_1 \cdot \frac{1}{\mu \cdot A} \cdot \frac{15}{4}}$$

$$M_{12} = \frac{w_1 \cdot w_2 \cdot \mu_0 \cdot \mu_r \cdot A}{15 \cdot 1} = M_{21} \quad \text{mit} \quad \mu = \mu_0 \cdot \mu_r$$

M_{21} braucht nicht hergeleitet zu werden, weil die Permeabilität konstant ist (siehe Bd, 1, S. 320, Gl 3.340 oder FS S.73).
Außerdem ist der magnetische Kreis symmetrisch aufgebaut.

$$M_{12} = M_{21} = \frac{400 \cdot 1000 \cdot 1,256 \cdot 10^{-6} \frac{Vs}{Am} \cdot 2000 \cdot 9 \cdot 10^{-4} m^2}{15 \cdot 10 \cdot 10^{-2} m} = 603 mH \quad (10P)$$

Zu 4.2 $L_1 = \frac{\Psi_1}{I_1} = \frac{w_1 \cdot \Phi_1}{I_1} = \frac{w_1}{I_1} \cdot \frac{I_1 \cdot w_1}{\frac{1}{\mu \cdot A} \cdot \frac{15}{4}}$ (Bd.1, S. 305, Gl. 3.308 oder FS S.70)

$$L_1 = 4 \cdot \frac{w_1^2 \cdot \mu \cdot A}{15 \cdot 1} = 4 \cdot \frac{400^2 \cdot 1,256 \cdot 10^{-6} \frac{Vs}{Am} \cdot 2000 \cdot 9 \cdot 10^{-4} m^2}{15 \cdot 10 \cdot 10^{-2} m} = 965 mH$$

Wegen der Symmetrie ist

$$L_2 = 4 \cdot \frac{w_2^2 \cdot \mu \cdot A}{15 \cdot 1} \quad \text{d.h.} \quad L_2 = L_1 \cdot \frac{w_2^2}{w_1^2} = 965 mH \cdot \frac{1000^2}{400^2} = 6,03 H$$

$$k = \frac{M}{\sqrt{L_1 \cdot L_2}} = \frac{603 mH}{\sqrt{965 mH \cdot 6,03 H}} = 0,25$$

Kontrolle: $k = \sqrt{k_1 \cdot k_2} = \sqrt{0,25 \cdot 0,25} = 0,25$ (10P)

$$\sigma_1 = \frac{\Phi_{1s}}{\Phi_1} = \frac{3}{4} = 0,75 \qquad \sigma_2 = \frac{\Phi_{2s}}{\Phi_1} = \frac{3}{4} = 0,75$$

$$\sigma = \sigma_1 + \sigma_2 - \sigma_1 \cdot \sigma_2 = 0,75 + 0,75 - 0,75^2 = 0,9375 \quad (5P)$$

Lösungen zum Aufgabenblatt 3

Aufgabe 1:
Zu 1.1 Nach Bd.1, S.190, Gl 3.79 oder FS S.39

$$U_{12} = \varphi_1 - \varphi_2 = \frac{Q}{2\pi\varepsilon h} \cdot \ln\frac{r_2}{r_1}$$

ist $\quad U = \varphi_i - \varphi_a = \frac{Q}{2\pi\varepsilon h} \cdot \ln\frac{r_a}{r_i}$

$$\frac{U}{2} = \varphi_i - \varphi_x = \frac{Q}{2\pi\varepsilon h} \cdot \ln\frac{r_x}{r_i}$$

$$\frac{U}{2} = \frac{Q}{2\pi\varepsilon h} \cdot \ln\frac{r_x}{r_i} = \frac{1}{2} \cdot \frac{Q}{2\pi\varepsilon h} \cdot \ln\frac{r_a}{r_i}$$

$$\ln\frac{r_x}{r_i} = \frac{1}{2} \cdot \ln\frac{r_a}{r_i}$$

$$\ln\frac{r_x}{r_i} = \ln\left(\frac{r_a}{r_i}\right)^{1/2}$$

$$\frac{r_x}{r_i} = \left(\frac{r_a}{r_i}\right)^{1/2} = \sqrt{\frac{r_a}{r_i}}$$

$$r_x = r_i \cdot \sqrt{\frac{r_a}{r_i}} = \sqrt{r_i^2 \cdot \frac{r_a}{r_i}}$$

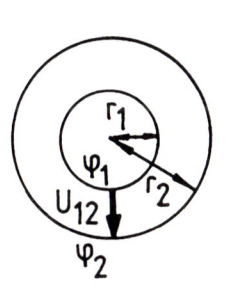

$$r_x = \sqrt{r_i \cdot r_a} \tag{18P}$$

Zu 1.2 Mit $\quad r_a = 8\,\text{cm}$ und $r_i = 5\,\text{cm}$ ist

$$r_x = \sqrt{5 \cdot 8}\,\text{cm} = \sqrt{40}\,\text{cm} = 6{,}32\,\text{cm} \tag{5P}$$

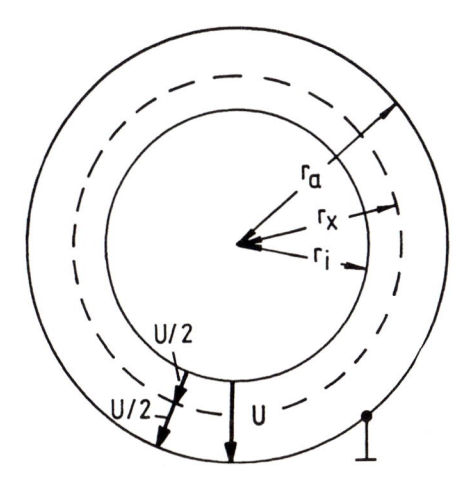

(2P)

Lösungen zum Aufgabenblatt 3

Aufgabe 2:
Zu 2.1 Bd.1, S.250 Aufgabenstellung 1 oder FS S.55

$$I = H_L \cdot l_L + H_{Fe} \cdot l_{Fe}$$

$$H_L = \frac{B_L}{\mu_o} = \frac{1{,}2 \frac{V}{m^2}}{1{,}256 \cdot 10^{-6} \frac{Vs}{Am}} = 955 \cdot 10^3 \frac{A}{m}$$

$$B_{Fe} = B_L \cdot \frac{1}{1-\sigma} = \frac{1{,}2 \frac{V}{m^2}}{0{,}9} = 1{,}33 T \quad \text{abgelesen: } H_{Fe} = 800 \frac{A}{m}$$

$$I = 955 \cdot 10^3 \frac{A}{m} \cdot 2 \cdot 10^{-3} m + 800 \frac{A}{m} \cdot 0{,}4 m$$

$$I = 2230 A \tag{15P}$$

Zu 2.2 Bd.1, S.263, 271, 275 Aufgabenstellung 2 oder FS S.57-59

$$B_0^* = \frac{\mu_0}{1-\sigma} \cdot \frac{\Theta}{l_L} = \frac{1{,}256 \cdot 10^{-6} \frac{Vs}{Am} \cdot 1200 A}{0{,}9 \cdot 2 \cdot 10^{-3} m} = 0{,}837 T$$

$$H_0^* = \frac{\Theta}{l_{Fe}} = \frac{1200 A}{0{,}4 m} = 3000 \frac{A}{m}$$

im Schnittpunkt ergibt sich $\quad B_{Fe}^* = 0{,}8 T$

und damit $\quad B_L^* = (1-\sigma) \cdot B_{Fe}^* = 0{,}9 \cdot 0{,}8 T = 0{,}72 T$ (10P)

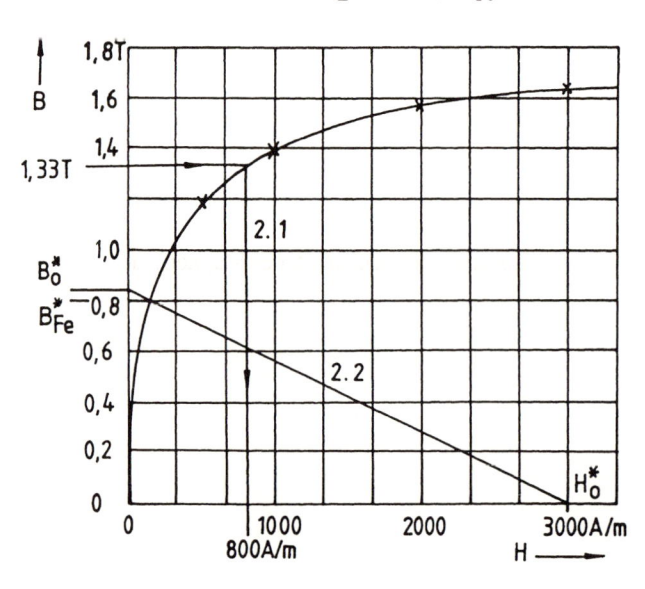

Lösungen zum Aufgabenblatt 3

Aufgabe 3:
Zu 3.1   Bd. 1, S.293 oder FS S. 64

Nur die Seite a und die beiden gleich langen Seiten b sind an der Spannungsinduktion beteiligt wegen

$$u_q = -\int_1^2 (\vec{v} \times \vec{B}) \cdot d\vec{l} = -v \cdot B \cdot l \quad \text{(siehe Bild 3.149)}$$

(10P)

Zu 3.2 $u_{qa} = v \cdot B \cdot a = 0{,}2\dfrac{m}{s} \cdot 1\dfrac{Vs}{m^2} \cdot 50 \cdot 10^{-3} m = 10 mV$ (2P)

$u_{qb} = v \cdot B \cdot b = 0{,}2\dfrac{m}{s} \cdot 1\dfrac{Vs}{m^2} \cdot 20 \cdot 10^{-3} m = 4 mV$ (2P)

Die Gesamtspannung u beträgt
- beim Bewegen der Leiterschleife im Magnetfeld:
$$u = u_{qa} - 2 \cdot u_{qb} = 10mV - 8mV = 2mV$$ (2P)

  von t=0 bis t=t_1:
$$t_1 = \frac{d}{v} = \frac{10mm}{0{,}2 m/s} = 50ms$$ (2P)

- beim Bewegen nur der Seite a im Magnetfeld (die Seite b ist außerhalb des Feldes):
$$u = u_{qa} = 10mV$$ (2P)

  von t=t_1 bis t=t_2:
$$t_2 = \frac{c+d}{v} = \frac{40mm}{0{,}2 m/s} = 200ms$$ (2P)

- beim Bewegen der Leiterschleife außerhalb des Magnetfeldes:
  u=0

(3P)

Lösungen zum Aufgabenblatt 3

Aufgabe 4:

Zu 4.1

A_M ist eine Kreisringfläche

A_L ist eine Zylindermantelfläche

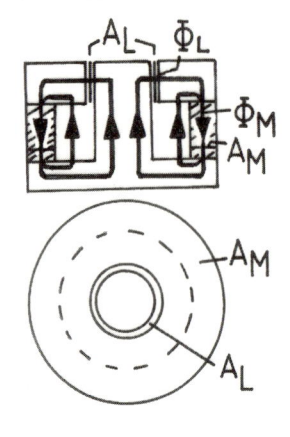

Zu 4.2

$$A_M = r_4^2 \cdot \pi - r_3^2 \cdot \pi$$

$$A_M = \left(r_4^2 - r_3^2\right) \cdot \pi \qquad (2P)$$

$$A_L = 2 \cdot r_m \cdot \pi \cdot l$$

$$A_L = 2 \cdot \frac{r_1 + r_2}{2} \cdot \pi \cdot l$$

$$A_L = (r_1 + r_2) \cdot \pi \cdot l \qquad (2P)$$

$$A_L = (9mm + 8mm) \cdot 3{,}14 \cdot 8mm$$

$$A_L = 427 mm^2 \qquad (2P)$$

(5P)

Zu 4.3

Bd.1, S.287, Gl.3.270 oder FS S.62

$$\Phi_L = (1-\sigma) \cdot \Phi_M$$

$$B_L \cdot A_L = (1-\sigma) \cdot B_M \cdot A_M$$

$$A_M = \frac{B_L \cdot A_L}{(1-\sigma) \cdot B_{Mopt}} \quad \text{mit } B_M = B_{Mopt} \quad (4P)$$

$$A_M = \frac{1{,}2 \frac{Vs}{m^2} \cdot 427 mm^2}{0{,}6 \cdot 1{,}06 \frac{Vs}{m^2}}$$

$$A_M = 806 mm^2 \qquad (2P)$$

$$r_4 = \sqrt{\frac{A_M}{\pi} + r_3^2}$$

$$r_4 = \sqrt{\frac{806 mm^2}{3{,}14} + (16mm)^2}$$

$$r_4 = 22{,}6 mm \qquad (2P)$$

Zu 4.4

Bd.1, S.280, Gl.3.251 oder FS S.62

$$H_L \cdot l_L + H_M \cdot l_M = 0$$

$$\frac{B_L}{\mu_0} \cdot l_L + H_M \cdot l_M = 0$$

mit $\quad l_L = r_1 - r_2$

$$l_M = -\frac{B_L (r_1 - r_2)}{\mu_0 \cdot H_{Mopt}} \qquad (4P)$$

mit $\quad H_M = H_{Mopt}$

$$l_M = -\frac{1{,}2 \frac{Vs}{m^2} \cdot 1mm}{1{,}256 \cdot 10^{-6} \frac{Vs}{Am} \cdot \left(-53 \cdot 10^3 \frac{A}{m}\right)}$$

$$l_M = 18 mm \qquad (2P)$$

Lösungen zum Aufgabenblatt 4

Aufgabe 1:

Zu 1.1   Nach Bd.1, S.180, Gl 3.56 oder FS S.35

$$E_1(r) = \frac{Q}{4 \cdot \pi \cdot \varepsilon_1 \cdot r^2} \tag{4P}$$

$$E_2(r) = \frac{Q}{4 \cdot \pi \cdot \varepsilon_2 \cdot r^2} \tag{4P}$$

Zu 1.2   Bd.1, S.187 oder FS S.39

$$U_1 = \int_{r_i}^{r_g} E_1 \cdot dr \qquad\qquad U_2 = \int_{r_g}^{r_a} E_2 \cdot dr$$

$$U_1 = \frac{Q}{4 \cdot \pi \cdot \varepsilon_1} \cdot \int_{r_i}^{r_g} \frac{dr}{r^2} \qquad\qquad U_2 = \frac{Q}{4 \cdot \pi \cdot \varepsilon_2} \cdot \int_{r_g}^{r_a} \frac{dr}{r^2}$$

$$U_1 = \frac{Q}{4 \cdot \pi \cdot \varepsilon_1} \cdot \left[-\frac{1}{r}\right]_{r_i}^{r_g} \qquad\qquad U_2 = \frac{Q}{4 \cdot \pi \cdot \varepsilon_2} \cdot \left[-\frac{1}{r}\right]_{r_g}^{r_a}$$

$$U_1 = \frac{Q}{4 \cdot \pi \cdot \varepsilon_1} \cdot \left(\frac{1}{r_i} - \frac{1}{r_g}\right) \quad (4P) \qquad U_2 = \frac{Q}{4 \cdot \pi \cdot \varepsilon_2} \cdot \left(\frac{1}{r_g} - \frac{1}{r_a}\right) \quad (4P)$$

$$U = U_1 + U_2$$

$$U = \frac{Q}{4 \cdot \pi} \cdot \left[\frac{\frac{1}{r_i} - \frac{1}{r_g}}{\varepsilon_1} + \frac{\frac{1}{r_g} - \frac{1}{r_a}}{\varepsilon_2}\right] \tag{4P}$$

$$Q = C \cdot U \quad \text{bzw.} \quad C = \frac{Q}{U} \qquad\qquad \text{Bd.1, S.193, Gl.3.87 oder FS S.40}$$

$$Q = \frac{4 \cdot \pi \cdot U}{\frac{1}{\varepsilon_1} \cdot \left(\frac{1}{r_i} - \frac{1}{r_g}\right) + \frac{1}{\varepsilon_2} \cdot \left(\frac{1}{r_g} - \frac{1}{r_a}\right)}$$

$$C = \frac{4 \cdot \pi}{\frac{1}{\varepsilon_1} \cdot \left(\frac{1}{r_i} - \frac{1}{r_g}\right) + \frac{1}{\varepsilon_2} \cdot \left(\frac{1}{r_g} - \frac{1}{r_a}\right)} \tag{5P}$$

Lösungen zum Aufgabenblatt 4

Aufgabe 2:

Zu 2.1 $0 < r < r_i$

$H_1 = 0 \qquad B_1 = 0 \qquad$ Bd.1 S.235, Gl. 3.182 oder FS S.51

damit ist $\quad \Phi_1 = 0$ (5P)

Zu 2.2 $r_i < r < r_a$

$$\Phi_2 = \int B_2 \cdot dA$$

$$B_2 = \mu_0 \cdot H_2$$

$$H_2 = \frac{I}{2\pi \cdot (r_a^2 - r_i^2)} \cdot \left(r - \frac{r_i^2}{r}\right) \qquad \text{Bd.1, S.235, Gl. 3.183 oder FS S.51}$$

$$B_2 = \frac{\mu_0 \cdot I}{2\pi \cdot (r_a^2 - r_i^2)} \cdot \left(r - \frac{r_i^2}{r}\right) \quad \text{und} \quad dA = l \cdot dr$$

$$\Phi_2 = \frac{\mu_0 \cdot I \cdot l}{2\pi \cdot (r_a^2 - r_i^2)} \int_{r_i}^{r_a} \left(r - \frac{r_i^2}{r}\right) \cdot dr$$

$$\Phi_2 = \frac{\mu_0 \cdot I \cdot l}{2\pi \cdot (r_a^2 - r_i^2)} \cdot \left[\int_{r_i}^{r_a} r \cdot dr - r_i^2 \cdot \int_{r_i}^{r_a} \frac{dr}{r}\right]$$

$$\Phi_2 = \frac{\mu_0 \cdot I \cdot l}{2\pi \cdot (r_a^2 - r_i^2)} \cdot \left[\frac{r^2}{2} - r_i^2 \cdot \ln|r|\right]_{r_i}^{r_a}$$

$$\Phi_2 = \frac{\mu_0 \cdot I \cdot l}{2\pi \cdot (r_a^2 - r_i^2)} \cdot \left(\frac{r_a^2 - r_i^2}{2} - r_i^2 \cdot \ln\frac{r_a}{r_i}\right) \tag{10P}$$

Zu 2.3 $r_a < r < 2r_a$.

$$\Phi_3 = \int B_3 \cdot dA$$

$$B_3 = \mu_0 \cdot H_3$$

$$H_3 = \frac{I}{2 \cdot \pi \cdot r} \qquad \text{Bd.1, S.235, Gl. 3.185 oder FS S.51}$$

$$B_3 = \frac{\mu_0 \cdot I}{2 \cdot \pi \cdot r} \qquad \text{und} \quad dA = l \cdot dr$$

$$\Phi_3 = \frac{\mu_0 \cdot I \cdot l}{2 \cdot \pi} \cdot \int_{r_a}^{2r_a} \frac{dr}{r}$$

$$\Phi_3 = \frac{\mu_0 \cdot I \cdot l}{2 \cdot \pi} \cdot \ln\frac{2 \cdot r_a}{r_a}$$

$$\Phi_3 = \frac{\mu_0 \cdot I \cdot l}{2 \cdot \pi} \cdot \ln 2 \tag{10P}$$

Lösungen zum Aufgabenblatt 4

Aufgabe 3:
Zu 3.1   Bd.1, S.250, 258, 263, 269-271 Aufgabenstellung 2 oder FS S.57-59

$$B_0 = \frac{\mu_0 \cdot \Theta}{l_L} = \frac{1,256 \cdot 10^{-6} \frac{Vs}{Am} \cdot 1000 \cdot I}{1,6 \cdot 10^{-3} m} = 0,785 \frac{Vs}{Am^2} \cdot I \qquad (5P)$$

$$H_0 = \frac{\Theta}{l_{Fe}} = \frac{1000 \cdot I}{0,31 m} \qquad (5P)$$

mit $l_{Fe} = l_I + l_E = (75+235)mm = 310mm$ (3P)

         Bd.1, S.260 Gl. 3.221 und 3.222
         $l_I = g+2c = (35+2 \cdot 20)mm = 75mm$
         $l_E = 2e+g+2c = (2 \cdot 80+35+2 \cdot 20)mm = 235mm$

B_L wird im Schnittpunkt abgelesen

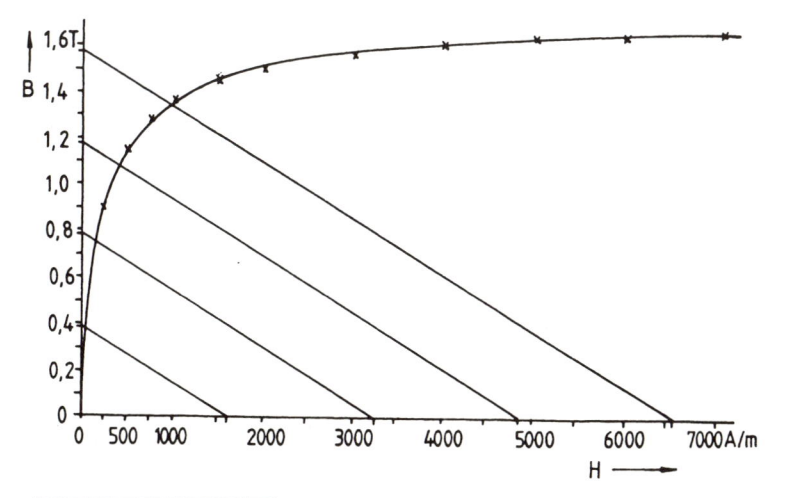

(5P)

I	B_0	H_0	B_L
A	T	A/m	T
0,5	0,39	1613	0,36
1,0	0,79	3226	0,74
1,5	1,18	4839	1,08
2,0	1,57	6452	1,34

(3P)

Zu 3.2

(4P)

Lösungen zum Aufgabenblatt 4

Aufgabe 4:

Zu 4.1   Bd. 1, S.319-323 oder FS S.73

$$M_{12} = \frac{\Psi_{12}}{I_1} = \frac{w_2 \cdot \Phi_{12}}{I_1}$$

$$\Phi_{12} = B_1 \cdot \cos\alpha \cdot A_2$$

$$B_1 = \mu_0 \cdot H_1$$

$$H_1 = \frac{\Theta_1}{l_1} = \frac{I_1 \cdot w_1}{l_1}$$

$$B_1 = \frac{\mu_0 \cdot I_1 \cdot w_1}{l_1}$$

$$A_2 = \frac{\pi \cdot d_2^2}{4}$$

$$\Phi_{12} = \frac{\mu_0 \cdot I_1 \cdot w_1}{l_1} \cdot \cos\alpha \cdot \frac{\pi \cdot d_2^2}{4}$$

$$M_{12} = \frac{\mu_0 \cdot w_1 \cdot w_2 \cdot \pi \cdot d_2^2}{4 \cdot l_1} \cdot \cos\alpha \tag{22P}$$

oder

$$M_{12} = \frac{\Psi_{12}}{I_1} = \frac{w_2 \cdot \Phi_{12}}{I_1}$$

$$\Phi_{12} = k_1 \cdot \Phi_1$$

$$k_1 = \frac{\Phi_{12}}{\Phi_1} = \frac{B_1 \cdot \cos\alpha \cdot A_2}{B_1 \cdot A_1} = \frac{\frac{d_2^2 \cdot \pi}{4}}{\frac{d_1^2 \cdot \pi}{4}} \cdot \cos\alpha = \frac{d_2^2}{d_1^2} \cdot \cos\alpha$$

$$\Phi_{12} = \frac{d_2^2}{d_1^2} \cdot \cos\alpha \cdot \Phi_1$$

$$\Phi_1 = \frac{\Theta_1}{R_{m1}} = \frac{I_1 \cdot w_1}{\frac{l_1}{\mu_0 \cdot A_1}} = \frac{I_1 \cdot w_1 \cdot \mu_0 \cdot A_1}{l_1} = \frac{I_1 \cdot w_1 \cdot \mu_0}{l_1} \cdot \frac{d_1^2 \cdot \pi}{4}$$

$$\Phi_{12} = \frac{d_2^2}{d_1^2} \cdot \cos\alpha \cdot \frac{I_1 \cdot w_1 \cdot \mu_0}{l_1} \cdot \frac{d_1^2 \cdot \pi}{4}$$

$$M_{12} = \frac{\mu_0 \cdot w_1 \cdot w_2 \cdot \pi \cdot d_2^2}{4 \cdot l_1} \cdot \cos\alpha \tag{s.o.}$$

Zu 4.2   Wenn die Spule 2 stromdurchflossen ist, entsteht ein magnetisches Feld, das außerhalb der Spule inhomogen ist. Der Anteil, der von der äußeren Spule umfasst wird, ist nicht zu erfassen. (3P)

Lösungen zum Aufgabenblatt 5

Aufgabe 1:

Zu 1.1 Nach Bd.1, S.187, Gl. 3.73   oder FS S.39

$$U_{12} = \frac{Q}{4\pi\varepsilon} \cdot \left(\frac{1}{r_1} - \frac{1}{r_2}\right)$$

ist $U_1 = \frac{Q}{4\pi\varepsilon_0\varepsilon_{r1}} \cdot \left(\frac{1}{r_i} - \frac{1}{r_g}\right)$

$$U_1 = \frac{Q}{4\pi\varepsilon_0\varepsilon_{r1}} \cdot \left(\frac{1}{r_i} - \frac{1}{2r_i}\right) = \frac{Q}{4\pi\varepsilon_0\varepsilon_{r1}r_i} \cdot \left(1 - \frac{1}{2}\right)$$

$$U_1 = \frac{Q}{8\pi\varepsilon_0\varepsilon_{r1}r_i} \tag{5P}$$

und $U_2 = \frac{Q}{4\pi\varepsilon_0\varepsilon_{r2}} \cdot \left(\frac{1}{r_g} - \frac{1}{r_a}\right)$

$$U_2 = \frac{Q}{4\pi\varepsilon_0\varepsilon_{r2}} \cdot \left(\frac{1}{2r_i} - \frac{1}{3r_i}\right) = \frac{Q}{4\pi\varepsilon_0\varepsilon_{r2}r_i} \cdot \left(\frac{1}{2} - \frac{1}{3}\right) = \frac{Q}{4\pi\varepsilon_0\varepsilon_{r2}r_i} \cdot \left(\frac{3}{6} - \frac{2}{6}\right)$$

$$U_2 = \frac{Q}{24\pi\varepsilon_0\varepsilon_{r2}r_i} \tag{5P}$$

Zu 1.2 $U_1 = U_2$

$$\frac{Q}{8\pi\varepsilon_0\varepsilon_{r1}r_i} = \frac{Q}{24\pi\varepsilon_0\varepsilon_{r2}r_i}$$

$$\frac{1}{8\cdot\varepsilon_{r1}} = \frac{1}{24\cdot\varepsilon_{r2}}$$

$$\varepsilon_{r1} = 3\cdot\varepsilon_{r2} \quad \text{oder} \quad \frac{\varepsilon_{r1}}{\varepsilon_{r2}} = 3 \tag{7P}$$

Zu 1.3 Nach Bd.1, S.176, Gl. 3.43

$$C = \varepsilon \cdot \frac{4\pi}{\frac{1}{r_i} - \frac{1}{r_a}}$$

ergeben sich

$$C_1 = \varepsilon_0\cdot\varepsilon_{r1}\cdot\frac{4\cdot\pi}{\frac{1}{r_i} - \frac{1}{r_g}} = \varepsilon_0\cdot\varepsilon_{r1}\cdot\frac{4\cdot\pi}{\frac{1}{r_i} - \frac{1}{2r_i}} = \varepsilon_0\cdot\varepsilon_{r1}\cdot\frac{4\cdot\pi\cdot r_i}{1 - \frac{1}{2}} = \varepsilon_0\cdot\varepsilon_{r1}\cdot 8\cdot\pi\cdot r_i \tag{3P}$$

$$C_2 = \varepsilon_0\cdot\varepsilon_{r2}\cdot\frac{4\cdot\pi}{\frac{1}{r_g} - \frac{1}{r_a}} = \varepsilon_0\cdot\varepsilon_{r2}\cdot\frac{4\cdot\pi}{\frac{1}{2r_i} - \frac{1}{3r_i}} = \varepsilon_0\cdot\varepsilon_{r2}\cdot\frac{4\cdot\pi\cdot r_i}{\frac{1}{2} - \frac{1}{3}} = \varepsilon_0\cdot\varepsilon_{r2}\cdot 24\cdot\pi\cdot r_i \tag{3P}$$

Die Spannungen sind gleich, wenn die Kapazitäten in Reihenschaltung gleich sind:
$C_1 = C_2$ d. h. $\varepsilon_0\cdot\varepsilon_{r1}\cdot 8\cdot\pi\cdot r_i = \varepsilon_0\cdot\varepsilon_{r2}\cdot 24\cdot\pi\cdot r_i$ und $\varepsilon_{r1} = 3\cdot\varepsilon_{r2}$ (2P)

Lösungen zum Aufgabenblatt 5

Aufgabe 2:

Zu 2.1 Bd.1, S.250 oder FS S.55 Aufgabenstellung 1

$$\Theta = H_L \cdot l_L + H_U \cdot l_U + H_I \cdot l_I$$

$$B_L = \frac{\Phi_L}{A_L} \quad \text{mit} \quad A_L = 16mm \cdot 20mm = 320mm^2 = 320 \cdot 10^{-6} m^2$$

$$B_L = \frac{256 \cdot 10^{-6} Vs}{320 \cdot 10^{-6} m^2} = 0,8T$$

$$H_L = \frac{B_L}{\mu_o} = \frac{0,8 \frac{V}{m^2}}{1,256 \cdot 10^{-6} \frac{Vs}{Am}} = 637 \cdot 10^3 \frac{A}{m}$$

$$B_U = B_L \cdot \frac{\frac{A_L}{A_K}}{\frac{A_{Fe}}{A_K}} \cdot \frac{1}{1-\sigma} = B_L \cdot \frac{1}{f_{Fe} \cdot (1-\sigma)} = 0,8T \cdot \frac{1}{0,85} \cdot \frac{1}{0,9} = 1,05T$$

abgelesen: $\quad H_U = 190 \frac{A}{m}$

$$B_I = B_L \cdot \frac{\frac{A_L}{A_K}}{\frac{A_{Fe}}{A_K}} = B_L \cdot \frac{1}{f_{Fe}} = 0,8T \cdot \frac{1}{0,85} = 0,94T$$

abgelesen: $\quad H_I = 170 \frac{A}{m}$

$l_U = (2 \cdot 64 - 16 + 48 - 16)mm = 144mm \quad l_I = 48mm$

$$\Theta = 637 \cdot 10^3 \frac{A}{m} \cdot l_L + 190 \frac{A}{m} \cdot 144 \cdot 10^{-3} m + 170 \frac{A}{m} \cdot 48 \cdot 10^{-3} m$$

$$\Theta = 637 \cdot 10^3 \frac{A}{m} \cdot l_L + 27A + 8A$$

$$I = \frac{\Theta}{w} = \frac{\Theta}{1000}$$

l_L	V_L	Θ	I
mm	A	A	A
1	637	672	0,672
2	1274	1309	1,309
3	1911	1946	1,946
4	2548	2583	2,583

(18P)

Zu 2.2 Fensterquerschnitt:
16mm · 48mm = 768mm²

Querschnitt eines Drahtes:

$$\frac{768mm^2}{1000 \cdot 1,27} = 0,6mm^2 \quad \text{mit} \; \frac{d^2}{\frac{d^2 \cdot \pi}{4}} = \frac{4}{\pi} = 1,27$$

Stromdichte: $S = \frac{I}{0,6mm^2}$

l_L	S	S_{zul}	
mm	A/mm²	A/mm²	
1	1,12	< 2	zulässig
2	2,18	> 2	nicht zul.
3	3,24	> 2	nicht zul.
4	4,31	> 2	nicht zul.

(7P)

Lösungen zum Aufgabenblatt 5

Aufgabe 3:

Zu 3.1   Nach Bd.1, S. 284-285 oder FS S.62 ist

$$(B_M \cdot H_M)_{max} = B_{Mopt} \cdot H_{Mopt} \quad \text{(Ergebnisse s. Tabelle)} \tag{6P}$$

Zu 3.2   Bd.1, S. 284, Gl. 3.262 oder FS S. 62

$$V_M = -\frac{B_L^2 \cdot V_L}{\mu_0} \cdot \frac{1}{(B_M \cdot H_M)_{max}}$$

$$V_M = -\frac{\left(0{,}5\frac{Vs}{m^2}\right)^2 \cdot 5cm^2 \cdot 0{,}2cm}{1{,}256 \cdot 10^{-6}\frac{Vs}{Am}} \cdot \frac{1}{(B_M \cdot H_M)_{max}}$$

$$V_M = -\frac{199 \cdot 10^3 \frac{VAs}{m^3}}{(B_M \cdot H_M)_{max}} \cdot cm^3 \tag{5P}$$

Bd.1, S. 285, Gl 3.265 und 3.266 oder FS S. 62

$$A_M = \frac{A_L}{B_{Mopt}} \cdot B_{Lopt}$$

$$A_M = \frac{5cm^2}{B_{Mopt}} \cdot 0{,}5T$$

$$A_M = \frac{2{,}5T}{B_{Mopt}} \cdot cm^2 \tag{5P}$$

$$l_M = \frac{V_M}{A_M} \quad (4P) \qquad \frac{Euro}{cm^3} \cdot V_M = Euro \tag{2P}$$

Werkstoff	Preis	B_{Mopt}	H_{Mopt}	$(B_M \cdot H_M)_{max}$	V_M	A_M	l_M	Preis
	Euro/cm³	Vs/m²	10³A/m	10³VAs/m³	cm³	cm²	cm	Euro
AlNiCo	0,36	1,03	-40	-41,2	4,83	2,43	1,99	1,74
Hartferrit	0,13	0,20	-120	-24	8,29	12,50	0,66	1,08
Seco	2,56	0,50	-350	-175	1,14	5,00	0,23	2,92

Zu 3.3   Der Dauermagnet aus Hartferrit ist wohl am billigsten, benötigt aber das größte Dauermagnetvolumen.
Dagegen ist das Volumen von Seco nur ca. 1/8 von Hartferrit, aber mehr als das Doppelte teurer.
AlNiCo benötigt nur fast die Hälfte des Volumens von Hartferrit und ist nur 50% teurer. (3P)

Lösungen zum Aufgabenblatt 5

Aufgabe 4:

Zu 4.1 Nach Bd. 1, S.320, 323 oder FS S.73

$$M_{12} = \frac{\Psi_{12}}{i_1} = \frac{w_2 \cdot \Phi_{12}}{i_1}$$

$$\Phi_{12} = k_1 \cdot \Phi_1 = \Phi_1$$

mit $k_1 = 1$

$$\Phi_1 = \frac{\Theta_1}{R_{m1}} = \frac{i_1 \cdot w_1}{\frac{4 \cdot l}{\mu_0 \cdot \mu_r \cdot A}}$$

mit $A = c \cdot d \cdot f_{Fe}$

$$\Phi_1 = \frac{i_1 \cdot w_1 \cdot \mu_0 \cdot \mu_r \cdot c \cdot d \cdot f_{Fe}}{4 \cdot l}$$

$$M = M_{12} = \frac{w_1 \cdot w_2 \cdot \mu_0 \cdot \mu_r \cdot c \cdot d \cdot f_{Fe}}{4 \cdot l} \quad \text{wegen } \mu \text{ konstant}$$

oder nach Bd.1, S. 320, Gl. 3.338 oder FS S.73

$$M_{12} = k_1 \cdot G_{m1} \cdot w_1 \cdot w_2$$

$$M_{12} = \frac{k_1 \cdot w_1 \cdot w_2}{R_{m1}}$$

mit $k_1 = 1$

$$R_{m1} = \frac{4 \cdot l}{\mu_0 \cdot \mu_r \cdot A}$$

mit $A = c \cdot d \cdot f_{Fe}$

$$R_{m1} = \frac{4 \cdot l}{\mu_0 \cdot \mu_r \cdot c \cdot d \cdot f_{Fe}}$$

$$M = M_{12} = \frac{w_1 \cdot w_2 \cdot \mu_0 \cdot \mu_r \cdot c \cdot d \cdot f_{Fe}}{4 \cdot l} \quad \text{wegen } \mu \text{ konstant}$$

$$M = \frac{500 \cdot 1200 \cdot 1{,}256 \cdot 10^{-6} \, \frac{Vs}{Am} \cdot 5000 \cdot 2 \cdot 10^{-2} m \cdot 3 \cdot 10^{-2} m \cdot 0{,}9}{4 \cdot 8 \cdot 10^{-2} m}$$

$$M = 6{,}358 H \tag{15P}$$

Zu 4.2 Bd.1, S. 333, Gl. 3.354 (Transformator bei sekundärem Leerlauf) oder FS S.80

$$u_2 = M_{12} \cdot \frac{di_1}{dt} \quad \text{mit} \quad i_2 = 0 \quad \text{und} \quad \frac{di_2}{dt} = 0$$

$$u_2 = M \cdot \frac{d(\hat{i} \cdot \sin \omega t)}{dt}$$

$$u_2 = \omega \cdot M \cdot \hat{i} \cdot \cos \omega t$$

$$u_2 = 314 s^{-1} \cdot 6{,}358 \frac{Vs}{A} \cdot 25 \cdot 10^{-3} A \cdot \cos \omega t$$

$$u_2 = 50 V \cdot \cos \omega t \tag{10P}$$

3 Das elektromagnetische Feld

Lösungen zum Aufgabenblatt 6

Aufgabe 1:
Zu 1.1   Nach Bd.1, S.190, Gl 3.79   oder FS S.39

$$U = \frac{Q}{2\pi\varepsilon h} \cdot \ln\frac{r_a}{r_i} \qquad |\cdot k$$

$$k \cdot U = \frac{Q}{2\pi\varepsilon h} \cdot \ln\frac{r_a}{r_x}$$

$$k \cdot U = \frac{Q}{2\pi\varepsilon h} \cdot \ln\frac{r_a}{r_x} = k \cdot \frac{Q}{2\pi\varepsilon h} \cdot \ln\frac{r_a}{r_i}$$

$$\ln\frac{r_a}{r_x} = k \cdot \ln\frac{r_a}{r_i} = \ln\left(\frac{r_a}{r_i}\right)^k$$

$$\frac{r_a}{r_x} = \left(\frac{r_a}{r_i}\right)^k$$

$$r_x = \left(\frac{r_i}{r_a}\right)^k \cdot r_a \qquad (15P)$$

Zu 1.2   Mit $r_a = 8\,cm$ und $r_i = 2\,cm$ ist $\frac{r_i}{r_a} = \frac{2\,cm}{8\,cm} = \frac{1}{4} = 0,25$

$$k = \frac{3}{4}: \qquad r_x = \left(\frac{r_i}{r_a}\right)^{3/4} \cdot 8\,cm = \sqrt[4]{0,25^3} \cdot 8\,cm = 2,83\,cm \qquad (2P)$$

$$k = \frac{1}{2}: \qquad r_x = \left(\frac{r_i}{r_a}\right)^{1/2} \cdot 8\,cm = \sqrt[2]{0,25} \cdot 8\,cm = 4\,cm \qquad (2P)$$

$$k = \frac{1}{4}: \qquad r_x = \left(\frac{r_i}{r_a}\right)^{1/4} \cdot 8\,cm = \sqrt[4]{0,25} \cdot 8\,cm = 5,66\,cm \qquad (2P)$$

Zu 1.3

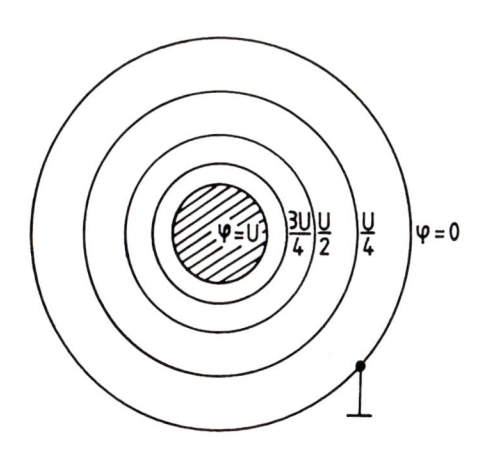

(4P)

Lösungen zum Aufgabenblatt 6

Aufgabe 2:

Zu 2.1 Bd.1, S.250, 258, 263, 269-275 Aufgabenstellung 2 oder FS S.57-59

$$B_0^* = \frac{\mu_0 \cdot \Theta}{(1-\sigma) \cdot l_L} = \frac{1{,}256 \cdot 10^{-6} \frac{Vs}{Am} \cdot 2000 \cdot 0{,}5A}{(1-\sigma) \cdot l_L} = \frac{1{,}256}{(1-\sigma) \cdot l_L} \cdot \frac{Vs}{m}$$

$$H_0 = \frac{\Theta}{l_{Fe}} = \frac{2000 \cdot 0{,}5A}{168mm} = 5952 \frac{A}{m}$$

mit   Bd.1, S.260 Gl. 3.221 und 3.222
$l_{Fe} = l_I + l_E = (42+126)mm = 168mm$
$l_I = g + 2c = (14 + 2 \cdot 14)mm = 42mm$
$l_E = 2e + g + 2c = (2 \cdot 42 + 14 + 2 \cdot 14)mm = 126mm$

B_{Fe}^* wird im Schnittpunkt abgelesen,
$B_L^* = (1-\sigma) \cdot B_{Fe}^*$

l_L	σ	$1-\sigma$	B_0^*	B_{Fe}^*	B_L^*	F
mm	1	1	T	T	T	N
0	0	1	∞	1,65	1,65	1700
0,5	0,05	0,95	2,644	1,54	1,46	1336
1,0	0,10	0,90	1,396	1,26	1,13	797
1,5	0,15	0,85	0,985	0,94	0,80	400
2,0	0,20	0,80	0,785	0,75	0,6	225

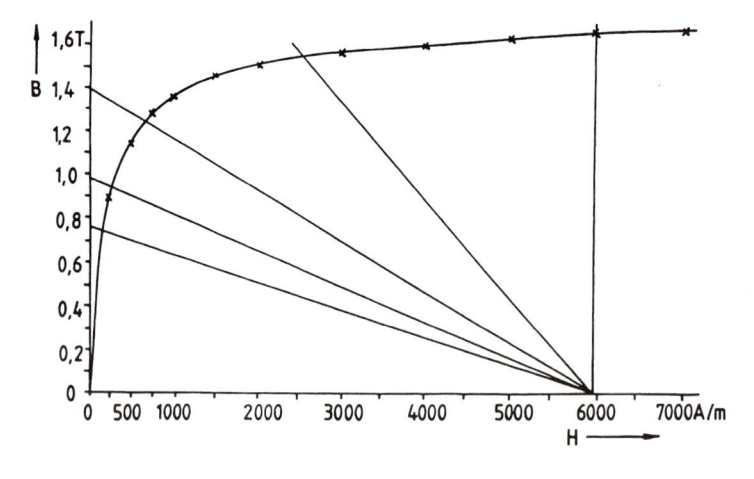

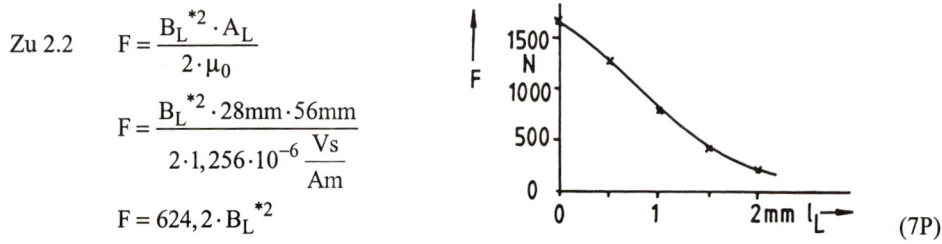

(18P)

Zu 2.2

$$F = \frac{B_L^{*2} \cdot A_L}{2 \cdot \mu_0}$$

$$F = \frac{B_L^{*2} \cdot 28mm \cdot 56mm}{2 \cdot 1{,}256 \cdot 10^{-6} \frac{Vs}{Am}}$$

$$F = 624{,}2 \cdot B_L^{*2}$$

(7P)

Lösungen zum Aufgabenblatt 6

Aufgabe 3:

Zu 3.1 Bd.1, S. 321, Beispiel 1 oder FS S.74

$$R_{m1} = \frac{2 \cdot 1}{\mu \cdot A} + \left(\frac{1}{\mu \cdot A} \parallel \frac{2 \cdot 1}{\mu \cdot A}\right) = \frac{2 \cdot 1}{\mu \cdot A} + \frac{1}{\mu \cdot A} \cdot \frac{1 \cdot 2}{1+2} = \frac{1}{\mu_0 \cdot \mu_r \cdot A} \cdot \left(2 + \frac{2}{3}\right)$$

$$R_{m1} = \frac{8}{3} \cdot \frac{0{,}04\,m}{1{,}256 \cdot 10^{-6}\,\frac{Vs}{Am} \cdot 2000 \cdot 10^{-4}\,m^2}$$

$$R_{m1} = 424{,}6 \cdot 10^3\,\frac{A}{Vs} \qquad \text{(3P)}$$

$$R_{m2} = \frac{1}{\mu \cdot A} + \frac{1}{2} \cdot \frac{2 \cdot 1}{\mu \cdot A} = \frac{2 \cdot 1}{\mu_0 \cdot \mu_r \cdot A}$$

$$R_{m2} = \frac{2 \cdot 0{,}04\,m}{1{,}256 \cdot 10^{-6}\,\frac{Vs}{Am} \cdot 2000 \cdot 10^{-4}\,m^2}$$

$$R_{m2} = 318{,}5 \cdot 10^3\,\frac{A}{Vs} \qquad \text{(3P)}$$

Zu 3.2 Bd.1, S. 308, Beispiel 3 und S. 321, Beispiel 1 oder FS S. 71, 74

$$L_1 = \frac{w_1^2}{R_{m1}} = \frac{1200^2}{424{,}6 \cdot 10^3\,\frac{A}{Vs}} = 3{,}39\,H \qquad \text{(3P)}$$

$$L_2 = \frac{w_2^2}{R_{m2}} = \frac{500^2}{318{,}5 \cdot 10^3\,\frac{A}{Vs}} = 0{,}785\,H \qquad \text{(3P)}$$

$$M_{12} = k_1 \cdot \frac{w_1 \cdot w_2}{R_{m1}} = \frac{2}{3} \cdot \frac{1200 \cdot 500}{424{,}6 \cdot 10^3\,\frac{A}{Vs}} = 0{,}942\,H \qquad \text{mit} \qquad k_1 = \frac{\Phi_{12}}{\Phi_1} = \frac{2}{3} \qquad \text{(2P)}$$

$$M_{21} = k_2 \cdot \frac{w_1 \cdot w_2}{R_{m2}} = \frac{1}{2} \cdot \frac{1200 \cdot 500}{318{,}5 \cdot 10^3\,\frac{A}{Vs}} = 0{,}942\,H \qquad \text{mit} \qquad k_2 = \frac{\Phi_{21}}{\Phi_2} = \frac{1}{2} \qquad \text{(2P)}$$

Zu 3.3 Bd.1, S. 338, Gl. 3.368 oder FS S.81

$$k = \sqrt{\frac{M_{12} \cdot M_{21}}{L_1 \cdot L_2}} = \frac{M}{\sqrt{L_1 \cdot L_2}} = \frac{0{,}942\,H}{\sqrt{3{,}39\,H \cdot 0{,}785\,H}} = 0{,}577 \qquad \text{(3P)}$$

$$k = \sqrt{k_1 \cdot k_2} = \sqrt{\frac{2}{3} \cdot \frac{1}{2}} = 0{,}577$$

Zu 3.4 Bd.1, S. 325, Gl. 3.343 oder FS S.75

$$u_2 = M \cdot \frac{di_1}{dt} = 0{,}942\,\frac{Vs}{A} \cdot \frac{di_1}{dt}$$

von 0 bis 20ms: $\quad \dfrac{di_1}{dt} = \dfrac{1A}{20\,ms}$

von 20 bis 40ms: $\quad \dfrac{di_1}{dt} = -\dfrac{1A}{20\,ms}$

$$|u_2| = 0{,}942\,\frac{Vs}{A} \cdot \frac{1A}{20 \cdot 10^{-3}\,s} = 47{,}1\,V \qquad \text{(6P)}$$

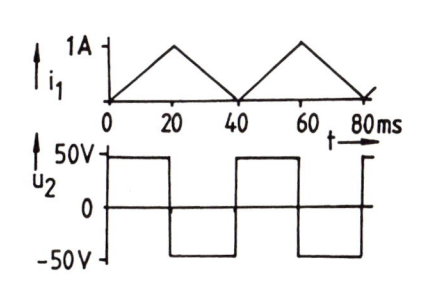

Lösungen zum Aufgabenblatt 6

Aufgabe 4:

Zu 4.1 Bd. 1, S. 359 oder FS S.83

Berechnung von B_3, wenn die Leiter 1 und 2 stromdurchflossen sind: $\vec{B}_3 = \vec{B}_{13} + \vec{B}_{23}$

mit $B_3 = B_{13} + B_{23}$

$$B_3 = \frac{\mu_0 \cdot I}{2 \cdot \pi \cdot 2 \cdot a} + \frac{\mu_0 \cdot I}{2 \cdot \pi \cdot a} = \frac{\mu_0 \cdot I}{2 \cdot \pi \cdot a}\left(\frac{1}{2} + 1\right)$$

$$B_3 = \frac{3}{2} \cdot \frac{\mu_0 \cdot I}{2 \cdot \pi \cdot a} = \frac{3}{2} \cdot \frac{1{,}256 \cdot 10^{-3} \frac{Vs}{Am} \cdot 1A}{2 \cdot \pi \cdot 1m}$$

$$B_3 = 300 \cdot 10^{-9}\,T \tag{5P}$$

Berechnung von B_2, wenn die Leiter 1 und 3 stromdurchflossen sind: $\vec{B}_2 = \vec{B}_{12} + \vec{B}_{32} = 0$

weil $B_{12} = B_{32}$

(5P)

Berechnung von B_1, wenn die Leiter 2 und 3 stromdurchflossen sind: $\vec{B}_1 = \vec{B}_{21} + \vec{B}_{31}$

mit $B_1 = B_{21} + B_{31}$

$$B_1 = \frac{\mu_0 \cdot I}{2 \cdot \pi \cdot a} + \frac{\mu_0 \cdot I}{2 \cdot \pi \cdot 2 \cdot a} = \frac{\mu_0 \cdot I}{2 \cdot \pi \cdot a}\left(1 + \frac{1}{2}\right)$$

$$B_1 = \frac{3}{2} \cdot \frac{\mu_0 \cdot I}{2 \cdot \pi \cdot a} = \frac{3}{2} \cdot \frac{1{,}256 \cdot 10^{-3} \frac{Vs}{Am} \cdot 1A}{2 \cdot \pi \cdot 1m}$$

$$B_1 = 300 \cdot 10^{-9}\,T \tag{5P}$$

Zusammenfassend bestehen in den drei Leitern die magnetischen Induktionen $\vec{B}_1, \vec{B}_2, \vec{B}_3$:

Zu 4.2 Bd.1, S.359 oder FS S.83

$$\frac{F_3}{1} = I_3 \cdot B_3 = I \cdot B_3$$

$$\frac{F_3}{1} = \frac{3}{2} \cdot \frac{\mu_0 \cdot I^2}{2 \cdot \pi \cdot a} = 300 \cdot 10^{-9} \frac{Vs}{m^2} \cdot 1A$$

$$\frac{F_3}{1} = 300 \cdot 10^{-9} \frac{VAs}{m^2} = 300 \cdot 10^{-9} \frac{N}{m}$$

$$\frac{F_2}{1} = I_2 \cdot B_2 = I \cdot B_2 = 0, \quad \text{weil } B_2 = 0$$

$$\frac{F_1}{1} = I_1 \cdot B_1 = I \cdot B_1 = 300 \cdot 10^{-9} \frac{N}{m}$$

(10P)

Lösungen zum Aufgabenblatt 7

Aufgabe 1:

Zu 1.1 Nach Bd.1, S.187, Gl 3.73 oder FS S.39

$$U = \frac{Q}{4\pi\varepsilon}\cdot\left(\frac{1}{r_i}-\frac{1}{r_a}\right) \quad |\cdot k$$

$$k\cdot U = \frac{Q}{4\pi\varepsilon}\cdot\left(\frac{1}{r_x}-\frac{1}{r_a}\right)$$

$$k\cdot U = \frac{Q}{4\pi\varepsilon}\cdot\left(\frac{1}{r_x}-\frac{1}{r_a}\right) = k\cdot\frac{Q}{4\pi\varepsilon}\cdot\left(\frac{1}{r_i}-\frac{1}{r_a}\right)$$

$$\frac{1}{r_x}-\frac{1}{r_a}=k\cdot\left(\frac{1}{r_i}-\frac{1}{r_a}\right) \quad \text{bzw.} \quad \frac{1}{r_x}=k\cdot\left(\frac{1}{r_i}-\frac{1}{r_a}\right)+\frac{1}{r_a}$$

$$r_x = \frac{1}{k\cdot\left(\frac{1}{r_i}-\frac{1}{r_a}\right)+\frac{1}{r_a}} = \frac{1}{\frac{k}{r_i}+\frac{1}{r_a}\cdot(1-k)} = \frac{r_a}{k\cdot\frac{r_a}{r_i}+(1-k)} \qquad (12P)$$

Zu 1.2 Mit r_a=8cm und r_i=2cm ist $\frac{r_a}{r_i}=\frac{8cm}{2cm}=4$

$k=\frac{3}{4}$: $\quad r_x = \dfrac{8cm}{\frac{3}{4}\cdot 4+\left(1-\frac{3}{4}\right)} = 2,46cm$ \hfill (2P)

$k=\frac{1}{2}$: $\quad r_x = \dfrac{8cm}{\frac{1}{2}\cdot 4+\left(1-\frac{1}{2}\right)} = 3,20cm$ \hfill (2P)

$k=\frac{1}{4}$: $\quad r_x = \dfrac{8cm}{\frac{1}{4}\cdot 4+\left(1-\frac{1}{4}\right)} = 4,57cm$ \hfill (2P)

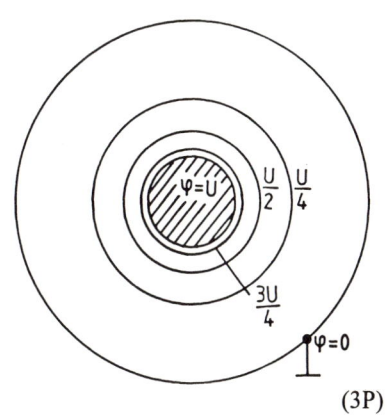

Zu 1.3

(Skizze: konzentrische Kreise mit $\varphi=U$ innen, $\frac{U}{2}$, $\frac{U}{4}$, $\frac{3U}{4}$, $\varphi=0$ außen)

(3P)

Zu 1.4
Zwischen den Äquipotentialflächen müssen die Kapazitäten gleich sein, weil zwischen ihnen jeweils die gleiche Spannung U/4 liegt. Die Kapazitäten hängen sowohl vom Abstand als auch von der Fläche ab, wie die Formel für homogene Felder besagt: C=ε·A/l. Bei einem Zylinderkondensator nimmt die Fläche A=2rπh mit dem Radius ab, bei einem Kugelkondensator aber mit A=4πr² mit dem Quadrat des Radius, und das wird ausgeglichen mit dem Abstand: an der Innenelektrode sind deshalb die Äquipotentiallinien dichter als beim Zylinderkondensator. (4P)

Lösungen zum Aufgabenblatt 7

Aufgabe 2:
Zu 2.1 Bd.1, S.250 Aufgabenstellung 1, S.255-256, Beispiel 2 oder FS S.55-56 Beispiel 2

$$\Theta = H_L \cdot l_L + H_{Fe} \cdot l_{Fe}$$

$$H_L = \frac{B_L}{\mu_0} = \frac{0,8\frac{V}{m^2}}{1,256 \cdot 10^{-6}\frac{Vs}{Am}} = 636,9 \cdot 10^3 \frac{A}{m} \qquad B_{Fe} = B_L \cdot \frac{\frac{A_L}{A_K}}{\frac{A_{Fe}}{A_K}} \cdot \frac{1}{1-\sigma} = B_L \cdot \frac{1}{f_{Fe}} \cdot \frac{1}{1-\sigma}$$

$$l_{Fe} = 2a - 2c + b - c - \frac{f}{2} - l_L \qquad B_{Fe} = 0,8T \cdot \frac{1}{0,85} \cdot \frac{1}{0,95} = 0,99T$$

$$l_{Fe} = (110 - 17 + 55 - 8,5 - 8,5 - 0,8)mm$$

$$l_{Fe} = 130,2mm \qquad \text{abgelesen:} \quad H_{Fe} = 320\frac{A}{m}$$

$$\Theta = 636,9 \cdot 10^3 \frac{A}{m} \cdot 0,8 \cdot 10^{-3}m + 320\frac{A}{m} \cdot 130 \cdot 10^{-3}m$$

$$\Theta = 509,5A + 41,6A$$

$$\Theta = I \cdot w = 551,1A$$

$$I = \frac{\Theta}{w} = \frac{551,1A}{500}$$

$$I = 1,10A \qquad \qquad (13P)$$

Zu 2.2 Bd.1, S.271-274 oder FS S. 59, Herleitung nach S. 274:

$$\Phi_L^{**} = (1-\sigma) \cdot \Phi_{Fe}^{**}$$

$$B_L^{**} \cdot A_L = (1-\sigma) \cdot B_{Fe}^{**} \cdot A_{Fe}$$

$$B_L^{**} = (1-\sigma) \cdot B_{Fe}^{**} \cdot \frac{A_{Fe}}{A_L}$$

$$B_L^{**} = (1-\sigma) \cdot \frac{\frac{A_{Fe}}{A_K}}{\frac{A_L}{A_K}} \cdot B_{Fe}^{**}$$

$$B_0^{**} = B_{Fe}^{**} = \frac{B_L^{**}}{(1-\sigma) \cdot f_{Fe}}$$

$$B_0^{**} = \frac{\mu_0 \cdot \Theta}{l_L \cdot (1-\sigma) \cdot f_{Fe}}$$

$$B_0^{**} = \frac{1,256 \cdot 10^{-6}\frac{Vs}{Am} \cdot 551,1A}{0,8 \cdot 10^{-3}m \cdot 0,95 \cdot 0,85} = 1,07T$$

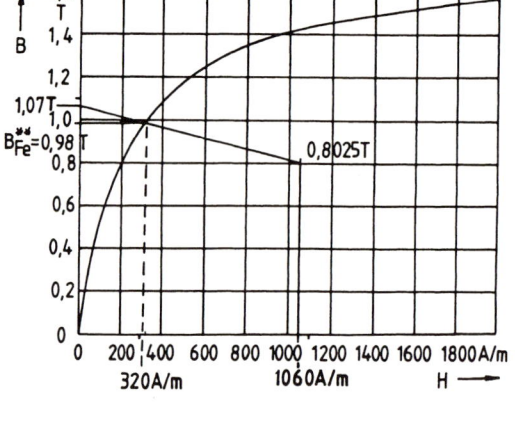

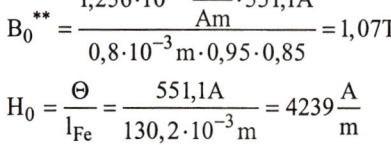

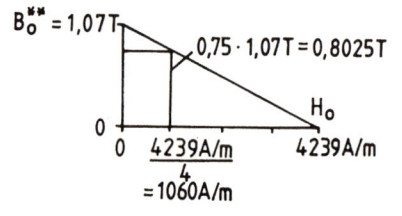

$$H_0 = \frac{\Theta}{l_{Fe}} = \frac{551,1A}{130,2 \cdot 10^{-3}m} = 4239\frac{A}{m}$$

abgelesen: $B_{Fe}^{**} = 0,98T$

$$B_L^{**} = (1-\sigma) \cdot f_{Fe} \cdot B_{Fe}^{**} = 0,95 \cdot 0,85 \cdot 0,98T = 0,79T \text{, d.h. } 0,8T \qquad (12P)$$

Lösungen zum Aufgabenblatt 7

Aufgabe 3:
Zu 3.1 Bd.1, S. 280-282, Gl. 3.254-3.256   oder FS S. 61

$$B_M = -\frac{\mu_0}{N} \cdot H_M = -\frac{\mu_0 \cdot l_M \cdot A_L}{l_L \cdot A_M} \cdot H_M$$

mit $N = \frac{l_L}{l_M} \cdot \frac{A_M}{A_L}$

$$B_M = -\frac{1,256 \cdot 10^{-6} \frac{Vs}{Am} \cdot 5 \cdot 10^{-2} \, m \cdot 1 cm^2}{2 \cdot 10^{-3} \, m \cdot A_M} \cdot H_M = m \cdot H_M$$

$$B_L = \frac{A_M}{A_L} \cdot B_M$$

A_M	cm²	1	2	3	4	5
m	10⁻⁶Vs/Am	−31,4	−15,7	−10,5	−7,85	−6,28
B_{M40}	T	1,256	0,628	0,419	0,314	0,251
abgelesen:B_M	T	0,75	0,53	0,39	0,31	0,26
B_L	T	0,75	1,06	1,17	1,24	1,30
V_M	cm³	5	10	15	20	25

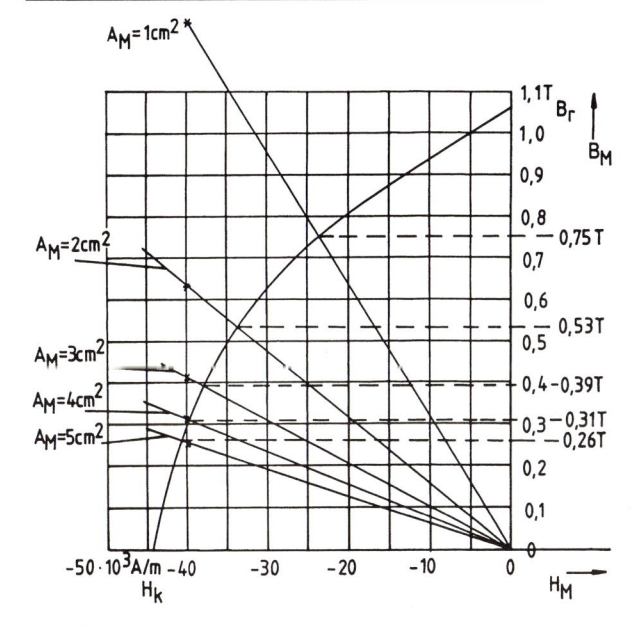

(20P)

Zu 3.2

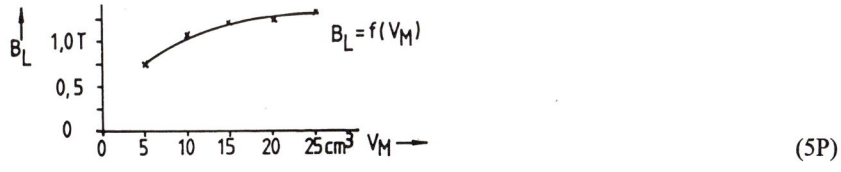

(5P)

Lösungen zum Aufgabenblatt 7

Aufgabe 4:

Zu 4.1 Bd. 1, S. 231-232, Gl.3.176 oder FS S. 50

$$\Phi_1 = B_1 \cdot A_1$$
$$B_1 = \mu_0 \cdot H_1$$

mit $\quad H_1 = \dfrac{\Theta_1}{l_1} = \dfrac{i_1 \cdot w_1}{l_1} \quad$ aus $\quad \Theta_1 = H_1 \cdot l_1$

$$B_1 = \frac{\mu_0 \cdot i_1 \cdot w_1}{l_1}$$

$$A_1 = \frac{\pi \cdot d_1^2}{4}$$

$$\Phi_1(t) = \frac{\mu_0 \cdot w_1}{l_1} \cdot \frac{\pi \cdot d_1^2}{4} \cdot i_1(t) \tag{6P}$$

Zu 4.2 Bd. 1, S. 324-325 oder FS S. 75

$$u_2(t) = \frac{d\Psi_{12}}{dt} = w_2 \cdot \frac{d\Phi_{12}}{dt}$$

$$\Phi_{12} = k_1 \cdot \Phi_1$$

$$\Phi_{12} = \frac{A_2}{A_1} \cdot \Phi_1 = \frac{\pi \cdot d_2^2}{4} \cdot \frac{4}{\pi \cdot d_1^2} \cdot \Phi_1 = \frac{d_2^2}{d_1^2} \cdot \Phi_1$$

$$u_2(t) = \frac{d_2^2}{d_1^2} \cdot \frac{\mu_0 \cdot w_1}{l_1} \cdot \frac{\pi \cdot d_1^2}{4} \cdot w_2 \cdot \frac{di_1}{dt}$$

$$u_2(t) = \frac{\mu_0 \cdot w_1 \cdot w_2 \cdot \pi \cdot d_2^2}{4 \cdot l_1} \cdot \frac{di_1}{dt}$$

$$|u_2| = \frac{1{,}256 \cdot 10^{-6} \dfrac{Vs}{Am} \cdot 800 \cdot 100 \cdot 3{,}14 \cdot \left(10^{-2} m\right)^2}{4 \cdot 20 \cdot 10^{-2} m} \cdot \frac{1A}{5 \cdot 10^{-3} s}$$

$$|u_2| = 7{,}9 mV$$

(16P)

Zu 4.3 Mit Hilfe der Formel für u_2 können die Fragen beantwortet werden:
- Wird die Windungszahl w_2 verdoppelt, dann ergibt sich die doppelte Spannung.
- Wird der Durchmesser d_2 verdoppelt, dann ergibt sich die vierfache Spannung.
- Wird die Länge l_2 verdoppelt, dann bleibt die Spannung gleich. (3P)

Lösungen zum Aufgabenblatt 8

Aufgabe 1:

Zu 1.1 Nach Bd.1, S.181, Gl 3.57

$$E_1(r) = \frac{Q}{2\cdot\pi\cdot\varepsilon_0\cdot\varepsilon_{r1}\cdot h\cdot r} \quad \text{für} \quad r_0 \leq r \leq r_1$$

$$E_2(r) = \frac{Q}{2\cdot\pi\cdot\varepsilon_0\cdot\varepsilon_{r2}\cdot h\cdot r} \quad \text{für} \quad r_1 \leq r \leq r_2$$

$$E_3(r) = \frac{Q}{2\cdot\pi\cdot\varepsilon_0\cdot\varepsilon_{r3}\cdot h\cdot r} \quad \text{für} \quad r_2 \leq r \leq r_3 \tag{6P}$$

Zu 1.2 Bd.1, S.190 oder FS S.39

$$U_1 = \int_{r_0}^{r_1} E_1 \cdot dr = \frac{Q}{2\cdot\pi\cdot\varepsilon_0\cdot\varepsilon_{r1}\cdot h} \cdot \int_{r_0}^{r_1} \frac{dr}{r} = \frac{Q}{2\cdot\pi\cdot\varepsilon_0\cdot\varepsilon_{r1}\cdot h} \cdot \ln\frac{r_1}{r_0}$$

$$U_2 = \int_{r_1}^{r_2} E_2 \cdot dr = \frac{Q}{2\cdot\pi\cdot\varepsilon_0\cdot\varepsilon_{r2}\cdot h} \cdot \int_{r_1}^{r_2} \frac{dr}{r} = \frac{Q}{2\cdot\pi\cdot\varepsilon_0\cdot\varepsilon_{r2}\cdot h} \cdot \ln\frac{r_2}{r_1}$$

$$U_3 = \int_{r_2}^{r_3} E_2 \cdot dr = \frac{Q}{2\cdot\pi\cdot\varepsilon_0\cdot\varepsilon_{r3}\cdot h} \cdot \int_{r_2}^{r_3} \frac{dr}{r} = \frac{Q}{2\cdot\pi\cdot\varepsilon_0\cdot\varepsilon_{r3}\cdot h} \cdot \ln\frac{r_3}{r_2}$$

$$U = U_1 + U_2 + U_3 = \frac{Q}{2\cdot\pi\cdot\varepsilon_0\cdot h} \cdot \left(\frac{\ln\frac{r_1}{r_0}}{\varepsilon_{r1}} + \frac{\ln\frac{r_2}{r_1}}{\varepsilon_{r2}} + \frac{\ln\frac{r_3}{r_2}}{\varepsilon_{r3}} \right) \tag{8P}$$

Zu 1.3 Bd.1, S.193, Gl.3.87 oder FS S.40

$$C = \frac{Q}{U} = \frac{2\cdot\pi\cdot\varepsilon_0\cdot h}{\dfrac{\ln\frac{r_1}{r_0}}{\varepsilon_{r1}} + \dfrac{\ln\frac{r_2}{r_1}}{\varepsilon_{r2}} + \dfrac{\ln\frac{r_3}{r_2}}{\varepsilon_{r3}}}$$

$$\frac{C}{h} = \frac{2\cdot\pi\cdot\varepsilon_0}{\dfrac{\ln\frac{r_1}{r_0}}{\varepsilon_{r1}} + \dfrac{\ln\frac{r_2}{r_1}}{\varepsilon_{r2}} + \dfrac{\ln\frac{r_3}{r_2}}{\varepsilon_{r3}}} \tag{7P}$$

Zu 1.4

$$\frac{C}{h} = \frac{2\cdot\pi\cdot 8{,}8542\cdot 10^{-12}\,\frac{As}{Vm}}{\dfrac{\ln\frac{18}{12}}{2} + \dfrac{\ln\frac{24}{18}}{4} + \dfrac{\ln\frac{36}{24}}{8}} = \frac{2\cdot\pi\cdot 8{,}8542\cdot 10^{-12}\,\frac{As}{Vm}}{\dfrac{\ln 1{,}5}{2} + \dfrac{\ln 1{,}33}{4} + \dfrac{\ln 1{,}5}{8}}$$

$$\frac{C}{h} = 171\cdot 10^{-12}\,\frac{F}{m} = 171\,\frac{pF}{m} \tag{4P}$$

Lösungen zum Aufgabenblatt 8

Aufgabe 2:

Zu 2.1 Bd.1, S.250, 255, 263, 269-271 Aufgabenstellung 2 oder FS S.57-59

$$B_0 = \frac{\mu_0 \cdot \Theta}{l_L} = \frac{1,256 \cdot 10^{-6} \frac{Vs}{Am} \cdot \Theta}{0,5 \cdot 10^{-3} m} \qquad H_0 = \frac{\Theta}{l_{Fe}} = \frac{\Theta}{101,5 \cdot 10^{-3} m}$$

mit $l_{Fe} = 2a - 2c + b - c - \frac{f}{2} - l_L$ Bd.1, S.256, Gl 3.218 oder FS S.56

$l_{Fe} = (84 - 12 + 42 - 6 - 6 - 0,5)mm = 101,5mm$

Θ	A	100	200	300	400
B_0	T	0,251	0,502	0,754	1,005
H_0	A/m	985	1970	2956	3941

Bd.1, S.269 oder FS S.58
Nachdem die Magnetisierungskennlinie gezeichnet ist, werden die parallel verschobenen Achsenabschnittsgeraden eingetragen.
In den Schnittpunkten werden die magnetischen Induktionen $B_L = B_{Fe}$ abgelesen und in das Diagramm $B_L = f(H_0)$ übertragen:

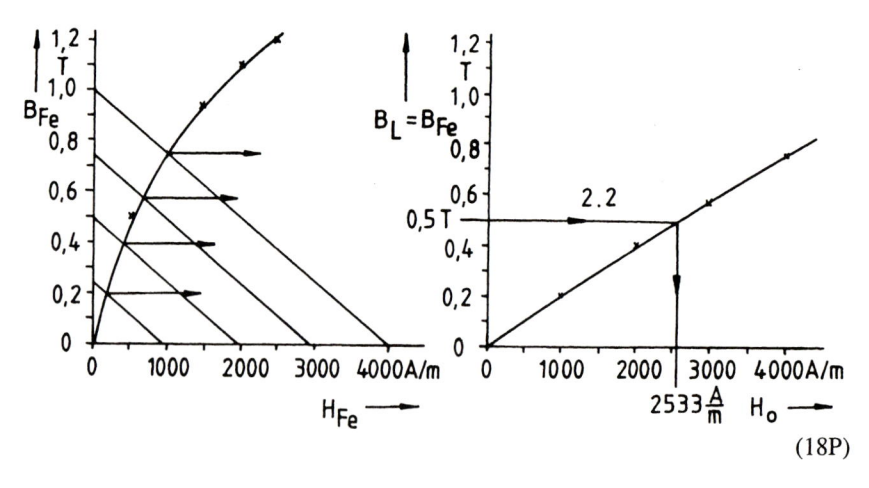

(18P)

Zu 2.2 Bei $B_L = 0,5T$ wird abgelesen (s. Diagramm): $H_0 = 2533 A/m$.

Mit

$\Theta = H_0 \cdot l_{Fe} = I \cdot w$

ergibt sich der Strom durch die Spule

$$I = \frac{H_0 \cdot l_{Fe}}{w} = \frac{2533 \frac{A}{m} \cdot 101,5 \cdot 10^{-3} m}{250}$$

$I = 1,03A$

(7P)

Lösungen zum Aufgabenblatt 8

Aufgabe 3:

Zu 3.1 Bd.1, S. 322, Beispiel 2 oder FS S.71 und 74

Mit $R_m = \frac{1}{2} \cdot \frac{4 \cdot l}{\mu \cdot A} = \frac{2 \cdot l}{\mu \cdot A}$ ergibt sich

$$L_1 = \frac{w_1^2}{R_m} = \frac{w_1^2 \cdot \mu_0 \cdot \mu_r \cdot A}{2 \cdot l} = \frac{250^2 \cdot 1{,}256 \cdot 10^{-6}\,\frac{Vs}{Am} \cdot 2000 \cdot 1 \cdot 10^{-2}\,m}{2 \cdot 4 \cdot 10^{-2}\,m} = 196\,mH$$

mit $R_m = \frac{w_1^2}{L_1}$ ergeben sich

$$L_2 = \frac{w_2^2}{R_m} = \left(\frac{w_2}{w_1}\right)^2 \cdot L_1 = \left(\frac{150}{250}\right)^2 \cdot 196\,mH = 70{,}6\,mH$$

$$M = M_{12} = k_1 \cdot \frac{w_1 \cdot w_2}{R_m} = \frac{w_1 \cdot w_2}{R_m} = \frac{w_2}{w_1} \cdot L_1 = \frac{150}{250} \cdot 196\,mH = 118\,mH = M_{21}$$

mit $k_1 = k_2 = 1$

Kontrolle: $M = k \cdot \sqrt{L_1 \cdot L_2} = \sqrt{L_1 \cdot L_2} = \sqrt{196\,mH \cdot 70{,}6\,mH} = 118\,mH$

mit k=1   (7P)

Zu 3.2 Bd.1, S. 333, Bilder 3.205 und 3.206, Gl. 3.354 oder FS S.80

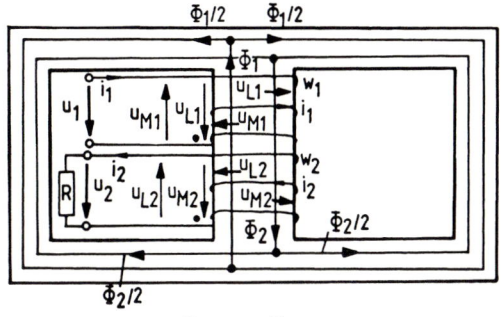

$$u_1 = R_1 \cdot i_1 + L_1 \cdot \frac{di_1}{dt} - M \cdot \frac{di_2}{dt} = u_{R1} + u_{L1} - u_{M1}$$

$$u_2 = -R_2 \cdot i_2 - L_2 \cdot \frac{di_2}{dt} + M \cdot \frac{di_1}{dt} = -u_{R2} - u_{L2} + u_{M2}$$

$$u_2 = R \cdot i_2 \qquad (12P)$$

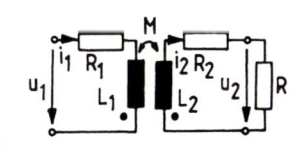

Zu 3.3 Mit $R_1=0$, $R_2=0$, $i_2=0$ und $\frac{di_2}{dt} = 0$

vereinfachen sich die Transformator-Gleichungen:

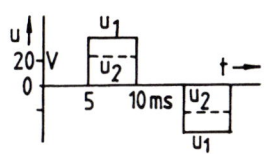

$$u_1 = L_1 \cdot \frac{di_1}{dt}, \quad |u_1| = L_1 \cdot \left|\frac{di_1}{dt}\right| = 196 \cdot 10^{-3}\,\frac{Vs}{A} \cdot \frac{1A}{5 \cdot 10^{-3}\,s} = 39{,}2\,V$$

$$u_2 = M \cdot \frac{di_1}{dt}, \quad |u_2| = M \cdot \left|\frac{di_1}{dt}\right| = 118 \cdot 10^{-3}\,\frac{Vs}{A} \cdot \frac{1A}{5 \cdot 10^{-3}\,s} = 23{,}6\,V \qquad (6P)$$

Lösungen zum Aufgabenblatt 8

Aufgabe 4:

Zu 4.1 Bd. 1, S. 359 oder FS S.83

Berechnung von B_3, wenn die Leiter 1 und 2 stromdurchflossen sind:

$$\vec{B}_3 = \vec{B}_{13} + \vec{B}_{23} \quad \text{mit} \quad B_3 = B_{13} + B_{23} = \frac{\mu_0 \cdot I_1}{2 \cdot \pi \cdot 2 \cdot a} + \frac{\mu_0 \cdot I_2}{2 \cdot \pi \cdot a}$$

$$B_3 = \frac{1,256 \cdot 10^{-6} \frac{Vs}{Am} \cdot 2A}{2 \cdot \pi \cdot 2m} + \frac{1,256 \cdot 10^{-6} \frac{Vs}{Am} \cdot 1A}{2 \cdot \pi \cdot 1m}$$

$$B_3 = 0,2\mu T + 0,2\mu T = 0,4\mu T \quad \text{(5P)}$$

Berechnung von B_2, wenn die Leiter 1 und 3 stromdurchflossen sind:

$$\vec{B}_2 = \vec{B}_{12} + \vec{B}_{32} \quad \text{mit} \quad B_2 = B_{12} + B_{32} = \frac{\mu_0 \cdot I_1}{2 \cdot \pi \cdot a} + \frac{\mu_0 \cdot I_3}{2 \cdot \pi \cdot a}$$

$$B_2 = \frac{1,256 \cdot 10^{-6} \frac{Vs}{Am} \cdot 2A}{2 \cdot \pi \cdot 1m} + \frac{1,256 \cdot 10^{-6} \frac{Vs}{Am} \cdot 4A}{2 \cdot \pi \cdot 1m}$$

$$B_2 = 0,4\mu T + 0,8\mu T = 1,2\mu T \quad \text{(5P)}$$

Berechnung von B_1, wenn die Leiter 2 und 3 stromdurchflossen sind:

$$\vec{B}_1 = \vec{B}_{31} + \vec{B}_{21} \quad \text{mit} \quad B_1 = B_{31} - B_{21} = \frac{\mu_0 \cdot I_3}{2 \cdot \pi \cdot 2 \cdot a} - \frac{\mu_0 \cdot I_2}{2 \cdot \pi \cdot a}$$

$$B_1 = \frac{1,256 \cdot 10^{-6} \frac{Vs}{Am} \cdot 4A}{2 \cdot \pi \cdot 2m} - \frac{1,256 \cdot 10^{-6} \frac{Vs}{Am} \cdot 1A}{2 \cdot \pi \cdot 1m}$$

$$B_1 = 0,4\mu T - 0,2\mu T = 0,2\mu T \quad \text{(5P)}$$

Zu 4.2 Bd.1, S.359 oder FS S.83

$$\frac{F_3}{l} = B_3 \cdot I_3 = 0,4 \cdot 10^{-6} \frac{Vs}{m^2} \cdot 4A = 1,6 \frac{\mu N}{m}$$

$$\frac{F_2}{l} = B_2 \cdot I_2 = 1,2 \cdot 10^{-6} \frac{Vs}{m^2} \cdot 1A = 1,2 \frac{\mu N}{m}$$

$$\frac{F_1}{l} = B_1 \cdot I_1 = 0,2 \cdot 10^{-6} \frac{Vs}{m^2} \cdot 2A = 0,4 \frac{\mu N}{m} \quad \text{(10P)}$$

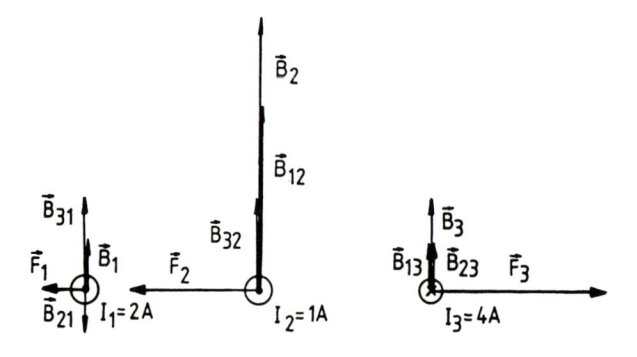

Lösungen zum Aufgabenblatt 9

Aufgabe 1:

Zu 1.1 Nach Bd.1, S.323, Beispiel 3 in Analogie zum magnetischen Feld:
Parallelschaltung von 3/4-Ringen mit dem elektrischen Leitwert dG

$$G = \int_i^a dG$$

$$dG = \frac{1}{\rho} \cdot \frac{dA}{l} = \frac{1}{\rho} \cdot \frac{h \cdot dr}{\frac{3}{2} \cdot r \cdot \pi} = \frac{2 \cdot h \cdot dr}{3 \cdot \rho \cdot \pi \cdot r}$$

mit $dA = h \cdot dr$ und $l = \frac{3}{4} \cdot 2 \cdot r \cdot \pi = \frac{3}{2} \cdot r \cdot \pi$

$$G = \frac{2 \cdot h}{3 \cdot \rho \cdot \pi} \cdot \int_{r_i}^{r_a} \frac{dr}{r} = \frac{2 \cdot h}{3 \cdot \rho \cdot \pi} \cdot \ln \frac{r_a}{r_i} \quad \text{bzw.} \quad R = \frac{1}{G} = \frac{3 \cdot \rho \cdot \pi}{2 \cdot h} \cdot \frac{1}{\ln \frac{r_a}{r_i}} \quad \text{(10P)}$$

$$R = \frac{3 \cdot 65 \frac{\Omega \cdot mm^2}{m} \cdot \pi}{2 \cdot 0{,}755 \cdot 10^{-3} mm} \cdot \frac{1}{\ln \frac{6mm}{4mm}} = \frac{3 \cdot 65 \cdot 10^{-3} m}{2 \cdot 0{,}755 \cdot 10^{-3} m} \cdot \frac{1}{\ln 1{,}5} \Omega$$

$R_{exakt} = 1000{,}5851 \Omega$, d.s. $1 k\Omega$ \hfill (2P)

Zu 1.2 Bd.1, S.16, Gl.1.22 oder FS S.2

$$R = \rho \cdot \frac{l}{A} \quad \text{mit} \quad l = \frac{3}{4} \cdot 2 \cdot r_m \cdot \pi = \frac{3}{4} \cdot 2 \cdot \frac{r_a + r_i}{2} \cdot \pi = \frac{3 \cdot (r_a + r_i) \cdot \pi}{4} \quad \text{und} \quad A = (r_a - r_i) \cdot h$$

$$R = \frac{3 \cdot \rho \cdot \pi}{2 \cdot h} \cdot \frac{r_a + r_i}{2 \cdot (r_a - r_i)} \quad \text{(8P)}$$

$$R = \frac{3 \cdot 65 \frac{\Omega \cdot mm^2}{m} \cdot \pi}{2 \cdot 0{,}755 \cdot 10^{-3} mm} \cdot \frac{(6+4)mm}{2 \cdot (6-4)mm} = \frac{3 \cdot 65 \cdot 10^{-3} m \cdot 10}{2 \cdot 0{,}755 \cdot 10^{-3} m \cdot 4} \Omega$$

$R_{angenähert} = 1014{,}2559 \Omega$, d.s. $1{,}014 \Omega$ \hfill (2P)

Zu 1.3 $R_{exakt} \stackrel{\wedge}{=} 100\%$

$$R_{angenähert} \stackrel{\wedge}{=} 100\% \cdot \frac{R_{angenähert}}{R_{exakt}} = 100\% \cdot \frac{\frac{3 \cdot \rho \cdot \pi}{2 \cdot h} \cdot \frac{r_a + r_i}{2 \cdot (r_a - r_i)}}{\frac{3 \cdot \rho \cdot \pi}{2 \cdot h} \cdot \frac{1}{\ln \frac{r_a}{r_i}}} = 100\% \cdot \frac{r_a + r_i}{2 \cdot (r_a - r_i)} \cdot \ln \frac{r_a}{r_i}$$

Die Formel für die Abweichung lautet: $100\% \cdot \frac{r_a + r_i}{2 \cdot (r_a - r_i)} \cdot \ln \frac{r_a}{r_i} - 100\%$ \hfill (2P)

und die Abweichung beträgt: $100\% \cdot \frac{10mm}{4mm} \cdot \ln 1{,}5 - 100\% = 1{,}36628\%$.

Der angenähert berechnete Widerstand ist um 1,4% größer als der exakt berechnete.
\hfill (1P)

Lösungen zum Aufgabenblatt 9

Aufgabe 2:
Zu 2.1 Bd.1, S.250 Aufgabenstellung 1, S.255-256, Beispiel 2 oder FS S.55-56 Beispiel 2

$$\Theta = H_L \cdot l_L + H_{Fe} \cdot l_{Fe}$$

$$H_L = \frac{B_L}{\mu_o} = \frac{1 \frac{V}{m^2}}{1,256 \cdot 10^{-6} \frac{Vs}{Am}} = 796,2 \cdot 10^3 \frac{A}{m}$$

$$B_{Fe} = B_L \cdot \frac{\frac{A_L}{A_K}}{\frac{A_{Fe}}{A_K}} \cdot \frac{1}{1-\sigma} = B_L \cdot \frac{1}{f_{Fe}} \cdot \frac{1}{1-\sigma} = 1T \cdot \frac{1}{0,85} \cdot \frac{1}{0,9} = 1,31T$$

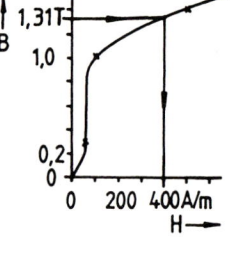

abgelesen: $H_{Fe} = 400 \frac{A}{m}$ Bd.1, S.256, Gl 3.218 oder FS S.56

$$l_{Fe} = 2a - 2c + b - c - \frac{f}{2} - l_L = (110 - 17 + 55 - 8,5 - 8,5 - 1)mm = 130mm$$

$$\Theta = 796,2 \cdot 10^3 \frac{A}{m} \cdot 1 \cdot 10^{-3} m + 400 \frac{A}{m} \cdot 130 \cdot 10^{-3} m = 796,2A + 52,0A = 848,2A$$

$$\Theta = I \cdot w = 848A \qquad I = \frac{\Theta}{w} = \frac{848A}{1000} = 848mA \tag{9P}$$

Stromdichteberechnung:

Fensterfläche: $A_F = (e - l_L) \cdot g = (38 - 1)mm \cdot 10,5mm = 388,5mm^2$

Quadratfläche: $\frac{A_F}{w} = \frac{388,5mm^2}{1000} = 0,3885mm^2$

Kreisfläche: $\frac{Quadratfläche}{Kreisfläche} = \frac{d^2}{\frac{d^2 \cdot \pi}{4}} = \frac{4}{\pi} = 1,27$

Drahtfläche: $A = \frac{0,3885mm^2}{1,27} = 0,306mm^2$, abgerundet wegen der Isolation auf 0,3mm²

Stromdichte: $S = \frac{I}{A} = \frac{0,848A}{0,3mm^2} = 2,83 \frac{A}{mm^2} > 2\frac{A}{mm^2}$ nicht zulässig   (6P)

Zu 2.2 $H_L = 796,2 \cdot 10^3 \frac{A}{m}$ $H_{Fe} = 400 \frac{A}{m}$ $l_{Fe} = (130 - 20 + 65 - 10 - 10 - 1)mm = 154mm$

$$\Theta = 796,2 \cdot 10^3 \frac{A}{m} \cdot 1 \cdot 10^{-3}m + 400 \frac{A}{m} \cdot 154 \cdot 10^{-3}m = 796,2A + 61,6A = 857,8A$$

$$I = \frac{\Theta}{w} = \frac{858A}{1000} = 858mA \tag{6P}$$

$A_F = (e - l_L) \cdot g = 44mm \cdot 12,5mm = 550mm^2$ $\frac{A_F}{w} = \frac{550mm^2}{1000} = 0,550mm^2$

$A = \frac{0,550mm^2}{1,27} = 0,433mm^2$ $S = \frac{I}{A} = \frac{0,858A}{0,43mm^2} = 1,995 \frac{A}{mm^2} \approx 2 \frac{A}{mm^2}$ (4P)

abgerundet auf 0,43mm²   zulässig, d.h. an der Grenze der thermischen Belastung

3 Das elektromagnetische Feld

Lösungen zum Aufgabenblatt 9

Aufgabe 3:
Zu 3.1 Bd.1, S.322, Beispiel 2 und S.338, Gl.3.369 oder FS S.71, 74 und 80

$$\text{Mit} \quad R_m = \frac{6 \cdot 1}{\mu_0 \cdot \mu_r \cdot A} = \frac{6 \cdot 5 \cdot 10^{-2} \, m}{1{,}256 \cdot 10^{-6} \, \frac{Vs}{Am} \cdot 1500 \cdot 1{,}2 \cdot 10^{-4} \, m^2} = 1{,}327 \cdot 10^6 \, \frac{A}{Vs}$$

ergeben sich

$$L_1 = \frac{w_1^2}{R_m} = \frac{400^2}{1{,}327 \cdot 10^6 \, \frac{A}{Vs}} = 120{,}6 \, mH \tag{2P}$$

$$L_2 = \frac{w_2^2}{R_m} = \frac{200^2}{1{,}327 \cdot 10^6 \, \frac{A}{Vs}} = 30{,}1 \, mH \tag{2P}$$

$$M = k \cdot \sqrt{L_1 \cdot L_2} = 0{,}8 \cdot \sqrt{120{,}6 \, mH \cdot 30{,}1 \, mH} = 48{,}2 \, mH \tag{2P}$$

Zu 3.2 Bd.1, S. 333, Bilder 3.205 und 3.207, Gl.3.354 und 3.356 oder FS S.80

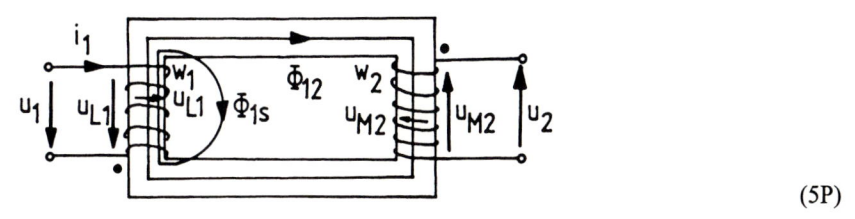

(5P)

$$u_1 = R_1 \cdot i_1 + L_1 \cdot \frac{di_1}{dt} - M \cdot \frac{di_2}{dt} = u_{R1} + u_{L1} - u_{M1} \qquad u_1 = u_{L1} = L_1 \cdot \frac{di_1}{dt} \quad (3P)$$

$$u_2 = -R_2 \cdot i_2 - L_2 \cdot \frac{di_2}{dt} + M \cdot \frac{di_1}{dt} = -u_{R2} - u_{L2} + u_{M2} \qquad u_2 = u_{M2} = M \cdot \frac{di_1}{dt} \quad (3P)$$

Zu 3.3

t	u_1		u_2	
0...1s	$u_1 = 0$		$u_2 = 0$	
1...2s	$u_1 = \dfrac{120{,}6 \cdot 10^{-3} \cdot Vs}{A} \cdot \dfrac{0{,}2A}{1s} = 24 \, mV$		$u_2 = \dfrac{48{,}2 \cdot 10^{-3} \cdot Vs}{A} \cdot \dfrac{0{,}2A}{1s} = 9{,}64 \, mV$	
2...3s	$u_1 = 0$		$u_2 = 0$	
3...4s	$u_1 = -\dfrac{120{,}6 \cdot 10^{-3} \cdot Vs}{A} \cdot \dfrac{0{,}1A}{1s} = -12 \, mV$		$u_2 = -\dfrac{48{,}2 \cdot 10^{-3} \cdot Vs}{A} \cdot \dfrac{0{,}1A}{1s} = -4{,}82 \, mV$	
4...5s	$u_1 = 0$		$u_2 = 0$	

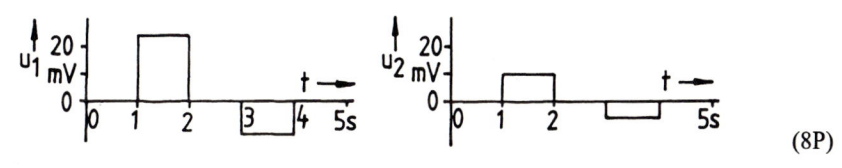

(8P)

Lösungen zum Aufgabenblatt 9

Aufgabe 4:
Zu 4.1 Bd.1, S.307, Bild 3.164, S. 271 Aufgabenstellung 2 oder FS S.70, Beispiel 2, S.57-59

$$B_0 = \frac{\mu_0 \cdot \Theta}{l_L} = \frac{1{,}256 \cdot 10^{-6} \frac{Vs}{Am} \cdot 2A \cdot 200}{0{,}5 \cdot 10^{-3} m} = 1{,}0T \qquad H_0 = \frac{\Theta}{l_{Fe}} = \frac{2A \cdot 200}{8 \cdot 10^{-2} m \cdot \pi} = 1592 \frac{A}{m}$$

mit $\quad l_{Fe} = 2 \cdot \frac{r_a + r_i}{2} \cdot \pi = (r_a + r_i) \cdot \pi = 8cm \cdot \pi = 25{,}1cm$

Im Schnittpunkt wird abgelesen: $B_L = B_{Fe} = 0{,}95T$ \hfill (8P)

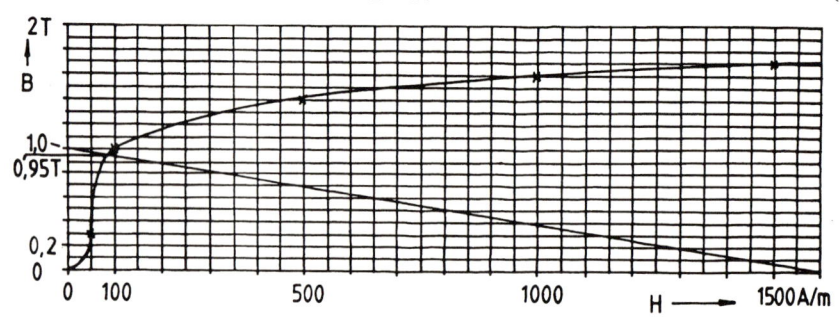

Zu 4.2 Energie im Luftspalt mit $\mu = \mu_0$ \quad (Bd.1, S.347, Gl.3.387 oder FS S.82: linearer Verlauf)

$$W_{mL} = w'_{mL} \cdot V_L \quad \text{mit} \quad w'_{mL} = \frac{B_L^2}{2 \cdot \mu_0} \quad \text{und} \quad V_L = A_L \cdot l_L = (r_a - r_i) \cdot h \cdot l_L$$

$$W_{mL} = \frac{B_L^2 \cdot (r_a - r_i) \cdot h \cdot l_L}{2 \cdot \mu_0}$$

$$W_{mL} = \frac{\left(0{,}95 \frac{Vs}{m^2}\right)^2 \cdot (5-3) \cdot 10^{-2} m \cdot 2 \cdot 10^{-2} m \cdot 0{,}5 \cdot 10^{-3} m}{2 \cdot 1{,}256 \cdot 10^{-6} \frac{Vs}{Am}} = 71{,}85 mWs$$

\hfill (8P)

Zu 4.3 Energie im Eisen \quad (Bd.1, S. 347 oder FS S.82: nichtlinearer eindeutiger Verlauf)

$W_{mFe} = w'_{mFe} \cdot V_{Fe}$

Energiedichte: Zwischen der Magnetisierungskurve und der B-Achse befinden sich ungefähr zehn Flächeneinheiten. $\quad 1\text{Flächeneinheit} \hat{=} 0{,}1 \frac{Vs}{m^2} \cdot 50 \frac{A}{m} = 5 \frac{Ws}{m^3}$,

die Energiedichte beträgt $\qquad w'_{mFe} = 10 \cdot 5 \frac{Ws}{m^3} = 50 \frac{Ws}{m^3}$

$V_{Fe} = A_{Fe} \cdot l_{Fe} = (r_a - r_i) \cdot h \cdot (r_a + r_i) \cdot \pi = (5-3)cm \cdot 2cm \cdot (5+3)cm \cdot \pi = 100{,}5 \cdot 10^{-6} m^3$

$W_{mFe} = 50 \frac{Ws}{m^3} \cdot 100{,}5 \cdot 10^{-6} m^3 = 5{,}03 mWs$ \hfill (8P)

Die Gesamtenergie des magnetischen Kreises ist gleich der Summe der Energie im Luftspalt und der Energie im Eisen:

$W = W_{mL} + W_{mFe} = 71{,}85 mWs + 5{,}03 mWs = 76{,}88 mWs \qquad \text{d.s. } 77 mW$ \hfill (1P)

Lösungen zum Aufgabenblatt 10

Aufgabe 1:

Zu 1.1 Nach Bd.1, S.190, Gl. 3.7 oder FS S.39

$$U_1 = \frac{Q}{2\pi\varepsilon h} \cdot \ln\frac{r_x}{r_i} = \frac{Q}{2\pi\varepsilon h} \cdot \ln\frac{\frac{r_a+r_i}{2}}{r_i} = \frac{Q}{2\pi\varepsilon h} \cdot \ln\frac{r_a+r_i}{2 \cdot r_i}$$

mit $r_x = r_i + \dfrac{r_a - r_i}{2} = \dfrac{2r_i + r_a - r_i}{2} = \dfrac{r_a + r_i}{2}$

Aus $U = \dfrac{Q}{2\pi\varepsilon h} \cdot \ln\dfrac{r_a}{r_i}$ folgt $\dfrac{Q}{2\pi\varepsilon h} = \dfrac{U}{\ln\dfrac{r_a}{r_i}}$

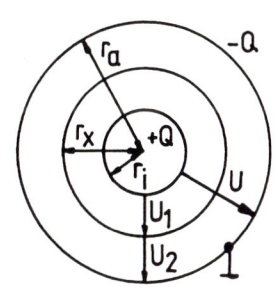

eingesetzt, ergibt sich

$$U_1 = \frac{\ln\dfrac{r_a + r_i}{2 \cdot r_i}}{\ln\dfrac{r_a}{r_i}} \cdot U \tag{13P}$$

Zu 1.2 $U_1 = \dfrac{\ln\dfrac{(6+2)\text{cm}}{2 \cdot 2\text{cm}}}{\ln\dfrac{6\text{cm}}{2\text{cm}}} \cdot U = \dfrac{\ln 2}{\ln 3} \cdot 10\text{kV}$

$U_1 = 6{,}3\text{kV}$ \hfill (5P)

Zu 1.3 $U_2 = \dfrac{Q}{2\pi\varepsilon h} \cdot \ln\dfrac{r_a}{r_x} = \dfrac{Q}{2\pi\varepsilon h} \cdot \ln\dfrac{r_a}{\frac{r_a+r_i}{2}} = \dfrac{Q}{2\pi\varepsilon h} \cdot \ln\dfrac{2 \cdot r_a}{r_a + r_i}$

Aus $U = \dfrac{Q}{2\pi\varepsilon h} \cdot \ln\dfrac{r_a}{r_i}$ folgt $\dfrac{Q}{2\pi\varepsilon h} = \dfrac{U}{\ln\dfrac{r_a}{r_i}}$

$$U_2 = \frac{\ln\dfrac{2 \cdot r_a}{r_a + r_i}}{\ln\dfrac{r_a}{r_i}} \cdot U \tag{5P}$$

$U_2 = \dfrac{\ln\dfrac{2 \cdot 6\text{cm}}{(6+2)\text{cm}}}{\ln\dfrac{6\text{cm}}{2\text{cm}}} \cdot U = \dfrac{\ln 1{,}5}{\ln 3} \cdot 10\text{kV}$

$U_2 = 3{,}6\text{kV}$

Kontrolle: $U = U_1 + U_2 = 6{,}3\text{kV} + 3{,}6\text{kV} = 10\text{kV}$ \hfill (2P)

Lösungen zum Aufgabenblatt 10

Aufgabe 2:

Zu 2.1 Bd.1, S.250 Aufgabenstellung 1, S.268, Beispiel oder FS S.55 und 58 Beispiel

$$\Theta = H_L \cdot l_L + H_{Fe} \cdot l_{Fe}$$

$$H_L = \frac{B_L}{\mu_o} = \frac{1{,}2\frac{V}{m^2}}{1{,}256 \cdot 10^{-6}\frac{Vs}{Am}} = 955{,}4 \cdot 10^3 \frac{A}{m}$$

$$B_{Fe} = B_L \cdot \frac{\frac{A_L}{A_K}}{\frac{A_{Fe}}{A_K}} = B_L \cdot \frac{1}{f_{Fe}}$$

$$B_{Fe} = 1{,}2T \cdot \frac{1}{0{,}95} = 1{,}26T$$

abgelesen: $H_{Fe} = 700\frac{A}{m}$

$$l_{Fe} = l_U + l_I = 4 \cdot a = 156 mm$$

$$\Theta = 955{,}4 \cdot 10^3 \frac{A}{m} \cdot 2 \cdot 10^{-3} m + 700\frac{A}{m} \cdot 156 \cdot 10^{-3} m$$

$$\Theta = 1911A + 109A = 2020A \tag{10P}$$

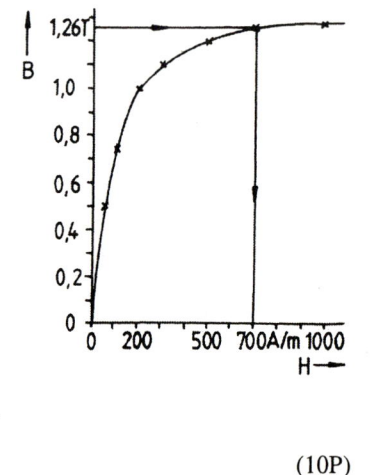

Zu 2.2 Nach der Rechte-Hand-Regel (Daumen der rechten Hand in Richtung des Stroms halten, dann zeigen die gekrümmten Finger in Richtung des magnetischen Flusses) sind die beiden Halbspulen so in Reihe zu schalten, dass sich die Flüsse der stromdurchflossenen Halbspulen nicht aufheben, sondern überlagern. (4P)

$$I = \frac{\Theta}{w} = \frac{2020A}{1000} = 2{,}02A \tag{3P}$$

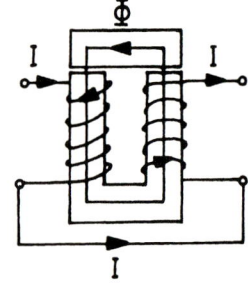

Zu 2.3 $\Phi = B_{Fe} \cdot A_{Fe}$

$$A_{Fe} = d \cdot c \cdot f_{Fe} = 20 \cdot 10^{-3} m \cdot 13 \cdot 10^{-3} m \cdot 0{,}95$$

$$A_{Fe} = 247 \cdot 10^{-6} m^2$$

$$\Phi = 1{,}26\frac{Vs}{m^2} \cdot 247 \cdot 10^{-6} m^2 = 311 \cdot 10^{-6} Vs$$

$$\Phi = 311 \mu Vs \tag{4P}$$

$$L = \frac{w \cdot \Phi}{I} = \frac{1000 \cdot 311 \cdot 10^{-6} Vs}{2{,}02A}$$

$$L = 154 mH \tag{4P}$$

Lösungen zum Aufgabenblatt 10

Aufgabe 3:
Zu 3.1   Bd.1, S. 280-282, Gl. 3.254-3.256 oder FS S. 61

$$B_M = -\frac{\mu_0}{N} \cdot H_M \quad \text{mit} \quad N = \frac{l_L}{l_M} \cdot \frac{A_M}{A_L} = \frac{l_L}{l_M} \quad \text{wegen} \quad A_L = A_M$$

$$B_M = -\frac{\mu_0 \cdot l_M}{l_L} \cdot H_M$$

$$B_M = -\frac{1{,}256 \cdot 10^{-6} \frac{Vs}{Am} \cdot l_M}{2 \cdot 10^{-3} m} \cdot H_M$$

$$B_M = m \cdot H_M \quad \text{für} \quad H_M = -40 \cdot 10^3 \frac{A}{m} \quad \text{ergibt sich}$$

$$B_{M40} = m \cdot \left(-40 \cdot 10^3 \frac{A}{m}\right)$$

abgelesen in den Schnittpunkten: $B_M = B_L$

l_M	cm	0	1	2	3	4	5
m	$10^{-6} \frac{Vs}{Am}$	0	-6,28	-12,56	-18,84	-25,12	-31,4
B_{M40}	T	0	0,251	0,502	0,754	1,005	1,256
$B_M = B_L$	T	0	0,250	0,455	0,590	0,690	0,755
V_M	cm³	0	1	2	3	4	5

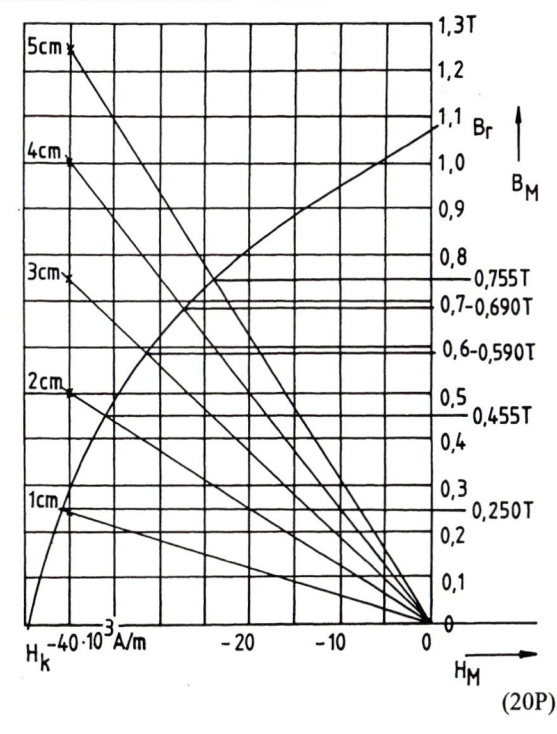

Zu 3.2

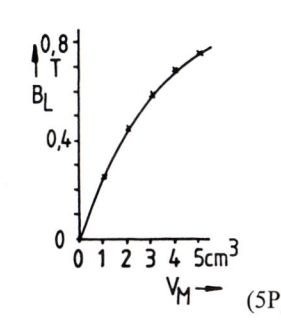

(5P)   (20P)

Lösungen zum Aufgabenblatt 10

Aufgabe 4:
Zu 4.1 Bd. 1, S.319-322 oder FS S.73-74

Ersatzschaltbild:

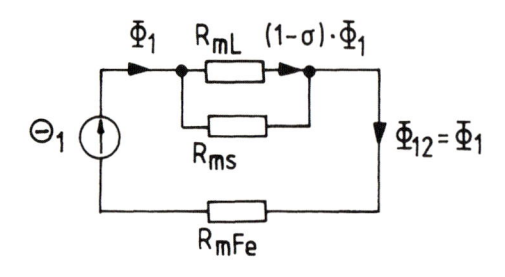

$$M_{12} = \frac{\Psi_{12}}{I_1} = \frac{w_2 \cdot \Phi_{12}}{I_1} = \frac{w_2 \cdot \Phi_1}{I_1}$$

aus $\Theta_1 = R_{mFe} \cdot \Phi_1 + R_{mL} \cdot (1-\sigma) \cdot \Phi_1 = \left[R_{mFe} + R_{mL} \cdot (1-\sigma)\right] \cdot \Phi_1$

$$\Phi_1 = \frac{\Theta_1}{R_{mFe} + R_{mL} \cdot (1-\sigma)} = \frac{I_1 \cdot w_1}{R_{mFe} + R_{mL} \cdot (1-\sigma)}$$

$$M_{12} = \frac{w_2}{I_1} \cdot \frac{I_1 \cdot w_1}{R_{mFe} + R_{mL} \cdot (1-\sigma)}$$

$$M_{12} = \frac{w_1 \cdot w_2}{R_{mFe} + R_{mL} \cdot (1-\sigma)}$$

mit $R_{mFe} = \dfrac{l_{Fe}}{\mu_0 \cdot \mu_r \cdot A}$

und $R_{mL} = \dfrac{l_L}{\mu_0 \cdot A}$

$$M_{12} = \frac{w_1 \cdot w_2}{\dfrac{l_{Fe}}{\mu_0 \cdot \mu_r \cdot A} + \dfrac{l_L}{\mu_0 \cdot A} \cdot (1-\sigma)}$$

$$M_{12} = \frac{w_1 \cdot w_2 \cdot \mu_0 \cdot \mu_r \cdot A}{l_{Fe} + (1-\sigma) \cdot l_L \cdot \mu_r} = M_{21} = M \tag{18P}$$

Zu 4.2 Die Gegeninduktivitäten sind gleich, weil die Permeabilität konstant ist (siehe Bd. 1, S. 320, Gl. 3.340 oder FS S.73).
Außerdem ist der magnetische Kreis symmetrisch aufgebaut. (2P)

Zu 4.3 $M = \dfrac{400 \cdot 1000 \cdot 1{,}256 \cdot 10^{-6} \dfrac{Vs}{Am} \cdot 2000 \cdot 9 \cdot 10^{-4} m^2}{20 \cdot 10^{-2} m + (1-0{,}1) \cdot 1 \cdot 10^{-3} m \cdot 2000}$

$M = 452 mH$ (5P)

Aufgabenblätter

Abschnitt 3:

4 Wechselstromtechnik
5 Ortskurven
6 Transformator
7 Mehrphasensysteme

4 Wechselstromtechnik   5 Ortskurven   6 Transformator   7 Mehrphasensysteme

Aufgabenblatt 1

Aufgabe 1:
In der gezeichneten Schaltung soll die Ausgangsspannung u_2 gegenüber der sinusförmigen Eingangsspannung u_1 um 90° nacheilen.

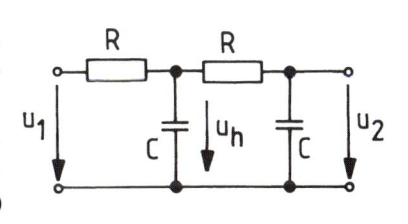

1.1 Ermitteln Sie das Spannungsverhältnis $\underline{U}_2/\underline{U}_1$. Die Hilfsspannung $\underline{U}_h$ soll die Lösung erleichtern. (15P)
1.2 Bei welcher Frequenz ω ist die obige Bedingung erfüllt? (5P)
1.3 Wie groß ist dann das Spannungsverhältnis U_2/U_1? (5P)

Aufgabe 2:

2.1 Die Ortskurve des komplexen Leitwerts der gezeichneten Schaltung bei Variation des ohmschen Widerstandes R_1 ist zu entwickeln, wenn $R_{10}=4\Omega$, $1/\omega C=4\Omega$ und $R_2=10\Omega$ betragen. Tragen Sie die Ortskurvenpunkte p=0, 1/2, 1, 2 und ∞ ein (Empfohlener Maßstab: $1\Omega \hat{=} 1\text{cm}$, $100\text{mS} \hat{=} 2\text{cm}$). (15P) 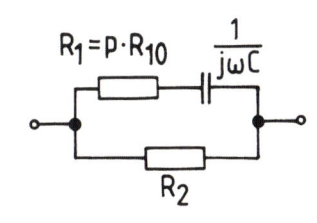
2.2 Wird an die Schaltung eine Wechselspannung angelegt, dann stellt sich ein voreilender Wechselstrom ein. Ermitteln Sie mit Hilfe der konstruierten Ortskurve den Widerstand R_1, damit der Strom um 45° der Spannung voreilt. Kontrollieren Sie das Ergebnis, indem Sie den komplexen Leitwert berechnen und mit dem abgelesenen Wert vergleichen. (10P)

Aufgabe 3:
Der Widerstand R soll mit Hilfe der Induktivität L und der Kapazität C an den Widerstand der Energiequelle angepasst werden.

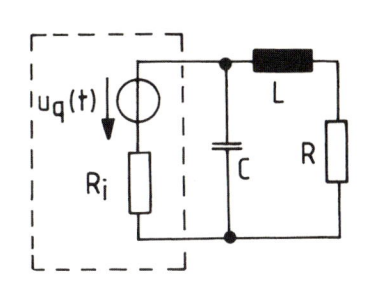

3.1 Entwickeln Sie zunächst die Bedingung für die Anpassung von aktivem und passivem Zweipol. (8P)
3.2 Berechnen Sie die Werte für L und C für den Fall, dass der Widerstand R=10Ω einschließlich der Schaltelemente L und C an die Energiequelle mit dem Innenwiderstand $R_i=100\Omega$ bei einer Frequenz f=100Hz angepasst ist. (12P)
3.3 Kontrollieren Sie die Ergebnisse für L und C, indem Sie den Ersatzleitwert $\underline{Y}_a$ des passiven Zweipols berechnen. (5P)

Aufgabe 4:
Ein mit dem ohmschen Widerstand R belasteter Übertrager mit $R_1=15\Omega$, $R_2=45\Omega$, $L_1=20\text{mH}$, $L_2=45\text{mH}$, $\sigma=0{,}75$ und $R=405\Omega$ wird bei einer Frequenz $\omega=10.000\text{s}^{-1}$ betrieben.

4.1 Berechnen Sie die ohmschen und induktiven Widerstände der Ersatzschaltung des Übertragers, bei der die Längsinduktivität $L_1-M'=0$ ist. (16P)
4.2 Berechnen Sie anschließend die Ersatzbauelemente des Übertragers, wenn dieser als passiver Zweipol aufgefasst wird. (9P)

4 Wechselstromtechnik 5 Ortskurven 6 Transformator 7 Mehrphasensysteme

Aufgabenblatt 2

Aufgabe 1:
Die beiden Rechenverfahren der Wechselstromtechnik sollen für das gezeichnete Schaltbild angewendet werden: 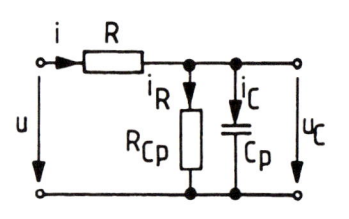
1.1 Entwickeln Sie die Differentialgleichung für die Spannung u_C, wenn $u = \hat{u} \cdot \sin(\omega t + \varphi_u)$ ist. (5P)
1.2 Bilden Sie die Differentialgleichung ins Komplexe ab und lösen Sie die Bildgleichung. (5P)
1.3 Kontrollieren Sie die Lösung der Bildgleichung mit Hilfe der Schaltung mit komplexen Operatoren. (5P)
1.4 Transformieren Sie die Lösung der Bildgleichung in den Zeitbereich. (5P)
1.5 Stellen Sie u_C und u in Abhängigkeit von ωt in einem Diagramm dar. (5P)

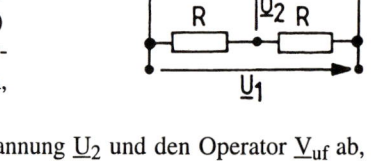

Aufgabe 2: 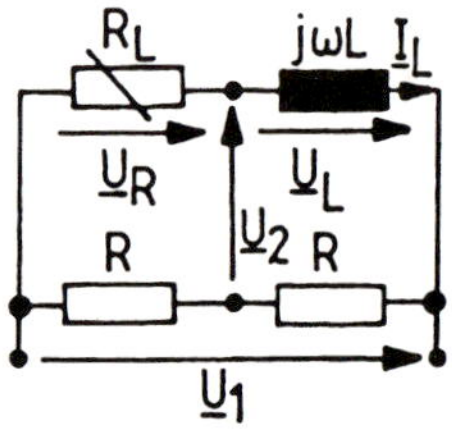
2.1 Entwickeln Sie qualitativ das Zeigerbild der gezeichneten Wechselstrombrücke, in dem der Strom $\underline{I}_L$ und sämtliche Spannungen enthalten sind. Geben Sie die Reihenfolge der Zeigerdarstellung und die Gleichungen für die komplexen Effektivwerte an. (13P)
2.2 Konstruieren Sie die beiden quantitativen Zeigerbilder für $R_L=100\Omega$ und $R_L=0\Omega$, wenn $I_L=0,1A$, $R=150\Omega$, $L=5,11mH$ und $f=1,5kHz$ betragen.
Lesen Sie aus beiden Zeigerbildern jeweils die Spannung $\underline{U}_2$ und den Operator $\underline{V}_{uf}$ ab, mit dem $\underline{U}_1$ in $\underline{U}_2$ überführt wird: $\underline{U}_2 = \underline{V}_{uf} \cdot \underline{U}_1$ (Empfohlener Maßstab: $0,1A \triangleq 2cm$, $1V \triangleq 1cm$). (12P)

Aufgabe 3: 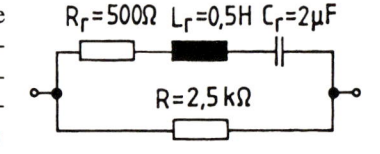
3.1 Entwickeln Sie für die gezeichnete Schaltung die Ortskurve des komplexen Leitwerts $\underline{Y}$ in Abhängigkeit von der Kreisfrequenz ω, wobei Sie die Ortskurvenpunkte für $p=1/2$, 1 und 2 angeben (Empfohlener Maßstab: $100\Omega \triangleq 1cm$, $1mS \triangleq 5cm$). (18P)
3.2 Ermitteln Sie die Kreisfrequenz ω, bei der der komplexe Leitwert $\underline{Y}=2mS+j \cdot 0,8mS$ beträgt. (7P)

Aufgabe 4:
Ein symmetrischer ohmscher Verbraucher mit $\underline{Z}_1=\underline{Z}_2=\underline{Z}_3=200\Omega$ ist in Sternschaltung an ein Vierleiternetz 220V/380V angeschlossen, wobei der ohmsche Sternpunktleiterwiderstand $\underline{Z}_N=100\Omega$ beträgt.
4.1 Ermitteln Sie die Außenleiterströme in algebraischer und in Exponentialform. (5P)
4.2 Berechnen Sie die Strangspannungen des Verbrauchers, die Außenleiterströme und den Strom durch den Sternpunktleiter jeweils in Exponentialform und in algebraischer Form, wenn sich die Anschlussklemme 3 des Verbrauchers gelöst hat, also $\underline{Z}_3=\infty$ ist. Kontrollieren Sie die Stromsumme rechnerisch. (13P)
4.3 Kontrollieren Sie für den unsymmetrischen Fall die Ergebnisse mittels eines quantitativen Zeigerbildes, in dem die Strangspannungen des Verbrauchers und die Leiterströme enthalten sind (Empfohlener Maßstab: $100V \triangleq 2cm$, $1A \triangleq 5cm$). (7P)

Aufgabenblatt 3

Aufgabe 1:
In der gezeichneten Schaltung soll die sinusförmige Ausgangsspannung u_2 mit der sinusförmigen Eingangsspannung u_1 in Phase sein.

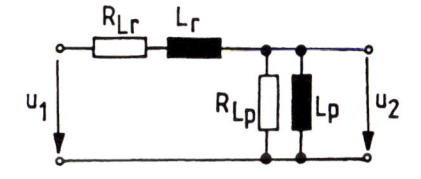

1.1 Entwickeln Sie das Spannungsverhältnis $\underline{U}_2/\underline{U}_1$ in Form eines komplexen Nenneroperators in algebraischer Form. (15P)
1.2 Bei welcher Kreisfrequenz ω ist die obige Bedingung erfüllt? (6P)
1.3 Wie groß ist dann das Spannungsverhältnis U_2/U_1, wenn $R_{Lr}=R_{Lp}$ und $L_r=L_p$ ist? (4P)

Aufgabe 2:
Das Ersatzschaltbild der unbekannten Spule soll die Parallelschaltung von R_{p3} und L_{p3} sein.

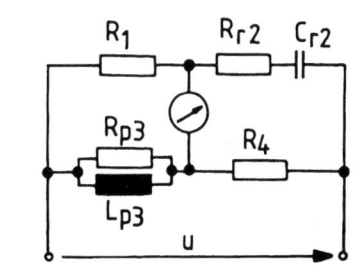

2.1 Ermitteln Sie aus der allgemeinen Abgleichbedingung für Wechselstrombrücken die Formeln für R_{p3} und L_{p3}. (19P)
2.2 Bei einer Frequenz f=50Hz ergeben sich bei Abgleich folgende Werte:
$R_1=144\Omega$, $R_{r2}=284\Omega$, $C_{r2}=10,6\mu F$, $R_4=50\Omega$.
Errechnen Sie R_{p3} und L_{p3}. (6P)

Aufgabe 3:
Für die gezeichnete Schaltung ist die Ortskurve für $\underline{U}_2/\underline{U}_1$ in Abhängigkeit von der Kreisfrequenz ω zu konstruieren.

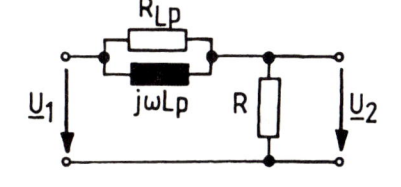

3.1 Leiten Sie zunächst die Ortskurvengleichung allgemein her. Um welche Ortskurve handelt es sich? (10P)
3.2 Vereinfachen Sie die Ortskurvengleichung mit $R=R_{Lp}$ und $\omega_0=R/L_p$, und konstruieren Sie die Ortskurve, wobei Sie die Ortskurvenpunkte für p=0, 1/2, 1, 2 und ∞ angeben (Empfohlener Maßstab: $1\hat{=}10cm$). (12P)
3.3 Kontrollieren Sie die Ortskurvenpunkte für p=0, 1 und ∞ rechnerisch. (3P)

Aufgabe 4: 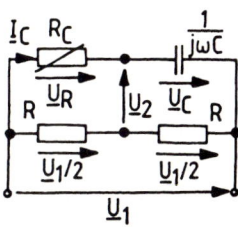
4.1 Entwickeln Sie qualitativ das Zeigerbild der gezeichneten Hausrath-Brücke, in dem der Strom $\underline{I}_C$ und sämtliche Spannungen enthalten sind. Geben Sie die Reihenfolge der Zeigerdarstellung an. (13P)
4.2 Konstruieren Sie die Zeigerbilder für $R_C=100\Omega$ und $R_C=0\Omega$, wenn $I_C=0,1A$, $R=150\Omega$, $C=2,2\mu F$ und f=1,5kHz betragen.
Lesen Sie aus beiden Zeigerbildern jeweils die Spannung $\underline{U}_2$ und den Operator $\underline{V}_{uf}$ ab, mit dem $\underline{U}_1$ in $\underline{U}_2$ überführt wird: $\underline{U}_2=\underline{V}_{uf}\underline{U}_1$ (Empfohlener Maßstab: $0,1A\hat{=}2cm$, $1V\hat{=}1cm$). (12P)

4 Wechselstromtechnik   5 Ortskurven   6 Transformator   7 Mehrphasensysteme

Aufgabenblatt 4

Aufgabe 1:
Für den gezeichneten symmetrischen Vierpol soll das Übertragungsverhalten für sinusförmige Wechselgrößen beschrieben werden.

1.1 Entwickeln Sie zunächst das Spannungsverhältnis $\underline{U}_2/\underline{U}_1$ bei Leerlauf am Ausgang in Form eines komplexen Nenneroperators in algebraischer Form. (9P)

1.2 Entwickeln Sie dann das Stromübersetzungsverhältnis $\underline{I}_2/\underline{I}_1$ bei Kurzschluss am Ausgang, ebenfalls in Form eines komplexen Nenneroperators in algebraischer Form. (9P)

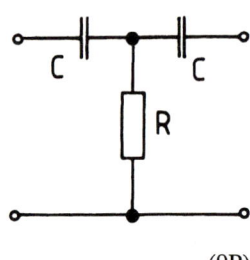

1.3 Berechnen Sie schließlich die Kreisfrequenz ω, bei der der Betrag der Übersetzungsverhältnisse gleich $1/\sqrt{2} = 0,707$ beträgt. (7P)

Aufgabe 2:

2.1 Entwickeln Sie die Formel für den komplexen Widerstand $\underline{Z}$ der gezeichneten Schaltung in algebraischer Form. (10P)

2.2 Berechnen Sie den Wert der Induktivität L_p, damit bei gegebenen Größen $C_r=2\mu F$, $R_p=1k\Omega$ und $\omega=1000s^{-1}$ die Schaltung in Resonanz ist. (10P)

2.3 Kontrollieren Sie das Ergebnis für L_p, indem Sie den komplexen Widerstand $\underline{Z}$ berechnen. (5P)

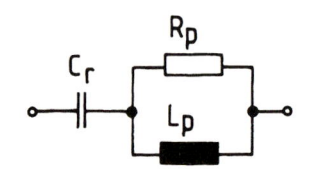

Aufgabe 3:
Der gezeichnete Parallelschwingkreis soll bei der Resonanzfrequenz $f_0=500kHz$ betrieben werden.

3.1 Berechnen Sie die Kapazität C_p, wenn die Induktivität $L_p=563\mu H$ beträgt. (4P)

3.2 Berechnen Sie die Parallelwiderstände R_{Cp}, R_{Lp} und R_p bei gegebenem Verlustfaktor $d_C = 0,6 \cdot 10^{-3}$ und Gütefaktor $g_L=210$. (5P)

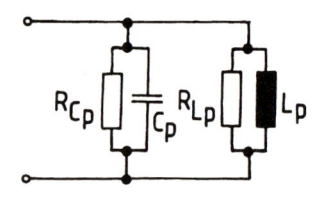

3.3 Berechnen Sie nun den Kennleitwert und die Kreisgüte des Schwingkreises. (6P)

3.4 Entwickeln Sie die Formeln für die obere und untere Grenzfrequenz in Abhängigkeit von der Resonanzfrequenz und der Kreisgüte. (6P)

3.5 Berechnen Sie die Grenzfrequenzen und die Bandbreite mit den Zahlenwerten. (3P)
Kontrollieren Sie das Ergebnis für die Bandbreite mit der berechneten Güte. (1P)

Aufgabe 4:
Für einen Transformator mit zwei Wicklungen mit gleichsinnigem Wickelsinn soll mit Hilfe quantitativer Zeigerbilder untersucht werden, bei welchem der folgenden Belastungsfälle

4.1 ohmsche Belastung $\underline{Z}=R=200\Omega$ (15P)

4.2 Kurzschluss am Ausgang $\underline{Z}=R=0$ (5P)

4.3 Leerlauf am Ausgang $\underline{Z}=R=\infty$ (5P)

der Primärstrom I_1 bei gegebener Eingangsspannung $U_1=100V$, $\omega=10.000s^{-1}$ am größten ist. Gegeben sind die Ersatzschaltbildgrößen des Transformators: $R_1=6\Omega$, $L_1=20mH$, $M=15mH$, $R_2=10\Omega$ und $L_2=45mH$. Nehmen Sie zu Beginn der Zeigerdarstellung jeweils $I_2=0,1A$ bzw. $U_2=20V$ an. (Empfohlener Maßstab: $0,1A \hat{=} 2cm$, $10V \hat{=} 2cm$).

Aufgabenblatt 5

Aufgabe 1:
1.1 Stellen Sie für das gezeichnete Netzwerk das geordnete Gleichungssystem nach der Zweigstromanalyse auf, wobei Sie die vorgegebenen Umläufe beachten. (15P)
1.2 Berechnen Sie den Strom I_3. (10P)

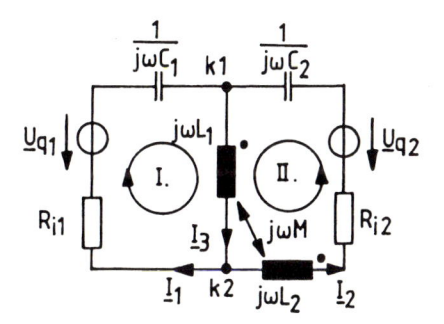

Aufgabe 2:
2.1 Entwickeln Sie für die gezeichnete Wechselstrombrücke die Abgleichbedingung und die Formel für ω. (15P)
Welche Anwendung ergibt sich aus der Abgleichbedingung? (5P)
2.2 Vereinfachen Sie die Ergebnisse mit $R_1=2 \cdot R_2$, $R_{r3}=R_{p4}=R$ und $L_{r3}=L_{p4}=L$. (5P)

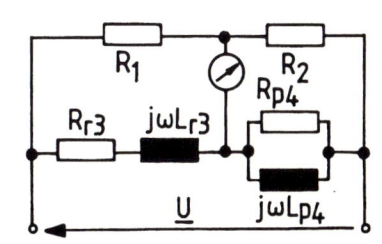

Aufgabe 3:
Für den gezeichneten Parallelschwingkreis mit $R_{Cp}=500\Omega$, $C_p=2\mu F$, $R_{Lr}=100\Omega$ und $L_r=0,1H$ ist die Resonanzkurve zu ermitteln, indem der gezeichnete Schwingkreis in einen Parallelschwingkreis mit idealen Bauelementen R_p, C_p und L_p überführt wird.
3.1 Berechnen Sie die Resonanzkreisfrequenz. (6P) 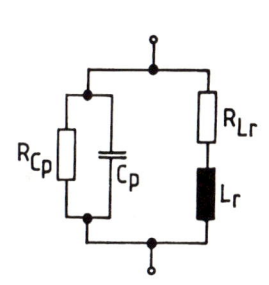
3.2 Berechnen Sie L_p, R_{Lp} und R_p. (6P)
3.3 Berechnen Sie anschließend die Güte Q_p des idealen Parallelschwingkreises. (4P)
3.4 Berechnen Sie schließlich die symmetrische Resonanzkurve
$$\frac{I}{U/R_p} = f(x) \quad \text{mit} \quad x = \frac{\omega}{\omega_0}$$
für ω=500, 1000, 1500, 2000, 2667, 4000 und 8000s^{-1} und stellen Sie sie in einem Diagramm dar. (9P)

Aufgabe 4:
4.1 Konstruieren Sie die Ortskurve des Stromverhältnis I_R/I in Abhängigkeit von der Kreisfrequenz $\omega=p \cdot \omega_0$ mit $Q_p=1$. (19P)
4.2 Deuten Sie die Ortskurvenpunkte für p=0, 1 und ∞. (6P)

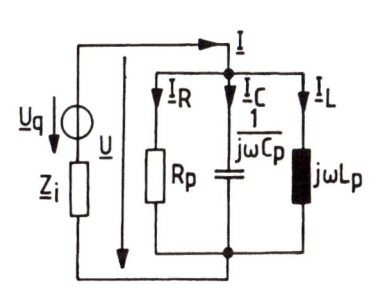

Aufgabenblatt 6

Aufgabe 1:

1.1 Berechnen Sie die Ausgangsspannung $u_2(t)$ für die gezeichnete Schaltung, an der die Eingangsspannung $u_1 = \hat{u}_1 \cdot \sin(\omega t + \varphi_{u1})$ anliegt. (15P)

1.2 Bei welcher Kreisfrequenz ω haben die beiden Spannungen eine Phasenverschiebung von 45°? (10P)

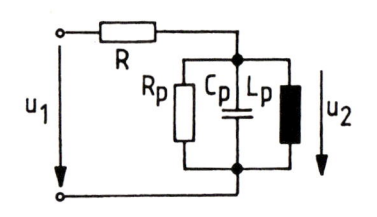

Aufgabe 2:

Der gezeichnete Reihenschwingkreis soll bei einer Resonanzfrequenz f_0=500kHz betrieben werden.

2.1 Berechnen Sie die Kapazität C_r, wenn die Induktivität L_r=563µH beträgt. (4P)

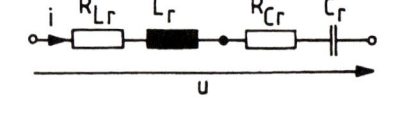

2.2 Berechnen Sie die Reihenwiderstände R_{Lr}, R_{Cr} und R_r bei gegebenen Gütefaktor g_L=61 und Verlustfaktor $d_C = 0,6 \cdot 10^{-3}$. (6P)

2.3 Berechnen Sie nun den Kennwiderstand, die Kreisgüte und die Bandbreite des Schwingkreises. (6P)

2.4 Errechnen Sie für x=0,980 0,990 0,995 1 1/0,995 1/0,990 und 1/0,980 die Werte der Resonanzkurve $\dfrac{I}{U/R} = f(x)$ mit $x = \dfrac{\omega}{\omega_0}$ und stellen Sie sie grafisch dar. (6P)

Ermitteln Sie aus der Resonanzkurve die Bandbreite und vergleichen Sie das Ergebnis mit dem errechneten Ergebnis. (3P)

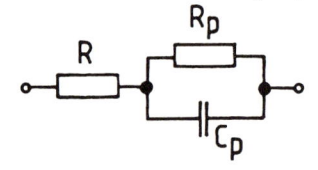

Aufgabe 3:

3.1 Konstruieren Sie für die gezeichnete Schaltung mit R=50Ω, R_p=200Ω und C_p=1nF die Ortskurve des komplexen Widerstandes in Abhängigkeit von der Kreisfrequenz ω, wobei $\omega_0 = 10^6 s^{-1}$ gewählt werden soll (Empfohlener Maßstab: 10^{-3}S $\hat{=}$ 1cm, 100Ω $\hat{=}$ 5cm). (15P)

3.2 Lesen Sie aus der Ortskurve die Kreisfrequenz ω ab, bei der der Scheinwiderstand Z=120Ω beträgt. (6P)
Kontrollieren Sie das abgelesene Ergebnis rechnerisch. (4P)

Aufgabe 4:

Ein symmetrischer Verbraucher mit $\underline{Z}_1=\underline{Z}_2=\underline{Z}_3$=100Ω ist in Sternschaltung an ein Vierleiternetz 220/380V angeschlossen.

4.1 Berechnen Sie die Effektivwerte der Verbraucher-Strangspannungen und des verbleibenden Außenleiterstroms, wenn sich die beiden Anschlussklemmen 2 und 3 des Verbrauchers gelöst haben und wenn der Sternpunktwiderstand variabel ist: R_N=50Ω, 500Ω, 5000Ω und ∞ Ω. (20P)

4.2 Beschreiben Sie die Rechenergebnisse. Welche Folgerungen ziehen Sie aus dieser Untersuchung? (5P)

4 Wechselstromtechnik   5 Ortskurven   6 Transformator   7 Mehrphasensysteme

Aufgabenblatt 7

Aufgabe 1:
Zwei verlustbehaftete Kondensatoren sind in Reihe geschaltet. Wird eine sinusförmige Spannung u_1 an die Reihenschaltung angelegt, entsteht an einen der beiden Kondensatoren die sinusförmige Spannung u_2.

1.1 Berechnen Sie das Spannungsverhältnis $\underline{U}_2/\underline{U}_1$ in Form eines Nenneroperators in algebraischer Form. (20P)

1.2 Geben Sie die Bedingung an, bei der die Spannungen u_1 und u_2 gegeneinander keine Phasenverschiebung haben. (5P)

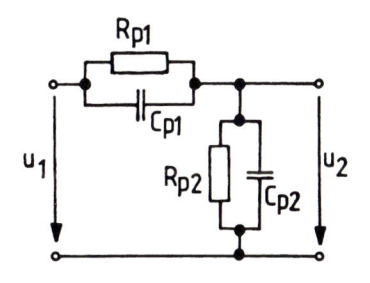

Aufgabe 2:
An den Eingang des gezeichneten Vierpols wird eine sinusförmige Spannung u_1 angelegt, wodurch sich eine sinusförmige Ausgangsspannung u_2 ergibt.

2.1 Konstruieren Sie die Ortskurve des Spannungsverhältnis $\underline{U}_2/\underline{U}_1$ in Abhängigkeit von der Kreisfrequenz $\omega = p \cdot \omega_0$, wobei $\omega_0 = R/L$ und $R/R_{Lp} = r = 1$ ist (Empfohlener Maßstab: $1 \hat{=} 5$cm). Tragen Sie die Ortskurvenpunkte für p=0, 1, 2 und ∞ ein. (16P)

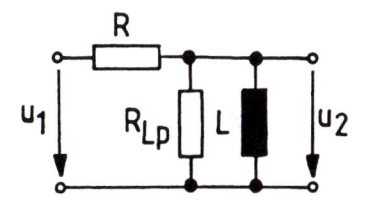

2.2 Kontrollieren Sie die Ortkurvenpunkte für p=0, 1 und ∞ rechnerisch. (3P)

2.3 Zeichnen Sie die Ortskurve für $\underline{U}_2/\underline{U}_1$, wenn R_{Lp} gegen unendlich geht. (6P)

Aufgabe 3:
Von einem mit dem ohmschen Widerstand R belasteten Übertrager sind folgende Größen bekannt: $R_1=10\Omega$ $L_1=25$mH $R_2=20\Omega$ $L_2=30$mH $R=80\Omega$ k=0,8 $\omega = 1000s^{-1}$.

3.1 Berechnen Sie für den Übertrager die Elemente M, L_1-M und L_2-M der T-Ersatzschaltung und berechnen Sie dann den Eingangswiderstand $\underline{Z}_{in}$. (13P)

3.2 Kontrollieren Sie das Ergebnis für den Eingangswiderstand, indem Sie für den Übertrager die Elemente des Ersatzschaltbildes mit nur einer Längsinduktivität und dann den Eingangswiderstand berechnen. (12P)

Aufgabe 4:
Ein symmetrisches Dreiphasennetz in Dreieckschaltung mit $U_{Lt}=400$V ist durch drei gleiche verlustbehaftete Spulen in Sternschaltung belastet.

4.1 Geben Sie die Strang- und die Leiterspannungen des Dreiphasennetzes in Exponentialform und in algebraischer Form an, wobei die Bezugsspannung $\underline{U}_{1N}=U_{1N}\cdot e^{j0}$ ist. (4P)

4.2 Berechnen Sie die Ströme durch die komplexen Widerstände
$\underline{Z}_1=\underline{Z}_2=\underline{Z}_3=R+j\omega L=10\Omega+j50\Omega$. (6P)

4.3 Berechnen Sie die Strangspannungen über den Spulen und die Ströme durch die Spulen, wenn sich der Leiter 3 von der Spulenklemme gelöst hat. (9P)

4.4 Kontrollieren Sie die Ergebnisse für den unsymmetrischen Fall mit Hilfe eines Zeigerbildes, in dem die Leiterspannungen, Strangspannungen und die Ströme durch die Verbraucher enthalten sind (Empfohlener Maßstab: 100V $\hat{=}$ 1cm, 1A $\hat{=}$ 1cm). (6P)

4 Wechselstromtechnik   5 Ortskurven   6 Transformator   7 Mehrphasensysteme

Aufgabenblatt 8

Aufgabe 1:

1.1 Mit Hilfe der Zweipoltheorie ist der Strom i_C durch die Kapazität C_p zu ermitteln, wobei der Grundstromkreis mit Ersatzstromquelle zu verwenden ist. Am Eingang liegt die sinusförmige Spannung $u = \hat{u} \cdot \sin(\omega t + \varphi_u)$ an. (22P)

1.2 Bei welcher Kreisfrequenz ω hat der Strom i_C gegenüber der Spannung u keine Phasenverschiebung? (3P)

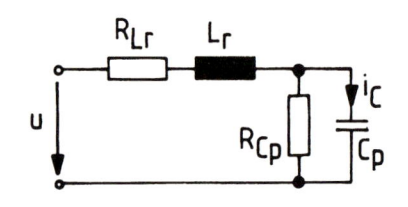

Aufgabe 2:

Das Ersatzschaltbild einer Spule mit Eisenkern hat bei Vernachlässigung der Streuinduktivität L_σ das gezeichnete Aussehen.

2.1 Entwickeln Sie qualitativ das Zeigerbild für sämtliche Ströme und Spannungen, wobei Sie die Reihenfolge der Darstellung und die Gleichungen mit den Operatoren angeben. (6P)

2.2 Berechnen Sie I_μ, U_μ, I_a, I_0, U_{Cu}, $P=P_{Cu}+P_{Fe}$, S und U, wenn gegeben sind: Q=40Var, L=1,2H, f=50Hz, P_{Fe}=20W und R_{Cu}=150Ω. (14P)

2.3 Bestätigen Sie die Rechenergebnisse für die Ströme und Spannungen durch ein quantitatives Zeigerbild (Empfohlener Maßstab: 0,1A≙1cm, 10V≙0,5cm). (5P)

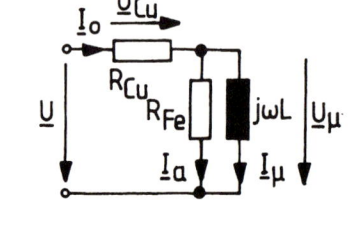

Aufgabe 3:

3.1 Konstruieren Sie die Ortskurve des komplexen Widerstands der gezeichneten Schaltung mit C_p=10nF, R_p=1kΩ und C_r=50nF bei Variation der Frequenz $\omega = p \cdot \omega_0$ mit $\omega_0 = 100 \cdot 10^3 \, \text{s}^{-1}$ und p=1/4, 1/2, 1, 2 und ∞ (Empfohlener Maßstab: 1mS≙10cm, 1kΩ≙10cm). (20P)

3.2 Kontrollieren Sie die Ortskurvenpunkte für p=0,1 und ∞. (5P)

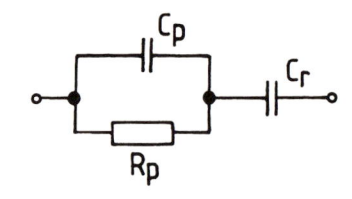

Aufgabe 4:

Für einen belasteten Übertrager, der bei $\omega = 10.000 \, \text{s}^{-1}$ betrieben werden soll, sind gegeben:
R_1=6Ω L_1=20mH R_2=10Ω M=15mH k=0,5 R=200Ω

4.1 Ermitteln Sie die ohmschen und induktiven Widerstände und den Belastungswiderstand des Ersatzschaltbildes mit nur einer Längsinduktivität. (10P)

4.2 Berechnen Sie den Primärstrom I_1, wenn die Ausgangsspannung U_2=40V beträgt. (15P)

Aufgabenblatt 9

Aufgabe 1:

1.1 Mit Hilfe der Zweipoltheorie ist der Strom i_L durch die Induktivität L_p zu ermitteln, wobei der Grundstromkreis mit Ersatzstromquelle zu verwenden ist. Am Eingang liegt die sinusförmige Spannung $u = \hat{u} \cdot \sin(\omega t + \varphi_u)$ an. (22P)

1.2 Bei welcher Kreisfrequenz ω hat der Strom i_L gegenüber der Spannung u keine Phasenverschiebung? (3P)

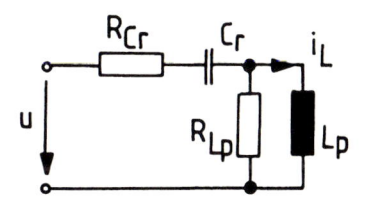

Aufgabe 2:

Das Ersatzschaltbild der unbekannten Spule soll die Parallelschaltung von R_{p3} und L_{p3} sein.

2.1 Ermitteln Sie aus der allgemeinen Abgleichbedingung für Wechselstrombrücken die Formeln für R_{p3} und L_{p3}. (13P)

2.2 Bei einer Frequenz f=50Hz ergeben sich bei Abgleich folgende Werte:
R_1=144Ω, R_{p2}=600Ω, C_{p2}=5,6μF, R_4=50Ω.
Errechnen Sie R_{p3} und L_{p3}. (6P)

2.3 Kontrollieren Sie das Ergebnis mit den Angaben der Maxwell-Wien-Brücke im Bd.2, S.132, indem Sie die Parallelschaltung in eine äquivalente Reihenschaltung überführen. (6P)

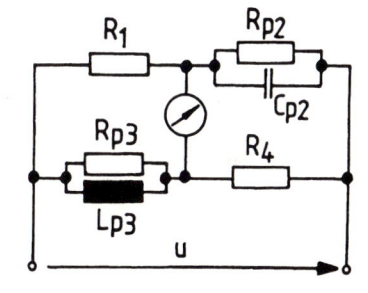

Aufgabe 3:

Für die gezeichnete Schaltung ist die Ortskurve für $\underline{U}_2/\underline{U}_1$ in Abhängigkeit von der Kreisfrequenz ω zu konstruieren.

3.1 Leiten Sie zunächst die Ortskurvengleichung allgemein her. Um welche Ortskurve handelt es sich? (10P)

3.2 Vereinfachen Sie die Ortskurvengleichung mit $R=R_p$ und $\omega_0 = 1/RC_p$ und konstruieren Sie die Ortskurve, wobei Sie die Ortskurvenpunkte für p=0, 1/2, 1, 2 und ∞ angeben (Empfohlener Maßstab: 1≙10cm). (12P)

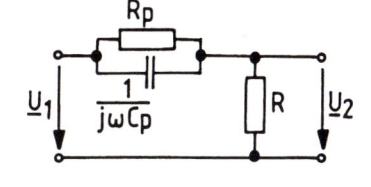

3.3 Kontrollieren Sie die genannten Ortskurvenpunkte rechnerisch. (3P)

Aufgabe 4:

Für einen belasteten Transformator sind folgende Größen gegeben:

$\underline{I}_1$=7,2A $\underline{U}_1 = 13kV \cdot e^{j57°}$ R_1=500Ω R_2=15Ω L_1=5H L_2=0,1H M=0,424H f=50Hz

4.1 Entwickeln Sie aus den Transformatorengleichungen die Formel für den Belastungswiderstand $\underline{Z}$. (15P)

4.2 Berechnen Sie $\underline{Z} = R_r - j \cdot 1/\omega C_r$ und die Kapazität C_r mit den angegebenen Zahlenwerten. (10P)

Aufgabenblatt 10

Aufgabe 1:
Für den gezeichneten symmetrischen Vierpol soll das Übertragungsverhalten für sinusförmige Wechselgrößen beschrieben werden.

1.1 Entwickeln Sie zunächst das Spannungsverhältnis $\underline{U}_2/\underline{U}_1$ bei Leerlauf am Ausgang in Form eines komplexen Nenneroperators in algebraischer Form. (9P)

1.2 Entwickeln Sie dann das Stromübersetzungsverhältnis $\underline{I}_2/\underline{I}_1$ bei Kurzschluss am Ausgang, ebenfalls in Form eines komplexen Nenneroperators in algebraischer Form. (9P)

1.3 Berechnen Sie schließlich die Kreisfrequenz ω, bei der der Betrag der Übersetzungsverhältnisse gleich $1/\sqrt{2} = 0{,}707$ beträgt. (7P)

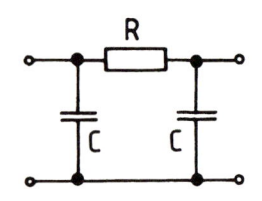

Aufgabe 2:
In der gezeichneten Schaltung soll der aktive Zweipol an den passiven Zweipol angepasst werden. Die Bauelemente des passiven Zweipols sind gegeben, die des aktiven sind gesucht.

2.1 Entwickeln Sie aus der Anpassbedingung die Formeln für R_i und L_i. (15P)

2.2 Kontrollieren Sie das Ergebnis, indem Sie die Parallelschaltung des Kondensators in die äquivalente Reihenschaltung überführen. (10P)

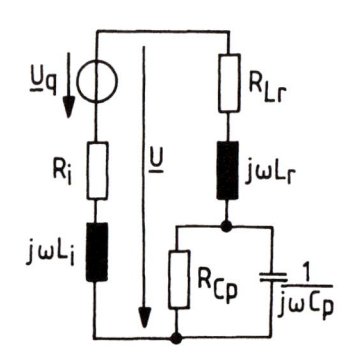

Aufgabe 3:
Ein mit dem ohmschen Widerstand R belasteter Übertrager mit

$R_1=15\Omega$ $L_1=20mH$ $R_2=45\Omega$ $L_2=45mH$ $\sigma=0{,}75$ $R=405\Omega$

wird bei einer Frequenz bei $\omega = 10.000 s^{-1}$ betrieben.

3.1 Berechnen Sie die ohmschen und induktiven Widerstände und den Belastungswiderstand des Ersatzschaltbildes mit nur einer Längsinduktivität, d.h. wenn $L_2' - M' = 0$ ist. (12P)

3.2 Berechnen Sie anschließend den Ersatzwiderstand $\underline{Z}_{ers}$ und damit die Ersatzbauelemente des Übertragers, wenn der Übertrager einschließlich der Belastung als passiver Zweipol aufgefasst wird. (13P)

Aufgabe 4:
Ein unsymmetrischer Verbraucher in Dreieckschaltung mit $R_{12}=40\Omega$, $X_{23}=-80\Omega$ und $R_{31}=95\Omega$ ist an ein Vierleiternetz 220V/380V angeschlossen.

4.1 Berechnen Sie die Ströme durch die Widerstände in algebraischer Form und ihre Effektivwerte. (8P)

4.2 Anschließend sind die Außenleiterströme zu berechnen, und zwar in algebraischer und in Exponentialform und ihre Effektivwerte. (8P)

4.3 Kontrollieren Sie die Ergebnisse durch ein quantitativen Zeigerbild mit den Außenleiterspannungen und den berechneten Strömen (Empfohlener Maßstab: $100V \,\hat{=}\, 1cm$, $1A \,\hat{=}\, 1cm$). (9P)

Lösungen

Abschnitt 3:

4 Wechselstromtechnik
5 Ortskurven
6 Transformator
7 Mehrphasensysteme

4 Wechselstromtechnik   5 Ortskurven   6 Transformator   7 Mehrphasensysteme

Lösungen zum Aufgabenblatt 1

Aufgabe 1:
Zu 1.1   Bd.2, S. 37, Beispiel 2 oder FS S. 96 (Spannungsteilerregel)

$$\frac{\underline{U}_2}{\underline{U}_1} = \frac{\underline{U}_2}{\underline{U}_h} \cdot \frac{\underline{U}_h}{\underline{U}_1}$$

$$\frac{\underline{U}_2}{\underline{U}_h} = \frac{\frac{1}{j\omega C}}{R + \frac{1}{j\omega C}}$$

$$\frac{\underline{U}_h}{\underline{U}_1} = \frac{\dfrac{\left(R + \dfrac{1}{j\omega C}\right) \cdot \dfrac{1}{j\omega C}}{R + \dfrac{2}{j\omega C}}}{\dfrac{\left(R + \dfrac{1}{j\omega C}\right) \cdot \dfrac{1}{j\omega C}}{R + \dfrac{2}{j\omega C}} + R} = \frac{\left(R + \dfrac{1}{j\omega C}\right) \cdot \dfrac{1}{j\omega C}}{\left(R + \dfrac{1}{j\omega C}\right) \cdot \dfrac{1}{j\omega C} + R \cdot \left(R + \dfrac{2}{j\omega C}\right)}$$

$$\frac{\underline{U}_2}{\underline{U}_1} = \frac{\dfrac{1}{j\omega C}}{R + \dfrac{1}{j\omega C}} \cdot \frac{\left(R + \dfrac{1}{j\omega C}\right) \cdot \dfrac{1}{j\omega C}}{\left(R + \dfrac{1}{j\omega C}\right) \cdot \dfrac{1}{j\omega C} + R \cdot \left(R + \dfrac{2}{j\omega C}\right)}$$

$$\frac{\underline{U}_2}{\underline{U}_1} = \frac{\left(\dfrac{1}{j\omega C}\right)^2}{\left(R + \dfrac{1}{j\omega C}\right) \cdot \dfrac{1}{j\omega C} + R \cdot \left(R + \dfrac{2}{j\omega C}\right)}$$

$$\frac{\underline{U}_2}{\underline{U}_1} = \frac{1}{R \cdot j\omega C + 1 + R^2 \cdot (j\omega C)^2 + 2 \cdot R \cdot j\omega C}$$

$$\frac{\underline{U}_2}{\underline{U}_1} = \frac{1}{\left(1 - \omega^2 R^2 C^2\right) + j\omega 3RC} \tag{15P}$$

Zu 1.2   Um eine Phasenverschiebung von 90° zwischen u_1 und u_2 zu erreichen, muss der Operator zwischen $\underline{U}_1$ und $\underline{U}_2$ imaginär sein, d.h. der Realteil muss Null sein:

$$\omega^2 R^2 C^2 = 1 \qquad \omega = \frac{1}{RC} \qquad \frac{\underline{U}_2}{\underline{U}_1} = \frac{1}{j\omega 3RC} \quad \text{bzw.} \quad \underline{U}_2 \cdot j\omega 3RC = \underline{U}_1 \tag{5P}$$

Zu 1.3 $\dfrac{U_2}{U_1} = \dfrac{1}{\omega 3RC} = \dfrac{1}{3}$ mit $\omega = \dfrac{1}{RC}$ \hfill (5P)

4 Wechselstromtechnik   5 Ortskurven   6 Transformator   7 Mehrphasensysteme

Lösungen zum Aufgabenblatt 1

Aufgabe 2:

Zu 2.1   Bd.2, S.207, Gl.5.8, S.207-208 oder FS S.126   Konstruktion:
1. entfällt

$$\underline{Y} = \frac{1}{R_2} + \frac{1}{R_1 + \frac{1}{j\omega C}}$$

2. $\underline{G} = -j4\Omega + p4\Omega$

$$\underline{Y} = \frac{1}{R_2} + \frac{1}{-j \cdot \frac{1}{\omega C} + p \cdot R_{10}}$$

3. $\underline{G}^* = +j4\Omega + p4\Omega$

$$\underline{Y} = \frac{1}{10\Omega} + \frac{1}{-j \cdot 4\Omega + p \cdot 4\Omega}$$

4. siehe Bild

$$\underline{Y} = 100\text{mS} + \frac{1}{-j \cdot 4\Omega + p \cdot 4\Omega}$$

5. $\dfrac{1}{2E} = \dfrac{1}{2 \cdot 4\Omega} = \dfrac{1}{8\Omega} = 125\text{mS}$

d.i. ein Kreis in allgemeiner Lage
mit $\underline{L} = 100\text{mS}$ $\underline{E} = -j4\Omega$ $\underline{F} = 4\Omega$

6. siehe Bild
7. siehe Bild
8. $-\underline{L} = -100\text{mS}$

(15P)

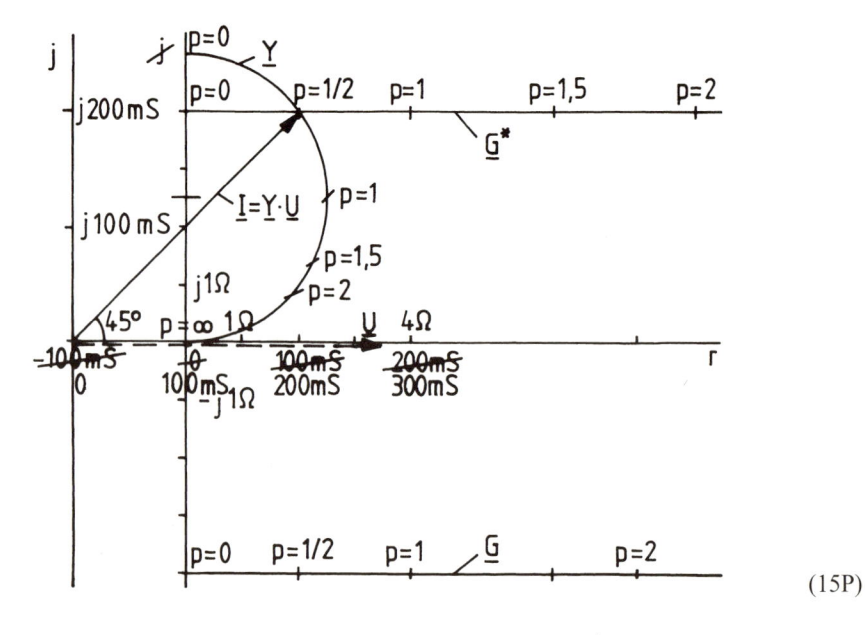

Zu 2.2   Mit p=1/2 ergibt sich $\underline{Y} = 200\text{mS} + j \cdot 200\text{mS}$ mit $R_1 = \dfrac{1}{2} \cdot 4\Omega = 2\Omega$

($\underline{U}$ wird in die reelle Achse gelegt, dann liegt $\underline{I} = \underline{Y} \cdot \underline{U}$ bei 45° voreilend, d.h. $\underline{I} \triangleq \underline{Y}$)

Kontrolle: $\underline{Y} = 100\text{mS} + \dfrac{1}{-j \cdot 4\Omega + 2\Omega} \cdot \dfrac{2\Omega + j \cdot 4\Omega}{2\Omega + j \cdot 4\Omega} = 100\text{mS} + \dfrac{2\Omega}{20\Omega^2} + j \cdot \dfrac{4\Omega}{20\Omega^2}$

$\underline{Y} = 100\text{mS} + 100\text{mS} + j \cdot 200\text{mS} = 200\text{mS} + j \cdot 200\text{mS}$ (10P)

Lösungen zum Aufgabenblatt 1

Aufgabe 3:

Zu 3.1 Bd.2, S.178, Gl.4.280 und S.179, Gl. 4.286 oder FS S.123

Die Anpassbedingungen lauten $\underline{Z}_a = \underline{Z}_i^*$ bzw. $\underline{Y}_a = \underline{Y}_i^*$. Da der passive Zweipol eine Parallelschaltung von Wechselstromwiderständen ist, muss die Anpassbedingung für Leitwerte benutzt werden:

$$\underline{Y}_a = \underline{Y}_i^*$$

$$j\omega C + \frac{1}{R+j\omega L} = \frac{1}{R_i}$$

$$j\omega C + \frac{1}{R+j\omega L} \cdot \frac{R-j\omega L}{R-j\omega L} = \frac{1}{R_i}$$

$$j\omega C + \frac{R}{R^2+\omega^2 L^2} - j\omega \cdot \frac{L}{R^2+\omega^2 L^2} = \frac{1}{R_i}$$

(8P)

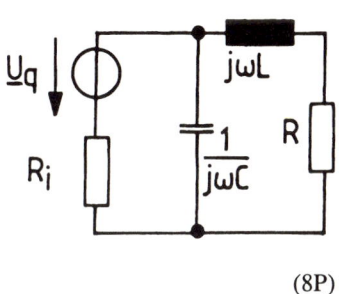

Zu 3.2 Durch Vergleich des Real- und Imaginärteil ergeben sich L und C:

$$\frac{R}{R^2+\omega^2 L^2} = \frac{1}{R_i} \qquad\qquad j\omega C = j\omega \cdot \frac{L}{R^2+\omega^2 L^2}$$

$$R \cdot R_i = R^2 + \omega^2 \cdot L^2 \qquad\qquad C = \frac{L}{R^2+\omega^2 L^2} \text{ mit } \omega^2 \cdot L^2 = R \cdot R_i - R^2$$

$$L = \frac{1}{\omega} \cdot \sqrt{R \cdot R_i - R^2} \qquad\qquad C = \frac{L}{R^2 + R \cdot R_i - R^2} = \frac{L}{R \cdot R_i}$$

$$L = \frac{1}{2 \cdot \pi \cdot 100 s^{-1}} \cdot \sqrt{10\Omega \cdot 100\Omega - (10\Omega)^2} \qquad C = \frac{47{,}74 \cdot 10^{-3} \frac{Vs}{A}}{10\frac{V}{A} \cdot 100\frac{V}{A}}$$

$$L = 47{,}74 \text{mH} \qquad (6P) \qquad\qquad C = 47{,}74 \mu F \qquad (6P)$$

Zu 3.3
$$\underline{Y}_a = j\omega C + \frac{1}{R+j\omega L}$$

$$\underline{Y}_a = j \cdot 2 \cdot \pi \cdot 100 s^{-1} \cdot 47{,}74 \cdot 10^{-6} \frac{As}{V} + \frac{1}{10\Omega + j \cdot 2 \cdot \pi \cdot 100 s^{-1} \cdot 47{,}74 \cdot 10^{-3} \frac{Vs}{A}}$$

$$\underline{Y}_a = j \cdot 30 \cdot 10^{-3} S + \frac{1}{10\Omega + j \cdot 30\Omega} \cdot \frac{10\Omega - j \cdot 30\Omega}{10\Omega - j \cdot 30\Omega}$$

$$\underline{Y}_a = j \cdot 30 \cdot 10^{-3} S + \frac{10\Omega}{1000\Omega^2} - j \cdot \frac{30\Omega}{1000\Omega^2}$$

$$\underline{Y}_a = j \cdot 30 mS + 10 mS - j \cdot 30 mS$$

$$\underline{Y}_a = 10 mS = \frac{1}{R_i} = \frac{1}{100\Omega} \qquad (5P)$$

Lösungen zum Aufgabenblatt 1

Aufgabe 4:

Zu 4.1 Bd.2, S.231; Bild 6.15 oder FS S.130

$$L_1 - M' = L_1 - ü \cdot M = 0 \quad \text{d.h.} \quad ü \cdot M = L_1$$

$$ü = \frac{L_1}{M}$$

mit $\quad M = k \cdot \sqrt{L_1 \cdot L_2} \quad$ (Bd.1, S.338, Gl.3.369 oder FS S.81)

$$k^2 = 1 - \sigma = 1 - 0{,}75 = 0{,}25 \text{ und } k = 0{,}5 \quad \text{(Bd.1, S.340, Gl.3.377}$$

$$M = 0{,}5 \cdot \sqrt{20\text{mH} \cdot 45\text{mH}} = 15\text{mH} \qquad \text{oder FS S.81)}$$

$$ü = \frac{20\text{mH}}{15\text{mH}} = \frac{4}{3}$$

$$R_1 = 15\Omega$$

$$M' = ü \cdot M = \frac{L_1}{M} \cdot M = L_1 = 20\text{mH}$$

$$L_2' - M' = ü^2 \cdot L_2 - ü \cdot M$$

$$L_2' - M' = \frac{L_1^2 \cdot L_2}{M^2} - L_1 = L_1 \cdot \left(\frac{L_1 \cdot L_2}{M^2} - 1\right)$$

mit $\quad M^2 = k^2 \cdot L_1 \cdot L_2$

$$L_2' - M' = L_1 \cdot \left(\frac{1}{k^2} - 1\right) = \frac{L_1}{k^2} \cdot \left(1 - k^2\right)$$

mit $\quad k^2 = 1 - \sigma$

$$L_2' - M' = \frac{\sigma \cdot L_1}{k^2} = \frac{0{,}75}{0{,}25} \cdot 20\text{mH} = 60\text{mH}$$

$$R_2' = ü^2 \cdot R_2 = \left(\frac{4}{3}\right)^2 \cdot 45\Omega = 80\Omega$$

$$R' = ü^2 \cdot R = \left(\frac{4}{3}\right)^2 \cdot 405\Omega = 720\Omega \qquad \text{(16P)}$$

Zu 4.2
$$\underline{Z}_{ers} = 15\Omega + \frac{(800\Omega + j \cdot 600\Omega) \cdot j \cdot 200\Omega}{800\Omega + j \cdot 600\Omega + j \cdot 200\Omega}$$

$$\underline{Z}_{ers} = 15\Omega + \frac{-1200 + j \cdot 1600}{8 + j \cdot 8}\Omega$$

$$\underline{Z}_{ers} = 15\Omega + \frac{-300 + j \cdot 400}{2 + j \cdot 2} \cdot \frac{2 - j \cdot 2}{2 - j \cdot 2}\Omega$$

$$\underline{Z}_{ers} = 15\Omega + \frac{(-600 + 800) + j \cdot (800 + 600)}{8}\Omega$$

$$\underline{Z}_{ers} = 15\Omega + \frac{200}{8}\Omega + j \cdot \frac{1400}{8}\Omega$$

$$\underline{Z}_{ers} = 40\Omega + j \cdot 175\Omega$$

mit $\quad R_{ers} = 40\Omega \quad$ und $\quad L_{ers} = \frac{X_{ers}}{\omega} = \frac{175\Omega}{10.000\text{s}^{-1}} = 17{,}5\text{mH} \qquad$ (9P)

Lösungen zum Aufgabenblatt 2

Aufgabe 1: Bd.2, S.23 bis 27 oder FS S. 87 bis 90

Zu 1.1

$$u = R \cdot i + u_C$$

$$i = i_R + i_C = \frac{u_C}{R_{Cp}} + C_p \frac{du_C}{dt}$$

$$u = \frac{R}{R_{Cp}} \cdot u_C + R \cdot C_p \cdot \frac{du_C}{dt} + u_c$$

$$u = \left(\frac{R}{R_{Cp}} + 1\right) \cdot u_C + R \cdot C_p \cdot \frac{du_C}{dt} \quad \text{(5P)}$$

mit $u = \hat{u} \cdot \sin(\omega t + \varphi_u)$

Zu 1.2

$$\underline{u} = \left(\frac{R}{R_{Cp}} + 1\right) \cdot \underline{u}_C + R \cdot C_p \cdot \frac{d\underline{u}_C}{dt}$$

$$\underline{u} = \left(\frac{R}{R_{Cp}} + 1\right) \cdot \underline{u}_C + j\omega R C_p \cdot \underline{u}_C$$

$$\underline{u} = \left[\left(\frac{R}{R_{Cp}} + 1\right) + j\omega R C_p\right] \cdot \underline{u}_C$$

$$\underline{u}_C = \frac{\underline{u}}{\left(\frac{R}{R_{Cp}} + 1\right) + j\omega R C_p} \quad \text{(5P)}$$

mit $\underline{u} = \hat{u} \cdot e^{j(\omega t + \varphi_u)}$ und $\underline{u}_C = \hat{u}_C \cdot e^{j(\omega t + \varphi_{u_C})}$

Zu 1.3

$$\frac{\underline{U}_C}{\underline{U}} = \frac{\frac{1}{\frac{1}{R_{Cp}} + j\omega C_p}}{\frac{1}{\frac{1}{R_{Cp}} + j\omega C_p} + R} = \frac{1}{1 + R \cdot \left(\frac{1}{R_{Cp}} + j\omega C_p\right)}$$

$$\underline{U}_C = \frac{\underline{U}}{\left(1 + \frac{R}{R_{Cp}}\right) + j\omega R C_p} \quad \text{bzw.} \quad \underline{u}_C = \frac{\underline{u}}{\left(1 + \frac{R}{R_{Cp}}\right) + j\omega R C_p} \quad \text{(erweitert mit } \sqrt{2} \cdot e^{j\omega t}\text{)} \quad \text{(5P)}$$

Zu 1.4

$$\underline{u}_C = \frac{\hat{u} \cdot e^{j(\omega t + \varphi_u)}}{\sqrt{\left(1 + \frac{R}{R_{Cp}}\right)^2 + (\omega R C_p)^2} \cdot e^{j\varphi}} = \frac{\hat{u}}{\sqrt{\left(1 + \frac{R}{R_{Cp}}\right)^2 + (\omega R C_p)^2}} \cdot e^{j(\omega t + \varphi_u - \varphi)}$$

$$u_C = \frac{\hat{u}}{\sqrt{\left(1 + \frac{R}{R_{Cp}}\right)^2 + (\omega R C_p)^2}} \cdot \sin(\omega t + \varphi_u - \varphi) \quad \text{mit } \varphi = \arctan\frac{\omega R C_p}{1 + \frac{R}{R_{Cp}}} \text{ und } \varphi_{u_C} = \varphi_u - \varphi \quad \text{(5P)}$$

Zu 1.5

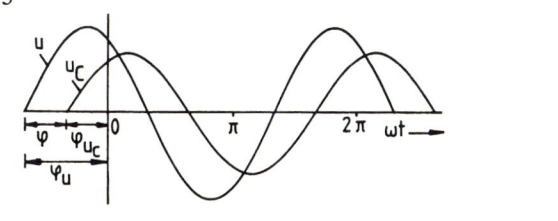

(5P)

115

Lösungen zum Aufgabenblatt 2

Aufgabe 2:

Zu 2.1 Bd.2, S.17 oder FS S.88

Reihenfolge der Darstellung:

$\underline{I}_L$

$\underline{U}_R = R_L \cdot \underline{I}_L$

$\underline{U}_L = j\omega L \cdot \underline{I}_L$

$\underline{U}_1 = \underline{U}_R + \underline{U}_L$

$\underline{U}_1/2$ und $\underline{U}_2$

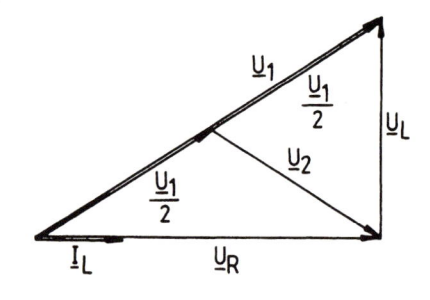

(13P)

Zu 2.2

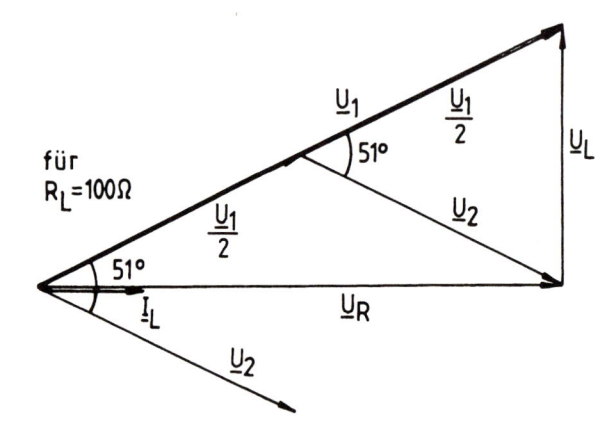

für $R_L = 100\Omega$

für $R_L = 100\Omega$	für $R_L = 0$
$I_L = 0,1A$	$I_L = 0,1A$
$U_R = R_L \cdot I_L = 100\Omega \cdot 0,1A = 10V$	$U_R = 0$
$U_L = \omega L \cdot I_L = 2\pi \cdot 1,5 \cdot 10^3 s^{-1} \cdot 5,11mH \cdot 0,1A = 4,82V$	$U_L = 4,82V$
$U_1 = \sqrt{U_R^2 + U_L^2} = \sqrt{(10V)^2 + (4,82)^2} = 11,1V$	$U_1 = U_L = 4,82V$
$\dfrac{U_1}{2} = 5,5V$	$\dfrac{U_1}{2} = 2,4V$
$U_2 = 5,5V \quad \varphi = -51°$	$U_2 = 2,4V \quad \varphi = -180°$
$\underline{V}_{uf} = \dfrac{\underline{U}_2}{\underline{U}_1} = 0,5 \cdot e^{-j51°}$	$\underline{V}_{uf} = \dfrac{\underline{U}_2}{\underline{U}_1} = 0,5 \cdot e^{-j180°}$
(6P)	(6P)

4 Wechselstromtechnik   5 Ortskurven   6 Transformator   7 Mehrphasensysteme

Lösungen zum Aufgabenblatt 2

Aufgabe 3:
Zu 3.1   Bd.2, S.207-208 oder FS S.126

$$\underline{Y} = \frac{1}{R} + \frac{1}{R_r + j \cdot \left(\omega L_r - \frac{1}{\omega C_r}\right)} = \frac{1}{R} + \frac{1}{R_r + j \cdot \left(p \cdot \omega_0 L_r - \frac{1}{p \cdot \omega_0 C_r}\right)} = \frac{1}{R} + \frac{1}{R_r + j \cdot X_{kr} \cdot \left(p - \frac{1}{p}\right)}$$

$$\omega = p \cdot \omega_0, \omega_0 = \frac{1}{\sqrt{L_r C_r}} = \frac{1}{\sqrt{0,5H \cdot 2 \cdot 10^{-6}F}} = 1000s^{-1}, X_{kr} = \omega_0 L_r = 1000s^{-1} \cdot 0,5H = 500\Omega$$

$$\underline{Y} = \frac{1}{2500\Omega} + \frac{1}{500\Omega + j \cdot 500\Omega \cdot \left(p - \frac{1}{p}\right)}$$

(verschobener Kreis
durch den Nullpunkt)

Geradenpunkt für p=2:
$\underline{G} = 500\Omega + j \cdot 500\Omega \cdot 1,5$

Mittelpunkt:
$\frac{1}{2E} = \frac{1}{2 \cdot 500\Omega} = 1mS$

Verschiebung:
$-L = \frac{1}{2500\Omega} = -0,4mS$

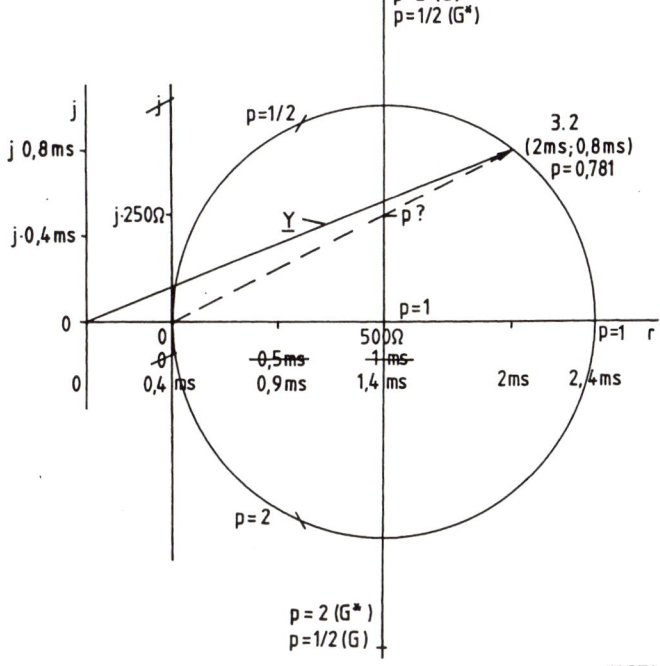

(18P)

Zu 3.2   Für die Nennergerade ist

$j \cdot 500\Omega \cdot \left(p - \frac{1}{p}\right) = j \cdot 250\Omega$

$p - \frac{1}{p} = \frac{j \cdot 250\Omega}{j \cdot 500\Omega} = \frac{1}{2}$

$p^2 - \frac{1}{2} \cdot p - 1 = 0$

$p_{1,2} = \frac{1}{4} \pm \sqrt{\frac{1}{16} + \frac{16}{16}} = \frac{1 \pm \sqrt{17}}{4}$

$p_1 = 1,28$ (p_2 entfällt, da negativ)

für $\underline{Y}$ ist $p = \frac{1}{1,28} = 0,781$

$\omega = 0,781 \cdot 1000s^{-1} = 781s^{-1}$

(7P)

117

Lösungen zum Aufgabenblatt 2

Aufgabe 4:
Zu 4.1   Bd.2, S.257-258 oder FS S.136 Symmetrische Belastung:

$$\underline{I}_1 = \frac{\underline{U}'_{1N}}{\underline{Z}_1} = \frac{\underline{U}_{1N}}{R_1} = \frac{220V}{200\Omega} = 1,1A \qquad \text{Kontrolle: } \underline{I}_1 + \underline{I}_2 + \underline{I}_3 = 0$$

$$\underline{I}_2 = \frac{\underline{U}'_{2N}}{\underline{Z}_2} = \frac{\underline{U}_{2N}}{R_2} = \frac{220V \cdot e^{-j \cdot 120°}}{200\Omega} = 1,1A \cdot e^{-j \cdot 120°} = \frac{(-110 - j \cdot 190,5)V}{200\Omega} = (-0,55 - j \cdot 0,9525)A$$

$$\underline{I}_3 = \frac{\underline{U}'_{3N}}{\underline{Z}_3} = \frac{\underline{U}_{3N}}{R_3} = \frac{220V \cdot e^{j \cdot 120°}}{200\Omega} = 1,1A \cdot e^{j \cdot 120°} = \frac{(-110 + j \cdot 190,5)V}{200\Omega} = (-0,55 + j \cdot 0,9525)A \quad \text{(5P)}$$

Zu 4.2 Bd.2, S.268-271, Gl.7.36, 7.32-7.35 oder FS S.138-139 Unsymmetrische Belastung

$$\underline{U}_N = \frac{\frac{\underline{U}_{1N}}{\underline{Z}_1} + \frac{\underline{U}_{2N}}{\underline{Z}_2} + \frac{\underline{U}_{3N}}{\underline{Z}_3}}{\frac{1}{\underline{Z}_N} + \frac{1}{\underline{Z}_1} + \frac{1}{\underline{Z}_2} + \frac{1}{\underline{Z}_3}} = \frac{\frac{\underline{U}_{1N}}{\underline{Z}_1} + \frac{\underline{U}_{2N}}{\underline{Z}_2}}{\frac{1}{\underline{Z}_N} + \frac{1}{\underline{Z}_1} + \frac{1}{\underline{Z}_2}} = \frac{\underline{U}_{1N} \cdot G_1 + \underline{U}_{2N} \cdot G_2}{G_N + G_1 + G_2} = \frac{220V \cdot 5mS + (-110 - j \cdot 190,5)V \cdot 5mS}{10mS + 5mS + 5mS}$$

$$\text{mit } G_N = \frac{1}{R_N} = \frac{1}{100\Omega} = 10mS, \; G_1 = \frac{1}{R_1} = \frac{1}{200\Omega} = 5mS, \; G_2 = \frac{1}{R_2} = \frac{1}{200\Omega} = 5mS, \; G_3 = 0mS$$

$$\underline{U}_N = \frac{1100 - 550 - j \cdot 952,5}{20}V = (27,5 - j \cdot 47,625)V = 55V \cdot e^{-j \cdot 60°} \tag{5P}$$

$$\underline{U}'_{1N} = \underline{U}_{1N} - \underline{U}_N = 220V - (27,5 - j \cdot 47,625)V = (192,5 + j \cdot 47,625)V = 198,3V \cdot e^{j14°}$$

$$\underline{I}_1 = \frac{(192,5 + j \cdot 47,625)V}{200\Omega} = \frac{198,3V \cdot e^{j14°}}{200\Omega} = (0,9625 + j \cdot 0,238)A = 1A \cdot e^{j14°}$$

$$\underline{U}'_{2N} = \underline{U}_{2N} - \underline{U}_N = (-110V - j \cdot 190,5)V - (27,5 - j \cdot 47,625)V = (-137,5 - j \cdot 142,875)V = 198,3V \cdot e^{-j134°}$$

$$\underline{I}_2 = \frac{(-137,5 - j \cdot 142,875)V}{200\Omega} = \frac{198,3V \cdot e^{-j134°}}{200\Omega} = (-0,6875 - j \cdot 0,714)A = 1A \cdot e^{-j134°}$$

$$\underline{U}'_{3N} = \underline{U}_{3N} - \underline{U}_N = (-110 + j \cdot 190,5)V - (27,5 - j \cdot 47,625)V = (-137,5 + j \cdot 238,125)V = 275V \cdot e^{j120°}$$
$$\underline{I}_3 = 0A$$

$$\underline{I}_N = \frac{\underline{U}_N}{R_N} = \frac{(27,5 - j \cdot 47,625)V}{100\Omega} = \frac{55V \cdot e^{-j \cdot 60°}}{100\Omega}$$

Zu 4.3

$$\underline{I}_N = (0,275 - j \cdot 0,476)A = 0,55A \cdot e^{-j \cdot 60°}$$

rechnerische Kontrolle:

$\underline{I}_1 + \underline{I}_2 - \underline{I}_N = 0A$:

$(+0,9625 + j \cdot 0,238)A$
$+(-0,6875 - j \cdot 0,714)A$ (8P)
$-(+0,275 - j \cdot 0,476)A = 0A$

(1P)

(6P)

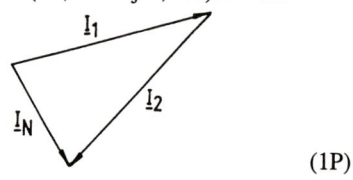

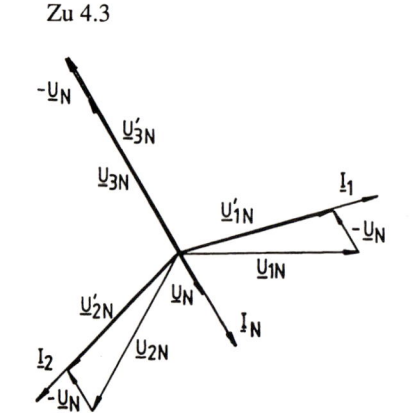

Lösungen zum Aufgabenblatt 3

Aufgabe 1:
Zu 1.1   Bd.2, S.37 Spannungsteilerregel, S.70-71, Beispiel 5 oder FS S.96

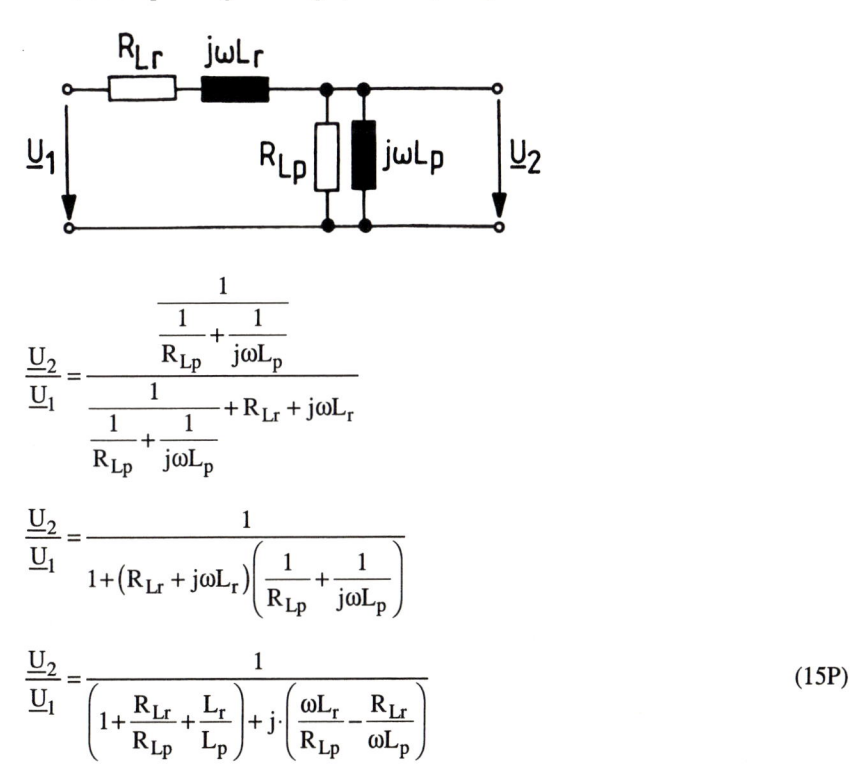

$$\frac{\underline{U}_2}{\underline{U}_1} = \frac{\dfrac{1}{\dfrac{1}{R_{Lp}} + \dfrac{1}{j\omega L_p}}}{\dfrac{1}{\dfrac{1}{R_{Lp}} + \dfrac{1}{j\omega L_p}} + R_{Lr} + j\omega L_r}$$

$$\frac{\underline{U}_2}{\underline{U}_1} = \frac{1}{1 + (R_{Lr} + j\omega L_r)\left(\dfrac{1}{R_{Lp}} + \dfrac{1}{j\omega L_p}\right)}$$

$$\frac{\underline{U}_2}{\underline{U}_1} = \frac{1}{\left(1 + \dfrac{R_{Lr}}{R_{Lp}} + \dfrac{L_r}{L_p}\right) + j\cdot\left(\dfrac{\omega L_r}{R_{Lp}} - \dfrac{R_{Lr}}{\omega L_p}\right)} \qquad (15\text{P})$$

Zu 1.2 u_2 und u_1 sind in Phase, wenn der Operator reell ist, d.h. der Imaginärteil Null ist:

$$\frac{\omega L_r}{R_{Lp}} = \frac{R_{Lr}}{\omega L_p}$$

$$\omega = \sqrt{\frac{R_{Lr}\cdot R_{Lp}}{L_r\cdot L_p}} \qquad (6\text{P})$$

Zu 1.3 $\dfrac{U_2}{U_1} = \dfrac{1}{3}$ \qquad (4P)

Lösungen zum Aufgabenblatt 3

Aufgabe 2:

Zu 2.1 Bd.2, S.128, Gl. 4.166 oder FS S.113
Die allgemeine Abgleichbedingung für Wechselstrombrücken lautet:

$$\frac{\underline{Z}_1}{\underline{Z}_2} = \frac{\underline{Z}_3}{\underline{Z}_4} \qquad (5P)$$

Da die Ersatzschaltung der Spule die Parallelschaltung von ohmschen und induktiven Widerstand ist und damit der komplexe Leitwert gesucht wird, muss die allgemeine Abgleichbedingung entsprechend umgestellt werden:

$$\frac{1}{\underline{Z}_3} = \underline{Y}_3 = \frac{\underline{Z}_2}{\underline{Z}_1 \cdot \underline{Z}_4}$$

$$\frac{1}{R_{p3}} - j \cdot \frac{1}{\omega L_{p3}} = \frac{1}{R_1 \cdot R_4} \cdot \left(R_{r2} - j \cdot \frac{1}{\omega C_{r2}} \right)$$

$$\frac{1}{R_{p3}} - j \cdot \frac{1}{\omega L_{p3}} = \frac{R_{r2}}{R_1 \cdot R_4} - j \cdot \frac{1}{\omega \cdot R_1 \cdot R_4 \cdot C_{r2}}$$

Durch Vergleich der Realteile und Imaginärteile ergeben sich die gesuchten Größen:

$$\frac{1}{R_{p3}} = \frac{R_{r2}}{R_1 \cdot R_4} \qquad R_{p3} = \frac{R_1 \cdot R_4}{R_{r2}} \qquad (7P)$$

$$\frac{1}{\omega L_{p3}} = \frac{1}{\omega \cdot R_1 \cdot R_4 \cdot C_{r2}} \qquad L_{p3} = R_1 \cdot R_4 \cdot C_{r2} \qquad (7P)$$

Zu 2.2 $R_{p3} = \dfrac{R_1 \cdot R_4}{R_{r2}} = \dfrac{144\Omega \cdot 50\Omega}{284\Omega}$

$$R_{p3} = 25,35\Omega \qquad (3P)$$

$$L_{p3} = R_1 \cdot R_4 \cdot C_{r2} = 144 \frac{V}{A} \cdot 50 \frac{V}{A} \cdot 10,6 \cdot 10^{-6} \frac{As}{V}$$

$$L_{p3} = 76,32 \cdot 10^{-3} \frac{Vs}{A}$$

$$L_{p3} = 76,32 mH \qquad (3P)$$

4 Wechselstromtechnik　　5 Ortskurven　　6 Transformator　　7 Mehrphasensysteme

Lösungen zum Aufgabenblatt 3
Aufgabe 3:
Zu 3.1　　Bd.2, S.37, 207-208 oder FS S.96,126: "Kreis in allgemeiner Lage" mit $p^*=1/p$

$$\frac{\underline{U}_2}{\underline{U}_1} = \frac{R}{R + \dfrac{1}{\dfrac{1}{R_{Lp}} + \dfrac{1}{j\omega L_p}}} = \frac{\dfrac{R}{R_{Lp}} + \dfrac{R}{j\omega L_p}}{\dfrac{R}{R_{Lp}} + \dfrac{R}{j\omega L_p} + 1} = \frac{\dfrac{R}{R_{Lp}} - j \cdot \dfrac{R}{p \cdot \omega_0 L_p}}{\left(\dfrac{R}{R_{Lp}} + 1\right) - j \cdot \dfrac{R}{p \cdot \omega_0 L_p}} = \frac{\dfrac{R}{R_{Lp}} - j \cdot p^* \cdot \dfrac{R}{\omega_0 L_p}}{\left(\dfrac{R}{R_{Lp}} + 1\right) - j \cdot p^* \cdot \dfrac{R}{\omega_0 L_p}}$$

(10P)

Zu 3.2　　　　　　　　　　　　　　　　　　Konstruktion:

Mit　$\dfrac{R}{R_{Lp}} = 1$　und　$\dfrac{R}{\omega_0 L_p} = \dfrac{L_p \cdot R}{R \cdot L_p} = 1$　　$\underline{N} = \underline{A} - \dfrac{\underline{B} \cdot \underline{C}}{\underline{D}} = 1 - \dfrac{-j \cdot 2}{-j} = -1$

ergibt sich　$\dfrac{\underline{U}_2}{\underline{U}_1} = \dfrac{1 - j \cdot p^*}{2 - j \cdot p^*}$　　　　$\underline{G} = \dfrac{\underline{C}}{\underline{N}} + p^* \cdot \dfrac{\underline{D}}{\underline{N}} = \dfrac{2}{-1} + p^* \cdot \dfrac{-j}{-1}$

mit　$\underline{A} = 1$, $\underline{B} = -j$,　　　　　　$\underline{G} = \underline{E} + p^* \cdot \underline{F} = -2 + p^* \cdot j$

$\underline{G}^* = \underline{E}^* + p^* \cdot \underline{F}^* = -2 - p^* \cdot j$

$\underline{C} = 2$, $\underline{D} = -j$　　　　　　　$\underline{E} = -2$　$\dfrac{1}{2\underline{E}} = -\dfrac{1}{4}$　$-\underline{L} = -\dfrac{\underline{B}}{\underline{D}} = -\dfrac{-j}{-j} = -1$

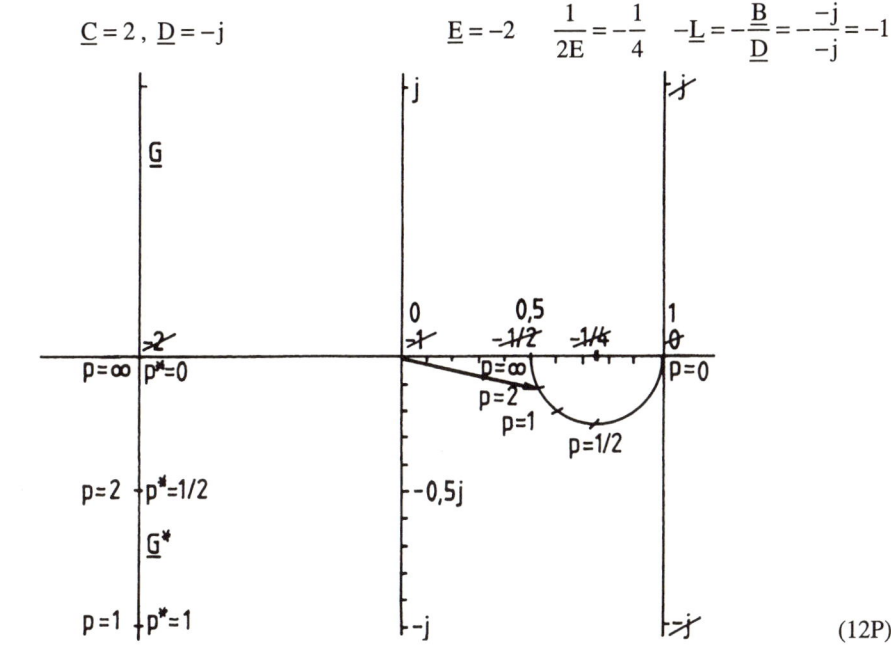

(12P)

Zu 3.3
p=0, p*=∞　　　　　　　p=1, p*=1　　　　　　　　　　　　p=∞, p*=0

$\dfrac{\underline{U}_2}{\underline{U}_1} = \lim_{p^* \to \infty} \dfrac{\dfrac{1}{p^*} - j}{\dfrac{2}{p^*} - j} = 1$　　$\dfrac{\underline{U}_2}{\underline{U}_1} = \dfrac{1-j}{2-j} \cdot \dfrac{2+j}{2+j} = \dfrac{2+1}{5} + j \dfrac{1-2}{5} = 0{,}6 - j\, 0{,}2$　　$\dfrac{\underline{U}_2}{\underline{U}_1} = \dfrac{1}{2}$　　(3P)

Lösungen zum Aufgabenblatt 3

Aufgabe 4:
Zu 4.1   Bd.2, S.17 oder FS S.88

Reihenfolge der Darstellung:

$\underline{I}_C$

$\underline{U}_R = R_C \cdot \underline{I}_C$

$\underline{U}_C = \dfrac{1}{j\omega C} \cdot \underline{I}_C$

$\underline{U}_1 = \underline{U}_R + \underline{U}_C$

$\underline{U}_1/2$ und $\underline{U}_2$

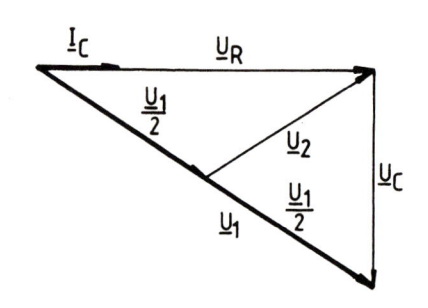

(13P)

Zu 2.2

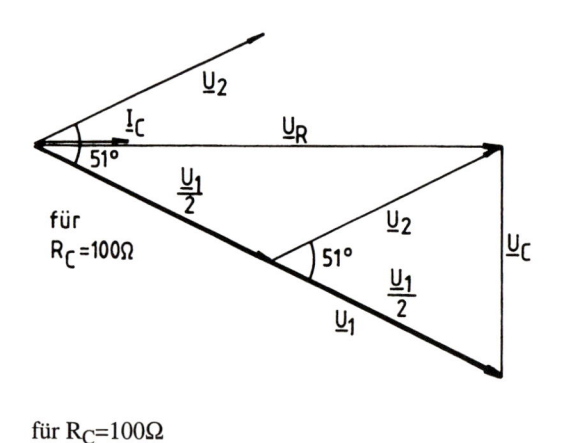

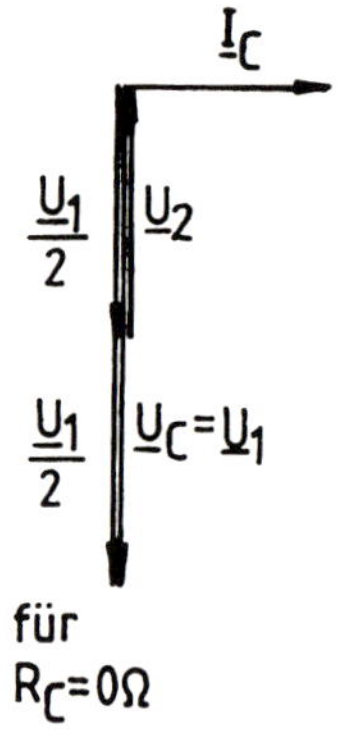

für $R_C = 100\Omega$ für $R_C = 0$

$I_C = 0{,}1\,A$ $I_C = 0{,}1\,A$

$U_R = R_C \cdot I_C = 100\Omega \cdot 0{,}1A = 10V$ $U_R = 0$

$U_C = \dfrac{1}{\omega C} \cdot I_C = \dfrac{1}{2\pi \cdot 1{,}5 \cdot 10^3 s^{-1} \cdot 2{,}2 \cdot 10^{-6} F} \cdot 0{,}1A = 4{,}82V$ $U_C = 4{,}82V$

$U_1 = \sqrt{U_R{}^2 + U_C{}^2} = \sqrt{(10V)^2 + (4{,}82)^2} = 11{,}1V$ $U_1 = U_C = 4{,}82V$

$\dfrac{U_1}{2} = 5{,}5V$ $\dfrac{U_1}{2} = 2{,}4V$

$\underline{U}_2 = 5{,}5V \quad \varphi = 51°$ $\underline{U}_2 = 2{,}4V \quad \varphi = 180°$

$\underline{V}_{uf} = \dfrac{\underline{U}_2}{\underline{U}_1} = 0{,}5 \cdot e^{j51°}$ $\underline{V}_{uf} = \dfrac{\underline{U}_2}{\underline{U}_1} = 0{,}5 \cdot e^{j180°}$

(6P)   (6P)

4 Wechselstromtechnik   5 Ortskurven   6 Transformator   7 Mehrphasensysteme

Lösungen zum Aufgabenblatt 4

Aufgabe 1:

Vergleiche Bd.2, S.69-70 Beispiel 4

Zu 1.1   Bd.2, S.37 Spannungsteilerregel oder FS S.96

$$\frac{\underline{U}_2}{\underline{U}_1} = \frac{R}{R + \frac{1}{j\omega C}}$$

$$\frac{\underline{U}_2}{\underline{U}_1} = \frac{1}{1 + \frac{1}{j\omega RC}}$$

$$\frac{\underline{U}_2}{\underline{U}_1} = \frac{1}{1 - j \cdot \frac{1}{\omega RC}}$$

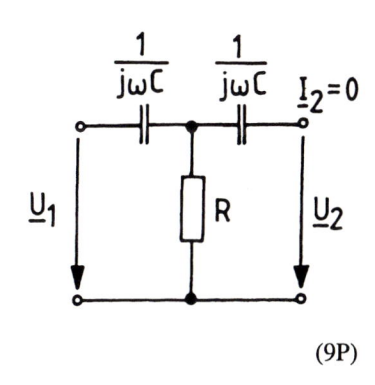

(9P)

Zu 1.2   Bd.2, S.45 Stromteilerrregel oder FS S.96

$$\frac{\underline{I}_2}{\underline{I}_1} = \frac{R}{R + \frac{1}{j\omega C}}$$

$$\frac{\underline{I}_2}{\underline{I}_1} = \frac{1}{1 + \frac{1}{j\omega RC}}$$

$$\frac{\underline{I}_2}{\underline{I}_1} = \frac{1}{1 - j \cdot \frac{1}{\omega RC}}$$

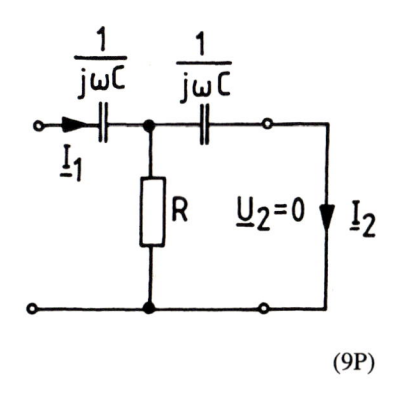

(9P)

Zu 1.3
$$\frac{U_2}{U_1} = \frac{I_2}{I_1} = \frac{1}{\sqrt{1 + \left(\frac{1}{\omega RC}\right)^2}} = \frac{1}{\sqrt{2}}$$

$$\frac{1}{(\omega RC)^2} = 1$$

$$\frac{1}{\omega RC} = 1$$

$$\omega = \frac{1}{RC}$$

(7P)

Lösungen zum Aufgabenblatt 4

Aufgabe 2:

Zu 2.1   Bd.2, S.34 und 42 oder FS S.92-95

$$\underline{Z} = \frac{1}{j\omega C_r} + \frac{1}{\frac{1}{R_p} + \frac{1}{j\omega L_p}} = -j \cdot \frac{1}{\omega C_r} + \frac{1}{\frac{1}{R_p} - j \cdot \frac{1}{\omega L_p}} \cdot \frac{\frac{1}{R_p} + j \cdot \frac{1}{\omega L_p}}{\frac{1}{R_p} + j \cdot \frac{1}{\omega L_p}}$$

$$\underline{Z} = -j \cdot \frac{1}{\omega C_r} + \frac{\frac{1}{R_p}}{\frac{1}{R_p^2} + \frac{1}{\omega^2 L_p^2}} + j \cdot \frac{\frac{1}{\omega L_p}}{\frac{1}{R_p^2} + \frac{1}{\omega^2 L_p^2}} = \frac{\frac{1}{R_p}}{\frac{1}{R_p^2} + \frac{1}{\omega^2 L_p^2}} + j \cdot \left(\frac{\frac{1}{\omega L_p}}{\frac{1}{R_p^2} + \frac{1}{\omega^2 L_p^2}} - \frac{1}{\omega C_r} \right) \quad \text{(10P)}$$

Zu 2.2

$$\frac{\frac{1}{\omega L_p}}{\frac{1}{R_p^2} + \frac{1}{\omega^2 L_p^2}} = \frac{1}{\omega C_r}$$

$$\frac{1}{\omega L_p} = \frac{1}{\omega C_r} \cdot \left(\frac{1}{R_p^2} + \frac{1}{\omega^2 L_p^2} \right)$$

$$\frac{1}{L_p} = \frac{1}{C_r \cdot R_p^2} + \frac{1}{\omega^2 \cdot C_r \cdot L_p^2} \qquad | \cdot \omega^2 \cdot C_r \cdot L_p^2$$

$$\omega^2 \cdot C_r \cdot L_p = \omega^2 \cdot \frac{L_p^2}{R_p^2} + 1$$

$$\omega^2 \cdot \frac{L_p^2}{R_p^2} - \omega^2 \cdot C_r \cdot L_p + 1 = 0 \qquad | \cdot \frac{R_p^2}{\omega^2}$$

$$L_p^2 - R_p^2 \cdot C_r \cdot L_p + \frac{R_p^2}{\omega^2} = 0 \qquad \text{d.i. eine quadratische Gleichung}$$

$$L_p^2 - 10^6 \frac{V^2}{A^2} \cdot 2 \cdot 10^{-6} \frac{As}{V} \cdot L_p + \frac{10^6 \frac{V^2}{A^2}}{10^6 s^{-2}} = 0$$

$$L_p^2 - 2 \cdot \frac{Vs}{A} \cdot L_p + 1 \cdot \left(\frac{Vs}{A} \right)^2 = 0$$

$$L_{p1,2} = 1 \cdot \frac{Vs}{A} \pm \sqrt{1 \cdot \left(\frac{Vs}{A} \right)^2 - 1 \cdot \left(\frac{Vs}{A} \right)^2} = 1H \quad \text{(10P)}$$

Zu 2.3 $$\underline{Z} = -j \cdot \frac{1}{\omega C_r} + \frac{R_p \cdot j\omega L_p}{R_p + j\omega L_p} = -j \cdot \frac{1}{10^3 s^{-1} \cdot 2 \cdot 10^{-6} \frac{As}{V}} + \frac{10^3 \frac{V}{A} \cdot j \cdot 10^3 s^{-1} \cdot 1 \frac{Vs}{A}}{10^3 \frac{V}{A} + j \cdot 10^3 s^{-1} \cdot 1 \frac{Vs}{A}}$$

$$\underline{Z} = -j \cdot \frac{1000}{2} \Omega + j \cdot \frac{1000}{1+j} \cdot \frac{1-j}{1-j} \Omega = -j \cdot 500\Omega + j \cdot \frac{1000}{2}\Omega + \frac{1000}{2}\Omega = 500\Omega \quad \text{(5P)}$$

4 Wechselstromtechnik   5 Ortskurven   6 Transformator   7 Mehrphasensysteme

Lösungen zum Aufgabenblatt 4
Aufgabe 3:

Zu 3.1 Aus $\omega_0 = \dfrac{1}{\sqrt{C_p \cdot L_p}}$ (Bd.2, S.110 oder FS S.108) folgt $4 \cdot \pi^2 \cdot f_0^2 = \dfrac{1}{C_p \cdot L_p}$ und

$$C_p = \dfrac{1}{4 \cdot \pi^2 \cdot f_0^2 \cdot L_p} = \dfrac{1}{4 \cdot \pi^2 \cdot (500 \cdot 10^3 s^{-1})^2 \cdot 563 \cdot 10^{-6} \frac{Vs}{A}} = 180 \cdot 10^{-12} \dfrac{As}{V} = 180 pF \qquad (4P)$$

Zu 3.2 Aus $d_C = \dfrac{1}{\omega_0 \cdot R_{Cp} \cdot C_p}$ (Bd.2, S.153, Gl.4.238 oder FS S.119) folgt

$$R_{Cp} = \dfrac{1}{2 \cdot \pi \cdot f_0 \cdot C_p \cdot d_C} = \dfrac{1}{2 \cdot \pi \cdot 500 \cdot 10^3 s^{-1} \cdot 180 \cdot 10^{-12} \frac{As}{V} \cdot 0{,}6 \cdot 10^{-3}} = 2{,}95 \cdot 10^6 \Omega = 2{,}95 M\Omega$$

Aus $g_L = \dfrac{R_{Lp}}{\omega_0 \cdot L_p}$ (Bd.2, S.153, Gl.4.232 oder FS S.119) folgt

$$R_{Lp} = 2 \cdot \pi \cdot f_0 \cdot L_p \cdot g_L = 2 \cdot \pi \cdot 500 \cdot 10^3 s^{-1} \cdot 563 \cdot 10^{-6} \dfrac{Vs}{A} \cdot 210 = 371 \cdot 10^3 \Omega = 371 k\Omega$$

$$R_p = \dfrac{R_{Cp} \cdot R_{Lp}}{R_{Cp} + R_{Lp}} = \dfrac{2{,}95 \cdot 10^6 \Omega \cdot 371 \cdot 10^3 \Omega}{2{,}95 \cdot 10^6 \Omega + 371 \cdot 10^3 \Omega} = 330 \cdot 10^3 \Omega = 330 k\Omega \qquad (5P)$$

Zu 3.3 Bd.2 S.111,113, Gl.4.139 und 4.142 oder FS S.108-109

$$B_{kp} = \sqrt{\dfrac{C_p}{L_p}} = \sqrt{\dfrac{180 \cdot 10^{-12} \frac{As}{V}}{563 \cdot 10^{-6} \frac{Vs}{A}}} \qquad Q_p = \dfrac{B_{kp}}{G_p} = R_p \cdot B_{kp} = 330 \cdot 10^3 \Omega \cdot 565 \cdot 10^{-6} S$$

$B_{kp} = 565 \cdot 10^{-6} S = 565 \mu S$ (3P) $\qquad Q_p = 186$ (3P)

Zu 3.4 Bd.2, S.113-114 oder FS S.109

$$Q_p \cdot v_{g2} = Q_p \cdot \left(\dfrac{f_{g2}}{f_0} - \dfrac{f_0}{f_{g2}} \right) = 1 \qquad Q_p \cdot v_{g1} = Q_p \cdot \left(\dfrac{f_{g1}}{f_0} - \dfrac{f_0}{f_{g1}} \right) = -1$$

$$\dfrac{f_{g2}}{f_0} - \dfrac{f_0}{f_{g2}} - \dfrac{1}{Q_p} = 0 \quad |\cdot f_0 \cdot f_{g2} \qquad \dfrac{f_{g1}}{f_0} - \dfrac{f_0}{f_{g1}} + \dfrac{1}{Q_p} = 0 \quad |\cdot f_0 \cdot f_{g1}$$

$$f_{g2}^2 - \dfrac{f_0}{Q_p} \cdot f_{g2} - f_0^2 = 0 \qquad f_{g1}^2 + \dfrac{f_0}{Q_p} \cdot f_{g1} - f_0^2 = 0$$

$$f_{g2} = +\dfrac{f_0}{2 \cdot Q_p} \pm \sqrt{\dfrac{f_0^2 + f_0^2 \cdot 4 \cdot Q_p^2}{4 \cdot Q_p^2}} \qquad f_{g1} = -\dfrac{f_0}{2 \cdot Q_p} \pm \sqrt{\dfrac{f_0^2 + f_0^2 \cdot 4 \cdot Q_p^2}{4 \cdot Q_p^2}}$$

$$f_{g2} = \dfrac{f_0}{2 \cdot Q_p} \cdot \left(1 + \sqrt{1 + 4 \cdot Q_p^2} \right) \qquad f_{g1} = \dfrac{f_0}{2 \cdot Q_p} \cdot \left(-1 + \sqrt{1 + 4 \cdot Q_p^2} \right) \qquad (6P)$$

Zu 3.5 $f_{g2} = \dfrac{500 \cdot 10^3 s^{-1}}{2 \cdot 186} \left(1 + \sqrt{1 + 4 \cdot 186^2} \right) = 501{,}34 kHz \qquad$ Kontrolle (Bd.2,S.114,Gl.4.146):

$f_{g1} = \dfrac{500 \cdot 10^3 s^{-1}}{2 \cdot 186} \left(-1 + \sqrt{1 + 4 \cdot 186^2} \right) = 498{,}65 kHz \qquad \Delta f = \dfrac{f_0}{Q_p} = \dfrac{500 \cdot 10^3 s^{-1}}{186} = 2{,}69 kHz$

$\Delta f = f_{g2} - f_{g1} = (501{,}34 - 498{,}65) kHz = 2{,}69 kHz$ (Bd.2, S.113, Gl. 4.144 oder FS S.109) (4P)

Lösungen zum Aufgabenblatt 4

Aufgabe 4: Bd.2, S.221und S.227-228 oder FS S.128

Zu 4.1

$I_2 = 0{,}1A \triangleq 2cm \quad U_2 = 200\Omega \cdot 0{,}1A = 20V \triangleq 4cm$

$U_{R2} = 10\Omega \cdot 0{,}1A = 1V \triangleq 0{,}2cm$

$U_{L2} = 10.000s^{-1} \cdot 45 \cdot 10^{-3} H \cdot 0{,}1A = 45V \triangleq 9cm$

$\Rightarrow U_{M2} = \omega \cdot M \cdot I_1 = 50V \triangleq 10cm$

$I_1 = \dfrac{50V}{10.000s^{-1} \cdot 15 \cdot 10^{-3} H} = 0{,}333A \triangleq 6{,}6cm$

$U_{M1} = 10.000s^{-1} \cdot 15 \cdot 10^{-3} H \cdot 0{,}1A = 15V \triangleq 3cm$

$U_{R1} = 6\Omega \cdot 0{,}333A = 2V \triangleq 0{,}4cm$

$U_{L1} = 10.000s^{-1} \cdot 20 \cdot 10^{-3} H \cdot 0{,}333A = 66{,}6V \triangleq 13{,}2cm$

$\Rightarrow U_1 = 53V \triangleq 10{,}6cm$

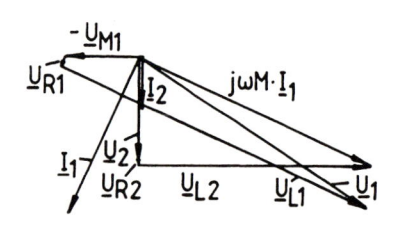

Korrektur: $U_1 = 100V \quad I_1 = \dfrac{100}{53} \cdot 0{,}333A = 0{,}628A$ (15P)

Zu 4.2 $\underline{Z} = R = 0\Omega$

$I_2 = 0{,}1A \triangleq 2cm \quad U_2 = 0$

$U_{R2} = 10\Omega \cdot 0{,}1A = 1V \triangleq 0{,}2cm$

$U_{L2} = 10.000s^{-1} \cdot 45 \cdot 10^{-3} H \cdot 0{,}1A = 45V \triangleq 9cm$

$\Rightarrow U_{M2} = \omega \cdot M \cdot I_1 = 45V \triangleq 9cm$

$I_1 = \dfrac{45V}{10.000s^{-1} \cdot 15 \cdot 10^{-3} H} = 0{,}3A \triangleq 6cm$

$U_{M1} = 10.000s^{-1} \cdot 15 \cdot 10^{-3} H \cdot 0{,}1A = 15V \triangleq 3cm$

$U_{R1} = 6\Omega \cdot 0{,}3A = 1{,}8V \triangleq 0{,}36cm$

$U_{L1} = 10.000s^{-1} \cdot 20 \cdot 10^{-3} H \cdot 0{,}3A = 60V \triangleq 12cm$

$\Rightarrow U_1 = 45V \triangleq 9cm$

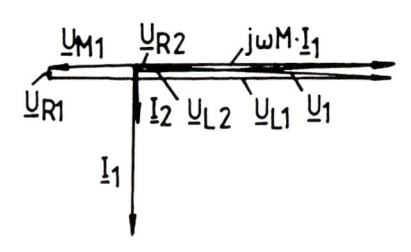

Korrektur: $U_1 = 100V \quad I_1 = \dfrac{100}{45} \cdot 0{,}3A = 0{,}67A$ (5P)

Zu 4.3 $\underline{Z} = R = \infty$

$I_2 = 0A \quad U_2 = 20V \triangleq 4cm$

$U_{R2} = 0V, \quad U_{L2} = 0V$

$\Rightarrow U_{M2} = \omega \cdot M \cdot I_1 = U_2 = 20V \triangleq 4cm$

$I_1 = \dfrac{20V}{10.000s^{-1} \cdot 15 \cdot 10^{-3} H} = 0{,}133A \triangleq 2{,}6cm$

$U_{M1} = 0V$

$U_{R1} = 6\Omega \cdot 0{,}133A = 0{,}8V \triangleq 0{,}16cm$

$U_{L1} = 10.000s^{-1} \cdot 20 \cdot 10^{-3} H \cdot 0{,}133A = 26{,}6V \triangleq 5{,}3cm$

$\Rightarrow U_1 = 26{,}6V \triangleq 5{,}3cm$

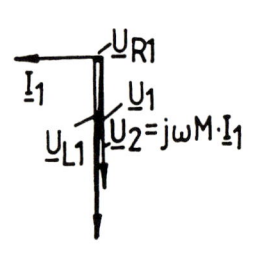

Korrektur: $U_1 = 100V \quad I_1 = \dfrac{100}{26{,}6} \cdot 0{,}133A = 0{,}5A$ (5P)

Lösungen zum Aufgabenblatt 5

Aufgabe 1: Bd.2, S.21, Bd.1, S.80 und Bd.2, S.72 Beispiel 6 oder FS S.90 und 16

Zu 1.1 k1: $\underline{I}_1 + \underline{I}_2 = \underline{I}_3$

I. $\quad R_{i1} \cdot \underline{I}_1 - \underline{U}_{q1} + \dfrac{1}{j\omega C_1} \cdot \underline{I}_1 + j\omega L_1 \cdot \underline{I}_3 - j\omega M \cdot \underline{I}_2 = 0$

II. $\quad j\omega L_2 \cdot \underline{I}_2 - j\omega M \cdot \underline{I}_3 + R_{i2} \cdot \underline{I}_2 - \underline{U}_{q2} + \dfrac{1}{j\omega C_2} \cdot \underline{I}_2 + j\omega L_1 \cdot \underline{I}_3 - j\omega M \cdot \underline{I}_2 = 0$

geordnetes Gleichungssystem:

$$\underline{I}_1 + \underline{I}_2 - \underline{I}_3 = 0 \tag{1}$$

$$\left(R_{i1} + \dfrac{1}{j\omega C_1}\right) \cdot \underline{I}_1 - j\omega M \cdot \underline{I}_2 + j\omega L_1 \cdot \underline{I}_3 = \underline{U}_{q1} \tag{2}$$

$$\left(R_{i2} + j\omega L_2 - j\omega M + \dfrac{1}{j\omega C_2}\right) \cdot \underline{I}_2 + (j\omega L_1 - j\omega M) \cdot \underline{I}_3 = \underline{U}_{q2} \tag{3} \qquad (15P)$$

Zu 1.2 $\underline{I}_1 = \underline{I}_3 - \underline{I}_2$ (1) in (2) eingesetzt ergibt

$$\left(R_{i1} + \dfrac{1}{j\omega C_1}\right) \cdot (\underline{I}_3 - \underline{I}_2) - j\omega M \cdot \underline{I}_2 + j\omega L_1 \cdot \underline{I}_3 = \underline{U}_{q1}$$

$$-\left(R_{i1} + j\omega M + \dfrac{1}{j\omega C_1}\right) \cdot \underline{I}_2 + \left(R_{i1} + j\omega L_1 + \dfrac{1}{j\omega C_1}\right) \cdot \underline{I}_3 = \underline{U}_{q1}$$

$$\left(R_{i2} + j\omega L_2 - j\omega M + \dfrac{1}{j\omega C_2}\right) \cdot \underline{I}_2 + (j\omega L_1 - j\omega M) \cdot \underline{I}_3 = \underline{U}_{q2} \tag{3}$$

(1,2) + (3) ergibt mit dem Eliminationsverfahren

$$\left[\left(R_{i1} + j\omega L_1 + \dfrac{1}{j\omega C_1}\right)\left(R_{i2} + j\omega L_2 - j\omega M + \dfrac{1}{j\omega C_2}\right) + (j\omega L_1 - j\omega M)\left(R_{i1} + j\omega M + \dfrac{1}{j\omega C_1}\right)\right] \cdot \underline{I}_3$$

$$= \underline{U}_{q1} \cdot \left(R_{i2} + j\omega L_2 - j\omega M + \dfrac{1}{j\omega C_2}\right) + \underline{U}_{q2} \cdot \left(R_{i1} + j\omega M + \dfrac{1}{j\omega C_1}\right)$$

$$\underline{I}_3 = \dfrac{\underline{U}_{q1} \cdot \left(R_{i2} + j\omega L_2 - j\omega M + \dfrac{1}{j\omega C_2}\right) + \underline{U}_{q2} \cdot \left(R_{i1} + j\omega M + \dfrac{1}{j\omega C_1}\right)}{\left(R_{i1} + j\omega L_1 + \dfrac{1}{j\omega C_1}\right)\left(R_{i2} + j\omega L_2 - j\omega M + \dfrac{1}{j\omega C_2}\right) + (j\omega L_1 - j\omega M)\left(R_{i1} + j\omega M + \dfrac{1}{j\omega C_1}\right)}$$

(10P)

Lösungen zum Aufgabenblatt 5

Aufgabe 2:
Zu 2.1   Bd.2, S.128 oder FS S.113

$$\frac{\underline{Z}_1}{\underline{Z}_2} = \frac{\underline{Z}_3}{\underline{Z}_4}$$

$$\frac{R_1}{R_2} = (R_{r3} + j\omega L_{r3})\left(\frac{1}{R_{p4}} + \frac{1}{j\omega L_{p4}}\right)$$

$$\frac{R_1}{R_2} = \frac{R_{r3}}{R_{p4}} + \frac{L_{r3}}{L_{p4}} + \frac{j\omega L_{r3}}{R_{p4}} + \frac{R_{r3}}{j\omega L_{p4}}$$

$$\frac{R_1}{R_2} = \frac{R_{r3}}{R_{p4}} + \frac{L_{r3}}{L_{p4}} + j \cdot \left(\frac{\omega L_{r3}}{R_{p4}} - \frac{R_{r3}}{\omega L_{p4}}\right) \tag{8P}$$

Durch Vergleich der Realteile und Imaginärteile ergibt sich

$$\frac{R_1}{R_2} = \frac{R_{r3}}{R_{p4}} + \frac{L_{r3}}{L_{p4}} \tag{3P}$$

und $\quad \dfrac{\omega L_{r3}}{R_{p4}} = \dfrac{R_{r3}}{\omega L_{p4}}$

$$\omega = \sqrt{\frac{R_{r3} \cdot R_{p4}}{L_{r3} \cdot L_{p4}}} \tag{4P}$$

Aus der frequenzabhängigen Abgleichbedingung folgt, dass die Wechselstrombrücke für die Messung von Spannungsfrequenzen geeignet ist. Allerdings wird in der Praxis die entsprechende Messbrücke mit Kapazitäten zur Messung von Frequenzen verwendet, weil verschiedene Vergleichsspulen in einer Brücke größer und ungenauer sind als Kapazitäten (siehe Bd.2, S.135 oder FS S.115). (5P)

Zu 2.2 $\dfrac{R_1}{R_2} = \dfrac{R}{R} + \dfrac{L}{L}$ d.h.   2=1+1

$$\omega = \sqrt{\frac{R^2}{L^2}}$$

$$\omega = \frac{R}{L} \tag{5P}$$

4 Wechselstromtechnik   5 Ortskurven   6 Transformator   7 Mehrphasensysteme

Lösungen zum Aufgabenblatt 5

Aufgabe 3:
Zu 3.1 Bd.2, S.110, Gl.4.138 und S.48, Gl.4.70 oder FS S.108 und 98

$$\omega_0 C_p = \frac{1}{\omega_0 L_p} = \frac{\omega_0 L_r}{R_{Lr}^2 + \omega_0^2 L_r^2}$$

$$R_{Lr}^2 + \omega_0^2 L_r^2 = \frac{L_r}{C_p} \quad \text{oder} \quad \omega_0^2 L_r^2 = \frac{L_r}{C_p} - R_{Lr}^2$$

$$\omega_0^2 = \frac{L_r}{L_r^2 C_p} - \frac{R_{Lr}^2}{L_r^2} \quad \text{oder} \quad \omega_0 = \sqrt{\frac{1}{L_r C_p} - \left(\frac{R_{Lr}}{L_r}\right)^2}$$

d.i. die gleiche Formel für die Resonanzkreisfrequenz wie die des Praktischen Parallel-Resonanzkreises (Bd.2, S.119, Gl. 4.155 oder FS S.111)

$$\omega_0 = \sqrt{\frac{1}{0{,}1H \cdot 2 \cdot 10^{-6} F} - \left(\frac{100\Omega}{0{,}1H}\right)^2} = 2000 s^{-1} \tag{6P}$$

Zu 3.2 Bd.2,S.48, Gl.4.70 oder FS S.98

$$L_p = \frac{R_{Lr}^2 + \omega_0^2 L_r^2}{\omega_0^2 L_r} = \frac{(100\Omega)^2 + (2000 s^{-1} \cdot 0{,}1H)^2}{(2000 s^{-1})^2 \cdot 0{,}1H} = 125 mH$$

$$R_{Lp} = \frac{R_{Lr}^2 + \omega_0^2 L_r^2}{R_{Lr}} = \frac{(100\Omega)^2 + (2000 s^{-1} \cdot 0{,}1H)^2}{100\Omega} = 500\Omega$$

$$R_p = \frac{500\Omega}{2} = 250\Omega \tag{6P}$$

Zu 3.3 $Q_p = \frac{1}{G_p} \sqrt{\frac{C_p}{L_p}} = R_p \cdot \sqrt{\frac{C_p}{L_p}} = 250\Omega \cdot \sqrt{\frac{2 \cdot 10^{-6} F}{125 \cdot 10^{-3} H}} = 1$ \hfill (4P)

(Bd.2, S.113, Gl.4.142 oder FS S.109)

Zu 3.4 Bd.2, S.115, Gl.4.147 oder FS S.110

$$U = \frac{I}{\sqrt{G_p^2 + B_{kp}^2 \left(x - \frac{1}{x}\right)^2}}$$

ω in s^{-1}	500	1000	15000	2000	2666	4000	8000
x	1/4	1/2	3/4	1	4/3	2	4
$(1-1/x)^2$	14,06	2,25	0,34	0	0,34	2,25	14,06
$I/(U/R_p)$	3,88	1,80	1,16	1	1,16	1,80	3,88

$$U = \frac{I}{G_p \sqrt{1 + Q_p^2 \left(x - \frac{1}{x}\right)^2}}$$

$$\frac{I}{U \cdot G_p} = \sqrt{1 + Q_p^2 \left(x - \frac{1}{x}\right)^2}$$

$$\frac{I}{U/R_p} = \sqrt{1 + \left(x - \frac{1}{x}\right)^2} \quad \text{mit} \quad \frac{B_{kp}}{G_p} = Q_p = 1$$

Bei Resonanz x=1 ist das Stromminimum. \hfill (9P)

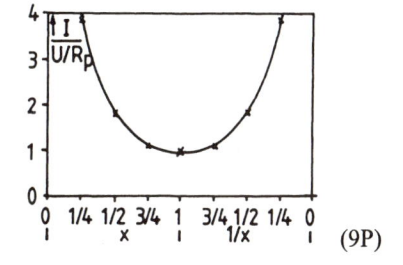

Lösungen zum Aufgabenblatt 5

Aufgabe 4:
Zu 4.1 Bd.2, S.45 oder FS S.96

$$\frac{\underline{I}_R}{\underline{I}} = \frac{\frac{1}{R_p}}{\frac{1}{R_p} + j\omega C_p + \frac{1}{j\omega L_p}}$$

$$\frac{\underline{I}_R}{\underline{I}} = \frac{1}{1 + j \cdot \left(\omega R_p C_p - \frac{R_p}{\omega L_p}\right)}$$

mit $\quad \omega = p \cdot \omega_0, \quad \omega_0 = \frac{1}{\sqrt{C_p L_p}}$

$$\frac{\underline{I}_R}{\underline{I}} = \frac{1}{1 + j \cdot \left(p \cdot \omega_0 R_p C_p - \frac{R_p}{p \cdot \omega_0 L_p}\right)}$$

mit $\quad Q_p = \frac{B_{kp}}{G_p} = R_p \cdot B_{kp}$

$$Q_p = R_p \cdot \omega_0 C_p = \frac{R_p}{\omega_0 L_p}$$

$$\frac{\underline{I}_R}{\underline{I}} = \frac{1}{1 + j \cdot Q_p \cdot \left(p - \frac{1}{p}\right)}$$

mit $\quad Q_p = 1$

$$\frac{\underline{I}_R}{\underline{I}} = \frac{1}{1 + j \cdot \left(p - \frac{1}{p}\right)}$$

d.i. die Formel für die Ortskurve
"Kreis durch den Nullpunkt"
mit 1/2A=1/2 (10P)
(Bd.2, S.197 oder FS S.125,
vgl. mit Übungsaufgabe 5.6, S.338)

Zu 4.2
Für p=1 (bei Resonanz) ist $\underline{I}_R=\underline{I}$, die Ströme $\underline{I}_L$ und $\underline{I}_C$ heben sich auf. Für p=0 ist die Induktivität und für p=∞ die Kapazität kurzgeschlossen, d.h. es fließt kein Strom über R_p. (6P)

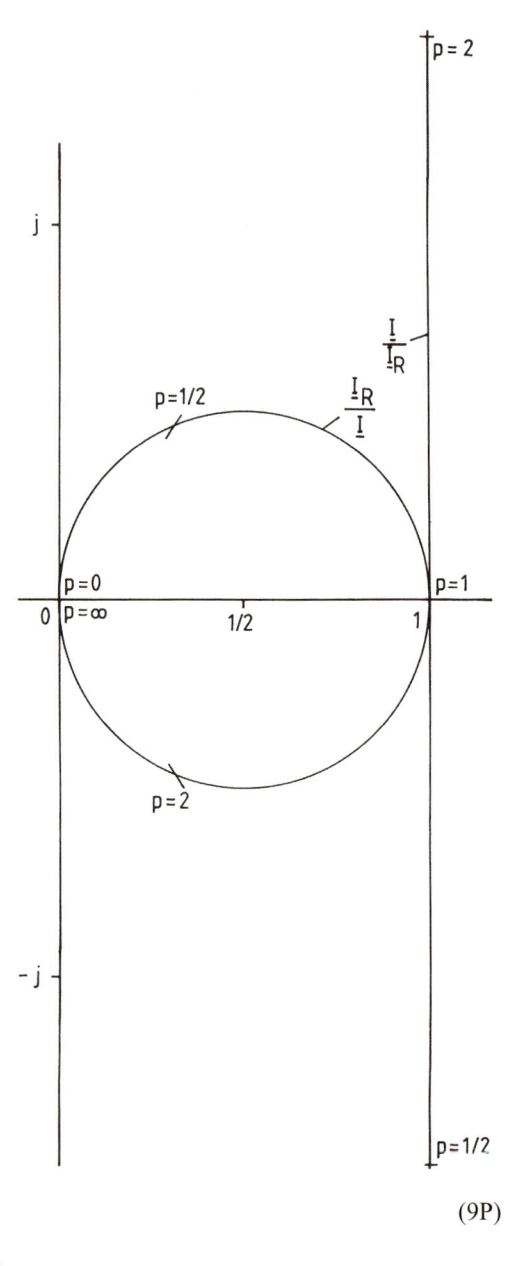

(9P)

Lösungen zum Aufgabenblatt 6

Aufgabe 1:

Zu 1.1   Bd.2, S.37 und S.216,339 Üb.5.7 oder FS S.96

$$\frac{\underline{U}_2}{\underline{U}_1} = \frac{\dfrac{1}{\dfrac{1}{R_p} + j\omega C_p + \dfrac{1}{j\omega L_p}}}{\dfrac{1}{\dfrac{1}{R_p} + j\omega C_p + \dfrac{1}{j\omega L_p}} + R}$$

$$\frac{\underline{u}_2(t)}{\underline{u}_1(t)} = \frac{1}{1 + R \cdot \left(\dfrac{1}{R_p} + j\omega C_p + \dfrac{1}{j\omega L_p}\right)} = \frac{1}{\left(1 + \dfrac{R}{R_p}\right) + j \cdot R \cdot \left(\omega C_p - \dfrac{1}{\omega L_p}\right)}$$

$$\underline{u}_2(t) = \frac{\underline{u}_1(t) \cdot e^{-j\varphi}}{\sqrt{\left(1 + \dfrac{R}{R_p}\right)^2 + R^2 \cdot \left(\omega C_p - \dfrac{1}{\omega L_p}\right)^2}}$$

$$u_2(t) = \frac{\hat{u}_1 \cdot \sin(\omega t + \varphi_{u1} - \varphi)}{\sqrt{\left(1 + \dfrac{R}{R_p}\right)^2 + R^2 \cdot \left(\omega C_p - \dfrac{1}{\omega L_p}\right)^2}} \quad \text{mit } \varphi = \arctan\frac{R \cdot \left(\omega C_p - \dfrac{1}{\omega L_p}\right)}{1 + \dfrac{R}{R_p}} \quad \text{(15P)}$$

Zu 1.2 $\varphi = \arctan\dfrac{R \cdot \left(\omega C_p - \dfrac{1}{\omega L_p}\right)}{1 + \dfrac{R}{R_p}} = 45°$, d.h. $\tan 45° = \dfrac{R \cdot \left(\omega C_p - \dfrac{1}{\omega L_p}\right)}{1 + \dfrac{R}{R_p}} = 1$

$$R \cdot \left(\omega C_p - \frac{1}{\omega L_p}\right) = 1 + \frac{R}{R_p}$$

$$\omega C_p - \frac{1}{\omega L_p} = \frac{1}{R} + \frac{1}{R_p} \qquad | \cdot \omega L_p$$

$$\omega^2 L_p C_p - 1 - \left(\frac{1}{R} + \frac{1}{R_p}\right) \cdot \omega L_p = 0$$

$$\omega^2 - \frac{1}{C_p} \cdot \left(\frac{1}{R} + \frac{1}{R_p}\right) \cdot \omega - \frac{1}{L_p C_p} = 0, \qquad \text{d.i. eine quadratische Gleichung in } \omega$$

$$\omega_{1,2} = \frac{1}{2C_p} \cdot \left(\frac{1}{R} + \frac{1}{R_p}\right) \pm \sqrt{\frac{1}{4C_p^2} \cdot \left(\frac{1}{R} + \frac{1}{R_p}\right)^2 + \frac{1}{L_p C_p}} \qquad \omega_2 \text{ entfällt, weil negativ}$$

$$\omega = \frac{1}{2C_p} \cdot \left(\frac{1}{R} + \frac{1}{R_p}\right) + \sqrt{\frac{1}{4C_p^2} \cdot \left(\frac{1}{R} + \frac{1}{R_p}\right)^2 + \frac{1}{L_p C_p}} \qquad \text{(10P)}$$

4 Wechselstromtechnik   5 Ortskurven   6 Transformator   7 Mehrphasensysteme

Lösungen zum Aufgabenblatt 6

Aufgabe 2:

Zu 2.1 Aus $\omega_0 = \dfrac{1}{\sqrt{L_r \cdot C_r}}$ (Bd.2, S.97 oder FS S.103) folgt $4 \cdot \pi^2 \cdot f_0^2 = \dfrac{1}{L_r \cdot C_r}$ und

$$C_r = \dfrac{1}{4 \cdot \pi^2 \cdot f_0^2 \cdot L_r} = \dfrac{1}{4 \cdot \pi^2 \cdot (500 \cdot 10^3 s^{-1})^2 \cdot 563 \cdot 10^{-6} \frac{Vs}{A}} = 180 \cdot 10^{-12} \dfrac{As}{V} = 180 pF \quad (4P)$$

Zu 2.2 Aus $g_L = \dfrac{\omega_0 \cdot L_r}{R_{Lr}}$ (Bd.2, S.153, Gl.4.231 oder FS S.119) folgt

$$R_{Lr} = \dfrac{2 \cdot \pi \cdot f_0 \cdot L_r}{g_L} = \dfrac{2 \cdot \pi \cdot 500 \cdot 10^3 s^{-1} \cdot 563 \cdot 10^{-6} \frac{Vs}{A}}{61} = 28,99 \Omega$$

Aus $d_C = \omega_0 \cdot R_{Cr} \cdot C_r$ (Bd.2, S.153, Gl.4.237 oder FS S.119) folgt

$$R_{Cr} = \dfrac{d_C}{2 \cdot \pi \cdot f_0 \cdot C_r} = \dfrac{0,6 \cdot 10^{-3}}{2 \cdot \pi \cdot 500 \cdot 10^3 s^{-1} \cdot 180 \cdot 10^{-12} \frac{As}{V}} = 1,06 \Omega$$

$$R_r = R_{Lr} + R_{Cr} = 28,99 \Omega + 1,06 \Omega = 30,06 \Omega \quad (6P)$$

Zu 2.3 Bd.2 S.98,100, Gl.4.115 und 4.118 oder FS S.103-104

$$X_{kr} = \sqrt{\dfrac{L_r}{C_r}} = \sqrt{\dfrac{563 \cdot 10^{-6} \frac{Vs}{A}}{180 \cdot 10^{-12} \frac{As}{V}}} = 1768,6 \Omega \quad (2P)$$

$$Q_r = \dfrac{X_{kr}}{R_r} = \dfrac{1768,6 \Omega}{1,06 \Omega} = 58,84 \quad (2P)$$

Aus $Q_r = \dfrac{f_0}{\Delta f}$ folgt $\Delta f = \dfrac{f_0}{Q_r} = \dfrac{500 \cdot 10^3 s^{-1}}{58,84} = 8,49 \cdot 10^3 s^{-1} = 8,5 kHz \quad (2P)$

Zu 2.4 Bd.2,S.105, Gl.4.132 oder FS S.105

$$\dfrac{I}{U/R_r} = \dfrac{1}{\sqrt{1 + Q_r^2 \cdot v_r^2}}$$

$x = \omega/\omega_0$	0,980	0,990	0,995	1	1/0,995	1/0,990	1/0,980
$v_r = x - 1/x$	-0,040	-0,020	-0,010	0	0,010	0,020	0,040
$I/(U/R_r)$	0,391	0,648	0,862	1,0	0,862	0,648	0,391

(6P)

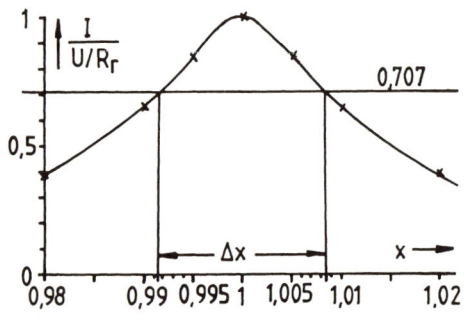

In der Resonanzkurve wird abgelesen:
$\Delta x = 1,0085 - 0,9915 = 0,017$.

Aus $\Delta x = \dfrac{\Delta f}{f_0}$ ergibt sich

$\Delta f = f_0 \cdot \Delta x$

$\Delta f = 500 \cdot 10^3 s^{-1} \cdot 0,017$

$\Delta f = 8,5 \cdot 10^3 s^{-1}$

$\Delta f = 8,5 kHz \quad (3P)$

Lösungen zum Aufgabenblatt 6

Aufgabe 3:

Zu 3.1
$$\underline{Z} = R + \frac{1}{\frac{1}{R_p} + j\omega C_p} = R + \frac{1}{\frac{1}{R_p} + p \cdot j\omega_0 C_p} \quad \text{mit} \quad \omega = p \cdot \omega_0$$

$$\underline{Z} = 50\Omega + \frac{1}{\frac{1}{200\Omega} + p \cdot j \cdot 10^6 s^{-1} \cdot 10^{-9} F} = 50\Omega + \frac{1}{5 \cdot 10^{-3} S + p \cdot j \cdot 1 \cdot 10^{-3} S}$$

d.i. ein Kreis in allgemeiner Lage oder ein verschobener Kreis durch den Nullpunkt (um $\underline{L} = R = 50\Omega$ verschoben):

mit $\quad \underline{E} = \frac{1}{R_p} = 5 \cdot 10^{-3} S \qquad \frac{1}{2E} = \frac{R_p}{2} = \frac{200\Omega}{2} = 100\Omega$

$\underline{F} = j \cdot 1 \cdot 10^{-3} S \quad$ (Bd.2, S.207-208 oder FS S.126)

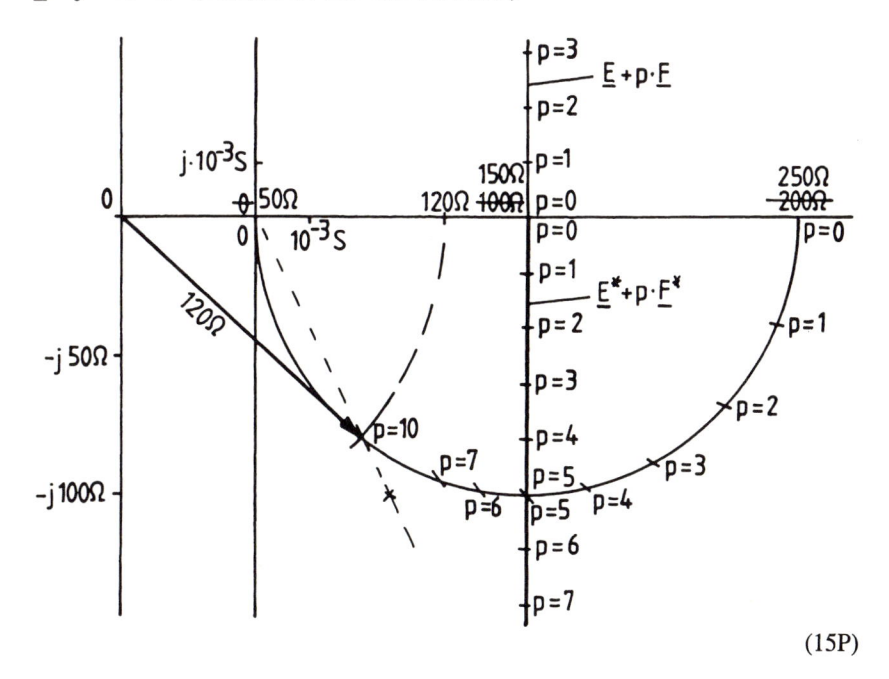

(15P)

Zu 3.2 Aus der Ortskurve wird p=10 abgelesen, d.h. $\omega = 10 \cdot 10^6 s^{-1}$. (6P)
Kontrolle:
$$\underline{Z} = 50\Omega + \frac{1}{5 \cdot 10^{-3} S + 10 \cdot j \cdot 1 \cdot 10^{-3} S} = 50\Omega + \frac{1}{(5 + j \cdot 10) \cdot 10^{-3} S} \cdot \frac{5 - j \cdot 10}{5 - j \cdot 10}$$

$$\underline{Z} = 50\Omega + \frac{5 \cdot 10^3 \Omega}{125} - j \cdot \frac{10 \cdot 10^3 \Omega}{125} = 50\Omega + 40\Omega - j \cdot 80\Omega = 90\Omega - j \cdot 80\Omega$$

$$Z = \sqrt{(90\Omega)^2 + (80\Omega)^2} = 120{,}4\Omega \qquad \text{(4P)}$$

Lösungen zum Aufgabenblatt 6

Aufgabe 4:

Zu 4.1 Bd.2, S.269, Gl.7.36 und 7.35 oder FS S.138-139 Unsymmetrische Belastung

$$\underline{U}_N = \frac{\frac{\underline{U}_{1N}}{\underline{Z}_1} + \frac{\underline{U}_{2N}}{\underline{Z}_2} + \frac{\underline{U}_{3N}}{\underline{Z}_3}}{\frac{1}{\underline{Z}_N} + \frac{1}{\underline{Z}_1} + \frac{1}{\underline{Z}_2} + \frac{1}{\underline{Z}_3}} = \frac{\frac{\underline{U}_{1N}}{\underline{Z}_1}}{\frac{1}{\underline{Z}_N} + \frac{1}{\underline{Z}_1}} = \frac{\underline{U}_{1N} \cdot G_1}{G_N + G_1} = \frac{220V \cdot 10mS}{G_N + 10mS}$$

$$\underline{I}_N = \frac{\underline{U}_N}{R_N} = \underline{U}_N \cdot G_N$$

mit $\underline{U}_{1N} = 220V$ $G_1 = \frac{1}{R_1} = \frac{1}{100\Omega} = 10mS$

$G_N = \frac{1}{R_N}$ d.h. $\frac{1}{50\Omega} = 20mS$, $\frac{1}{500\Omega} = 2mS$, $\frac{1}{5000\Omega} = 0,2mS$

und $\frac{1}{\infty\Omega} = 0mS$

$\underline{U}'_{1N} = \underline{U}_{1N} - \underline{U}_N = 220V - \underline{U}_N$

$\underline{I}_1 = \frac{\underline{U}'_{1N}}{\underline{Z}_1} = \frac{\underline{U}'_{1N}}{R_1} = \underline{U}'_{1N} \cdot G_1 = \underline{U}'_{1N} \cdot 10mS$

$\underline{U}'_{2N} = \underline{U}_{2N} - \underline{U}_N = (-110V - j \cdot 190,5)V - 73,3V = (-183,3 - j \cdot 190,5)V$

$U'_{2N} = 264,4V$

usw.

$\underline{U}'_{3N} = \underline{U}_{3N} - \underline{U}_N = (-110V + j \cdot 190,5)V - 73,3V = (-183,3 + j \cdot 190,5)V$

$U'_{3N} = 264,4V$

usw.

R_N	U_N	I_N	U'_{1N}	I_1	U'_{2N}	U'_{3N}
Ω	V	A	V	A	V	V
50	73,3	1,47	146,7	1,47	264,4	264,4
500	183,3	0,37	36,7	0,37	349,7	349,7
5000	215,7	0,043	4,3	0,043	377,3	377,3
∞	220	0	0	0	381,0	381,0

(20P)

Zu 4.2 Mit größer werdendem Sternleiterwiderstand R_N
- wächst U_N,
- verringert sich $I_N = I_1$,
- vergrößern sich die Spannungen $U'_{2N} = U'_{3N}$ über den Unterbrechungen. (3P)

Aus dieser Untersuchung folgt, dass die Sternpunkte möglichst niederohmig verbunden sein sollten, um an den Unterbrechungen hohe Spannungen zu vermeiden.

(2P)

4 Wechselstromtechnik   5 Ortskurven   6 Transformator   7 Mehrphasensysteme

Lösungen zum Aufgabenblatt 7

Aufgabe 1:
Zu 1.1 Bd.2, S.37 und S.70-71, Beispiel 5 oder FS S.96

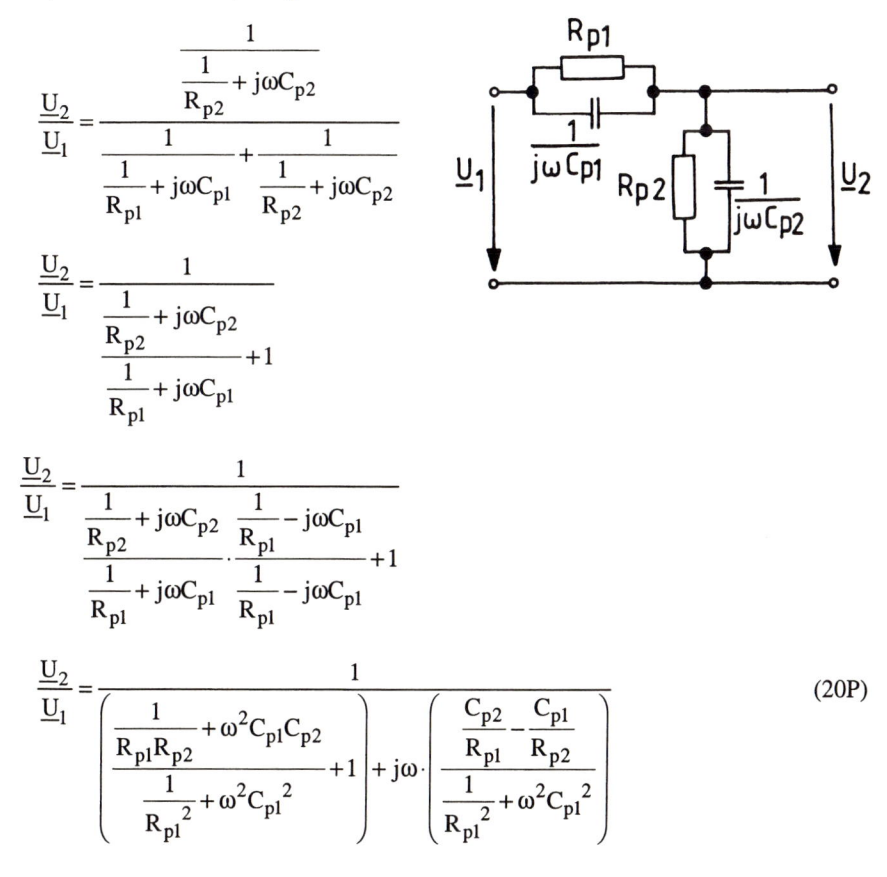

$$\frac{\underline{U}_2}{\underline{U}_1} = \frac{\dfrac{1}{\dfrac{1}{R_{p2}} + j\omega C_{p2}}}{\dfrac{1}{\dfrac{1}{R_{p1}} + j\omega C_{p1}} + \dfrac{1}{\dfrac{1}{R_{p2}} + j\omega C_{p2}}}$$

$$\frac{\underline{U}_2}{\underline{U}_1} = \frac{1}{\dfrac{\dfrac{1}{R_{p2}} + j\omega C_{p2}}{\dfrac{1}{R_{p1}} + j\omega C_{p1}} + 1}$$

$$\frac{\underline{U}_2}{\underline{U}_1} = \frac{1}{\dfrac{\left(\dfrac{1}{R_{p2}} + j\omega C_{p2}\right)\left(\dfrac{1}{R_{p1}} - j\omega C_{p1}\right)}{\left(\dfrac{1}{R_{p1}} + j\omega C_{p1}\right)\left(\dfrac{1}{R_{p1}} - j\omega C_{p1}\right)} + 1}$$

$$\frac{\underline{U}_2}{\underline{U}_1} = \frac{1}{\left(\dfrac{\dfrac{1}{R_{p1}R_{p2}} + \omega^2 C_{p1} C_{p2}}{\dfrac{1}{R_{p1}^2} + \omega^2 C_{p1}^2} + 1\right) + j\omega \cdot \left(\dfrac{\dfrac{C_{p2}}{R_{p1}} - \dfrac{C_{p1}}{R_{p2}}}{\dfrac{1}{R_{p1}^2} + \omega^2 C_{p1}^2}\right)} \qquad \text{(20P)}$$

Zu 1.2 Die Spannungen u_1 und u_2 haben gegeneinander keine Phasenverschiebung, wenn der Operator zwischen $\underline{U}_1$ und $\underline{U}_2$ reell ist, d.h. wenn der Imaginärteil des Operators Null ist. Dadurch ergibt sich:

$$\frac{C_{p2}}{R_{p1}} = \frac{C_{p1}}{R_{p2}}$$

$$R_{p1} \cdot C_{p1} = R_{p2} \cdot C_{p2} \qquad \text{(5P)}$$

4 Wechselstromtechnik   5 Ortskurven   6 Transformator   7 Mehrphasensysteme

Lösungen zum Aufgabenblatt 7

Aufgabe 2:
Zu 2.1   Bd.2, S.37 und S.70-71, Beispiel 5 oder FS S.96

$$\frac{\underline{U}_2}{\underline{U}_1} = \frac{\frac{1}{\frac{1}{R_{Lp}} + \frac{1}{j\omega L}}}{\frac{1}{\frac{1}{R_{Lp}} + \frac{1}{j\omega L}} + R} = \frac{1}{1 + R\cdot\left(\frac{1}{R_{Lp}} + \frac{1}{j\omega L}\right)}$$

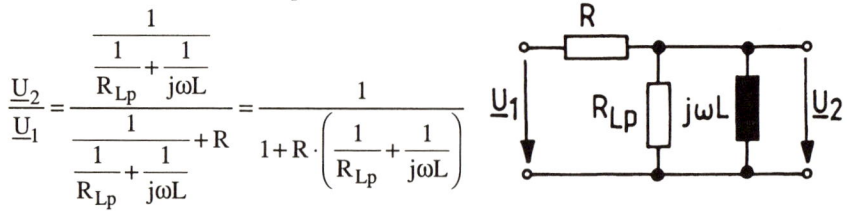

$$\frac{\underline{U}_2}{\underline{U}_1} = \frac{1}{\left(1 + \frac{R}{R_{Lp}}\right) - j\cdot\frac{R}{p\cdot\omega_0 L}} = \frac{1}{(1+r) - j\cdot\frac{1}{p}} \quad \text{mit} \quad \omega = p\cdot\omega_0, \quad \omega_0 = \frac{R}{L}, \quad r = \frac{R}{R_{Lp}}$$

für $r = 1$: $\dfrac{\underline{U}_2}{\underline{U}_1} = \dfrac{1}{2 - j\cdot\dfrac{1}{p}}$ d. i. ein Kreis durch den Nullpunkt (Bd.2, S.197 oder FS S.125)

(16P)

Zu 2.2   p=0: $\dfrac{\underline{U}_2}{\underline{U}_1} = \dfrac{1}{2 - j\cdot\infty} = 0$ p=1: $\dfrac{\underline{U}_2}{\underline{U}_1} = \dfrac{1}{2-j}\cdot\dfrac{2+j}{2+j} = \dfrac{2}{5} + j\cdot\dfrac{1}{5}$ p=∞: $\dfrac{\underline{U}_2}{\underline{U}_1} = \dfrac{1}{2-0} = \dfrac{1}{2}$ (3P)

Zu 2.3   für r=0: $\dfrac{\underline{U}_2}{\underline{U}_1} = \dfrac{1}{1 - j\cdot\dfrac{1}{p}}$ (6P)

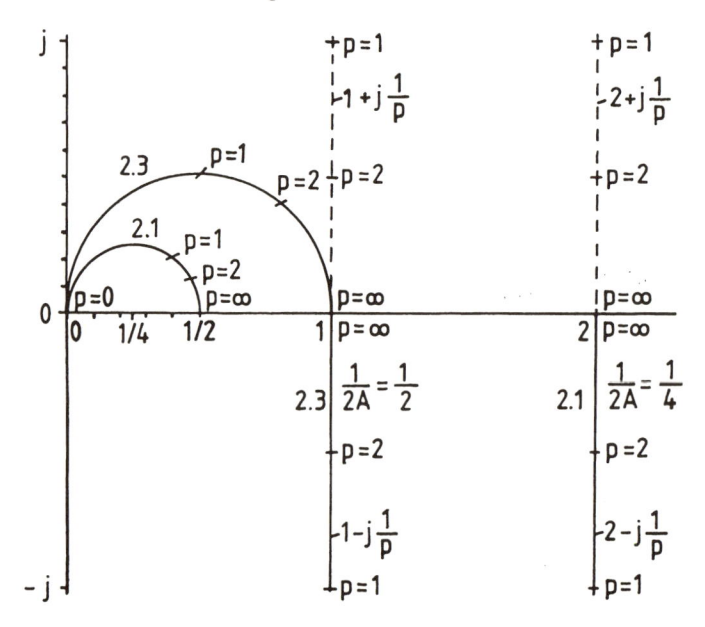

4 Wechselstromtechnik   5 Ortskurven   6 Transformator   7 Mehrphasensysteme

Lösungen zum Aufgabenblatt 7

Aufgabe 3:
Zu 3.1   Bd.2, S.230, Bild 6.14, Bd.1, S.338, Gl.3.369 oder FS S.130 und S.81

$M = k \cdot \sqrt{L_1 \cdot L_2} = 0,8 \cdot \sqrt{25 \cdot 30}\,mH = 22\,mH$

$j\omega M = j \cdot 1000s^{-1} \cdot 22\,mH = j \cdot 22\,\Omega$

$L_1 - M = 25\,mH - 22\,mH = 3\,mH$

$j\omega \cdot (L_1 - M) = j \cdot 1000s^{-1} \cdot 3\,mH = j \cdot 3\,\Omega$

$L_2 - M = 30\,mH - 22\,mH = 8\,mH$

$j\omega \cdot (L_2 - M) = j \cdot 1000s^{-1} \cdot 8\,mH = j \cdot 8\,\Omega$ (6P)

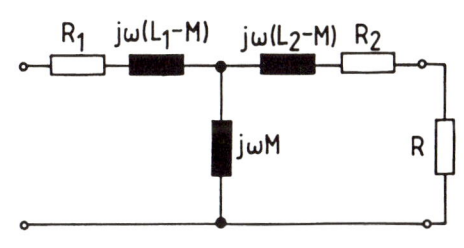

$\underline{Z}_{in} = R_1 + j\omega(L_1 - M) + \dfrac{j\omega M \cdot [(R_2 + R) + j\omega(L_2 - M)]}{(R_2 + R) + j\omega(L_2 - M + M)} = 10\,\Omega + j \cdot 3\,\Omega + \dfrac{j \cdot 22\,\Omega \cdot [100\,\Omega + j \cdot 8\,\Omega]}{100\,\Omega + j \cdot 30\,\Omega}$

$\underline{Z}_{in} = 10\,\Omega + j \cdot 3\,\Omega + \dfrac{-176\,\Omega + j \cdot 2200\,\Omega}{100\,\Omega + j \cdot 30\,\Omega} \cdot \dfrac{100\,\Omega - j \cdot 30\,\Omega}{100\,\Omega - j \cdot 30\,\Omega} = 10\,\Omega + j \cdot 3\,\Omega + \dfrac{48400 + j \cdot 225280}{10900}$

$\underline{Z}_{in} = 10\,\Omega + j \cdot 3\,\Omega + 4,44\,\Omega + j \cdot 20,67\,\Omega = 14,44\,\Omega + j \cdot 23,67\,\Omega$ (7P)

Zu 3.2   Bd.2. S.234, Bild 6.19, Bd.1, S.340, Gl.3.377 oder FS S.131 und S.81)

$j\omega\sigma L_1 = j\omega(1 - k^2)L_1$

$j\omega\sigma L_1 = j \cdot 1000s^{-1} \cdot 0,36 \cdot 25 \cdot 10^{-3}\,H = j \cdot 9\,\Omega$

$j\omega k^2 L_1 = j \cdot 1000s^{-1} \cdot 0,64 \cdot 25 \cdot 10^{-3}\,H = j \cdot 16\,\Omega$

mit $\dfrac{M}{L_2} = \dfrac{22}{30} = 0,733$ ergeben sich

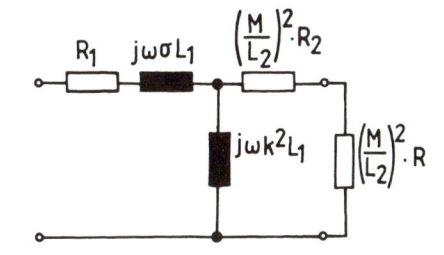

$\left(\dfrac{M}{L_2}\right)^2 \cdot R_2 = 10,76\,\Omega$, $\left(\dfrac{M}{L_2}\right)^2 \cdot R = 43,02\,\Omega$ und $\left(\dfrac{M}{L_2}\right)^2 \cdot (R_2 + R) = 53,78\,\Omega$ (6P)

$\underline{Z}_{in} = R_1 + j\omega\sigma L_1 + \dfrac{1}{\dfrac{1}{\left(\dfrac{M}{L_2}\right)^2 \cdot (R_2 + R)} + \dfrac{1}{j\omega k^2 L_1}} = 10\,\Omega + j \cdot 9\,\Omega + \dfrac{1}{\dfrac{1}{53,78\,\Omega} - j \cdot \dfrac{1}{16\,\Omega}}$

$\underline{Z}_{in} = 10\,\Omega + j \cdot 9\,\Omega + \dfrac{1}{18,6 \cdot 10^{-3}\,S - j \cdot 62,5 \cdot 10^{-3}\,S} \cdot \dfrac{18,6 \cdot 10^{-3}\,S + j \cdot 62,5 \cdot 10^{-3}\,S}{18,6 \cdot 10^{-3}\,S + j \cdot 62,5 \cdot 10^{-3}\,S}$

$\underline{Z}_{in} = 10\,\Omega + j \cdot 9\,\Omega + \dfrac{18,6 \cdot 10^{-3}\,S + j \cdot 62,5 \cdot 10^{-3}\,S}{4,25221 \cdot 10^{-3}\,S^2}$

$\underline{Z}_{in} = 10\,\Omega + j \cdot 9\,\Omega + 4,37\,\Omega + j \cdot 14,7\,\Omega = 14,37 + j \cdot 23,7\,\Omega$ (6P)

Lösungen zum Aufgabenblatt 7
Aufgabe 4:
Zu 4.1   Bd.2, S.257-261 oder FS S.136-137

Strangspannungen: $U_{St} = \dfrac{U_{Lt}}{\sqrt{3}} = \dfrac{400V}{\sqrt{3}} = 231V$ Leiterspannungen: $U_{Lt}=400V$

$\underline{U}_{1N} = 231V \cdot e^{j \cdot 0^0} = 231V$ $\underline{U}_{12} = 400V \cdot e^{j \cdot 30^0} = 346,4V + j \cdot 200V$

$\underline{U}_{2N} = 231V \cdot e^{-j \cdot 120^0} = -115V - j \cdot 200V$ $\underline{U}_{23} = 400V \cdot e^{-j \cdot 90^0} = -j \cdot 400V$

$\underline{U}_{3N} = 231V \cdot e^{j \cdot 120^0} = -115V + j \cdot 200V$ $\underline{U}_{31} = 400V \cdot e^{j \cdot 150^0} = -346,4V + j \cdot 200V$ (4P)

Zu 4.2 $\underline{Z} = 10\Omega + j \cdot 50\Omega = 51\Omega \cdot e^{j \cdot 78,7^0}$

$\underline{I}_1 = \dfrac{\underline{U}'_{1N}}{\underline{Z}_1} = \dfrac{\underline{U}_{1N}}{\underline{Z}} = \dfrac{231V}{51\Omega \cdot e^{j \cdot 78,7^0}} = 4,53 \cdot e^{-j \cdot 78,7^0} = 0,8876A - j \cdot 4,44A$ (2P)

$\underline{I}_2 = \dfrac{\underline{U}'_{2N}}{\underline{Z}_2} = \dfrac{\underline{U}_{2N}}{\underline{Z}} = \dfrac{231V \cdot e^{-j \cdot 120^0}}{51\Omega \cdot e^{j \cdot 78,7^0}} = 4,53 \cdot e^{-j \cdot 198,7^0} = 4,53 \cdot e^{j \cdot 161,3^0} = -4,29A + j \cdot 1,45A$ (2P)

$\underline{I}_3 = \dfrac{\underline{U}'_{3N}}{\underline{Z}_3} = \dfrac{\underline{U}_{3N}}{\underline{Z}} = \dfrac{231V \cdot e^{j \cdot 120^0}}{51\Omega \cdot e^{j \cdot 78,7^0}} = 4,53 \cdot e^{j \cdot 41,3^0} = 3,40A + j \cdot 2,99A$ (2P)

Zu 4.3 $\underline{Z}_1 = \underline{Z}_2 = \underline{Z} = 10\Omega + j \cdot 50\Omega = 51\Omega \cdot e^{j \cdot 78,7^0}$ und $\underline{Z}_3 = \infty$

$\underline{U}'_{1N} = \dfrac{\dfrac{\underline{U}_{12}}{\underline{Z}_2} - \dfrac{\underline{U}_{31}}{\underline{Z}_3}}{\dfrac{1}{\underline{Z}_1} + \dfrac{1}{\underline{Z}_2} + \dfrac{1}{\underline{Z}_3}} = \dfrac{\dfrac{\underline{U}_{12}}{\underline{Z}}}{\dfrac{2}{\underline{Z}}} = \dfrac{\underline{U}_{12}}{2} = 200V \cdot e^{j \cdot 30^0}$ (Bd.2, S.277, Gln.7.43-7.46 oder FS S.141)

$\underline{I}_1 = \dfrac{\underline{U}'_{1N}}{\underline{Z}_1} = \dfrac{\underline{U}'_{1N}}{\underline{Z}} = \dfrac{200V \cdot e^{j \cdot 30^0}}{51\Omega \cdot e^{j \cdot 78,7^0}} = 3,92A \cdot e^{-j \cdot 48,7^0}$ (3P)

$\underline{U}'_{2N} = \dfrac{\dfrac{\underline{U}_{23}}{\underline{Z}_3} - \dfrac{\underline{U}_{12}}{\underline{Z}_1}}{\dfrac{1}{\underline{Z}_1} + \dfrac{1}{\underline{Z}_2} + \dfrac{1}{\underline{Z}_3}} = \dfrac{-\dfrac{\underline{U}_{12}}{\underline{Z}}}{\dfrac{2}{\underline{Z}}} = -\dfrac{\underline{U}_{12}}{2} = -200V \cdot e^{j \cdot 30^0} = 200V \cdot e^{-j \cdot 150^0}$

$\underline{I}_2 = \dfrac{\underline{U}'_{2N}}{\underline{Z}_2} = \dfrac{\underline{U}'_{2N}}{\underline{Z}} = \dfrac{200V \cdot e^{-j \cdot 150^0}}{51\Omega \cdot e^{j \cdot 78,7^0}} = 3,92A \cdot e^{-j \cdot 228,7^0} = 3,92A \cdot e^{j \cdot 131,3^0}$ (3P)

$\underline{U}'_{3N} = \dfrac{\dfrac{\underline{U}_{31}}{\underline{Z}_1} - \dfrac{\underline{U}_{23}}{\underline{Z}_2}}{\dfrac{1}{\underline{Z}_1} + \dfrac{1}{\underline{Z}_2} + \dfrac{1}{\underline{Z}_3}} = \dfrac{\dfrac{1}{\underline{Z}}(\underline{U}_{31} - \underline{U}_{23})}{\dfrac{2}{\underline{Z}}} = \dfrac{(-346,4 + j \cdot 200 + j \cdot 400)V}{2} = (-173,2 + j \cdot 300)V = 346,4V \cdot e^{j \cdot 120^0}$

$\underline{I}_3 = 0$

(3P)

Zu 4.4   Kontrolle: $\underline{U}_{12} = \underline{U}'_{1N} - \underline{U}'_{2N}$

$\underline{U}_{23} = \underline{U}'_{2N} - \underline{U}'_{3N}$

$\underline{U}_{31} = \underline{U}'_{3N} - \underline{U}'_{1N}$

(6P)

Lösungen zum Aufgabenblatt 8

Aufgabe 1:
Zu 1.1 Bd.1, S.90, Bd.2, S.73-74, Beispiel 7 oder FS S. 18-20 und 90

$$\underline{Z}_\text{aers} = \frac{1}{j\omega C_p} \qquad \underline{Z}_\text{iers} = \frac{R_{Cp} \cdot (R_{Lr} + j\omega L_r)}{R_{Cp} + R_{Lr} + j\omega L_r} \qquad \underline{I} = \underline{I}_C \qquad \underline{I}_\text{qers} = \underline{I}_k = \frac{U}{R_{Lr} + j\omega L_r}$$

(R_{Cp} kurzgeschlossen)

$$\underline{I} = \frac{\underline{I}_\text{qers} \cdot \underline{Z}_\text{iers}}{\underline{Z}_\text{iers} + \underline{Z}_\text{aers}}$$

$$\underline{I}_C = \frac{\dfrac{U}{R_{Lr} + j\omega L_r} \cdot \dfrac{R_{Cp} \cdot (R_{Lr} + j\omega L_r)}{R_{Cp} + R_{Lr} + j\omega L_r}}{\dfrac{R_{Cp} \cdot (R_{Lr} + j\omega L_r)}{R_{Cp} + R_{Lr} + j\omega L_r} + \dfrac{1}{j\omega C_p}} = \frac{\dfrac{U \cdot R_{Cp}}{R_{Cp} + R_{Lr} + j\omega L_r}}{\dfrac{R_{Cp} \cdot (R_{Lr} + j\omega L_r)}{R_{Cp} + R_{Lr} + j\omega L_r} + \dfrac{1}{j\omega C_p}}$$

$$\underline{I}_C = \frac{U \cdot R_{Cp}}{R_{Cp} \cdot (R_{Lr} + j\omega L_r) + \dfrac{1}{j\omega C_p} \cdot (R_{Cp} + R_{Lr} + j\omega L_r)}$$

$$\underline{I}_C = \frac{U}{\left(R_{Lr} + \dfrac{1}{R_{Cp}} \cdot \dfrac{L_r}{C_p}\right) + j \cdot \left[\omega L_r - \dfrac{1}{\omega C_p} \cdot \left(\dfrac{R_{Lr}}{R_{Cp}} + 1\right)\right]} \qquad (18P)$$

$$i_C(t) = \frac{\hat{u} \cdot \sin(\omega t + \varphi_u - \varphi)}{\sqrt{\left(R_{Lr} + \dfrac{1}{R_{Cp}} \cdot \dfrac{L_r}{C_p}\right)^2 + \left[\omega L_r - \dfrac{1}{\omega C_p} \cdot \left(\dfrac{R_{Lr}}{R_{Cp}} + 1\right)\right]^2}} \qquad \text{mit}$$

$$\varphi = \arctan \frac{\omega L_r - \dfrac{1}{\omega C_p} \cdot \left(\dfrac{R_{Lr}}{R_{Cp}} + 1\right)}{R_{Lr} + \dfrac{1}{R_{Cp}} \cdot \dfrac{L_r}{C_p}} \qquad (4P)$$

Zu 1.2 Der Strom i_C und die Spannung u haben keine Phasenverschiebung ($\varphi = 0$), wenn der Operator zwischen $\underline{I}_C$ und $\underline{U}$ reell ist, d.h. wenn der Imaginärteil Null wird:

$$\omega L_r - \frac{1}{\omega C_p} \cdot \left(\frac{R_{Lr}}{R_{Cp}} + 1\right) = 0 \qquad \omega = \sqrt{L_r C_p \cdot \left(\frac{R_{Lr}}{R_{Cp}} + 1\right)} \qquad (3P)$$

Lösungen zum Aufgabenblatt 8

Aufgabe 2:

Zu 2.1 Bd.2, S.17 und S.75 Beispiel 8 und S.299 Üb. 4.16 oder FS S.88
Reihenfolge der Darstellung:

$\underline{U}_\mu$

$\underline{I}_a = \dfrac{\underline{U}_\mu}{R_{Fe}}$

$\underline{I}_\mu = \dfrac{\underline{U}_\mu}{j\omega L}$

$\underline{I}_o = \underline{I}_a + \underline{I}_\mu$

$\underline{U}_{Cu} = R_{Cu} \cdot \underline{I}_o$

$\underline{U} = \underline{U}_\mu + \underline{U}_{Cu}$

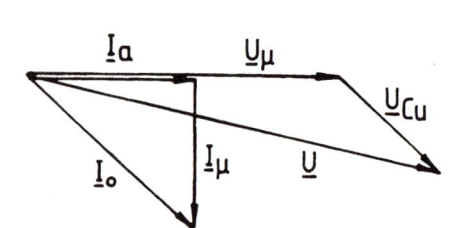

(6P)

Zu 2.2 Bd.2, S.149, Gl.4.211 und S.148, Gl.4.207 oder FS S.118

$$\text{Aus} \quad Q = I_\mu^2 \cdot \omega L \quad \Rightarrow \quad I_\mu = \sqrt{\dfrac{Q}{\omega L}} = \sqrt{\dfrac{40 VA}{2\pi \cdot 50 s^{-1} \cdot 1,2 H}} = 0,326 A$$

$$U_\mu = I_\mu \cdot \omega L = 0,326 A \cdot 2\pi \cdot 50 s^{-1} \cdot 1,2 H = 123 V$$

$$\text{aus} \quad P_{Fe} = I_a \cdot U_\mu \quad \Rightarrow \quad I_a = \dfrac{P_{Fe}}{U_\mu} = \dfrac{20 VA}{123 V} = 0,163 A$$

$$I_o = \sqrt{I_\mu^2 + I_a^2} = \sqrt{(0,326 A)^2 + (0,163)^2} = 0,364 A$$

$$U_{Cu} = I_o \cdot R_{Cu} = 0,364 A \cdot 150 \Omega = 54,6 V$$

$$P = P_{Cu} + P_{Fe} = I_o^2 \cdot R_{Cu} + P_{Fe} = (0,364 A)^2 \cdot 150 \Omega + 20 VA = 40 W$$

$$S = \sqrt{Q^2 + P^2} = \sqrt{(40 VA)^2 + (40 VA)^2} = 56,5 VA$$

$$U = \dfrac{S}{I_o} = \dfrac{56,5 VA}{0,364 A} = 155 V$$

(14P)

Zu 2.3

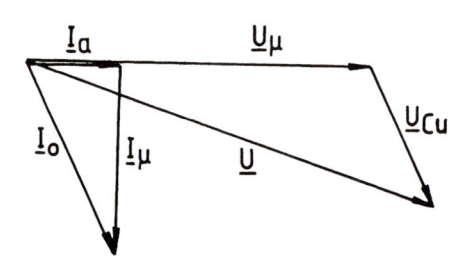

(5P)

Lösungen zum Aufgabenblatt 8
Aufgabe 3:

Zu 3.1 $\underline{Z} = \dfrac{1}{\dfrac{1}{R_p} + j\omega C_p} + \dfrac{1}{j\omega C_r} = \dfrac{1}{\dfrac{1}{R_p} + p \cdot j\omega_0 C_p} - j \cdot \dfrac{1}{p\omega_0 C_r}$ mit $\omega = p \cdot \omega_0$

$\underline{Z} = \dfrac{1}{\dfrac{1}{1000\Omega} + p \cdot j \cdot 100 \cdot 10^3 \text{s}^{-1} \cdot 10 \cdot 10^{-9}\text{F}} - j \cdot \dfrac{1}{p \cdot 100 \cdot 10^3 \text{s}^{-1} \cdot 50 \cdot 10^{-9}\text{F}}$

$\underline{Z} = \dfrac{1}{1\text{mS} + p \cdot j \cdot 1\text{mS}} - \dfrac{1}{p} \cdot j \cdot 200\Omega$ mit $\dfrac{1}{2\text{A}} = \dfrac{1}{2\text{mS}} = 500\Omega$

Es handelt sich um die Überlagerung eines Kreises durch den Nullpunkt und einer Geraden.   (Bd.2, S.188, 197 und 212 oder FS S.124 und 126)

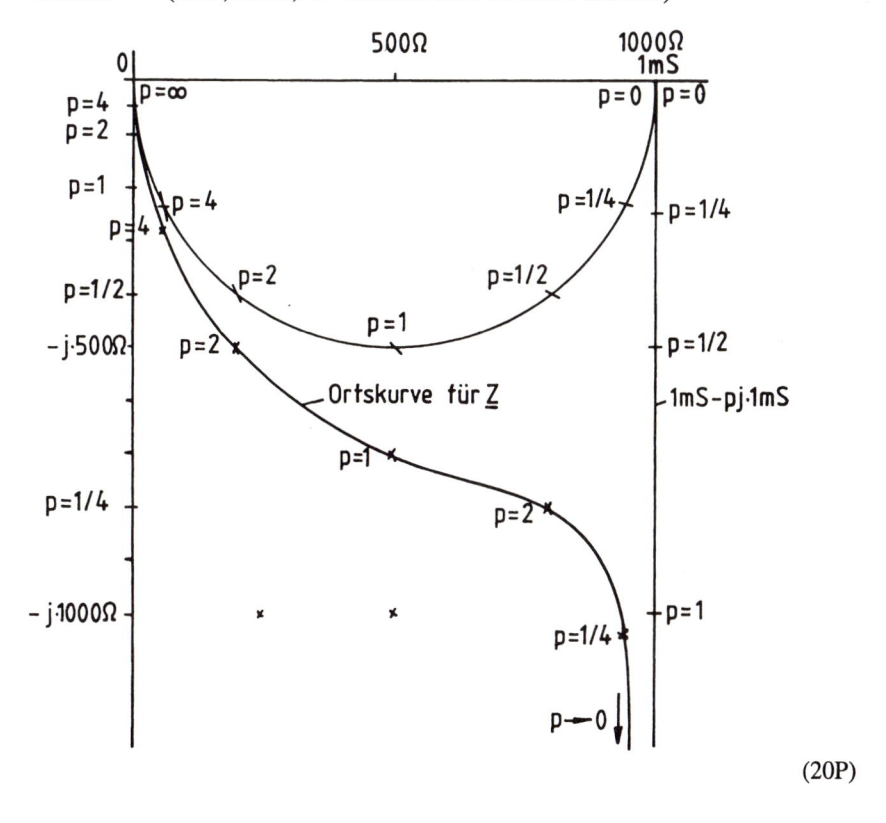

(20P)

Zu 3.2

p=0: $\underline{Z} = \dfrac{1}{1\text{mS} + 0} - j \cdot \infty = 1\text{k}\Omega - j \cdot \infty$ $p = \infty$: $\underline{Z} = \dfrac{1}{\infty} - \dfrac{1}{\infty} = 0$

p=1: $\underline{Z} = \dfrac{1}{1+j} \cdot \dfrac{1-j}{1-j} \cdot \dfrac{1}{\text{mS}} - j \cdot 200\Omega = \dfrac{1000\Omega}{2} - \dfrac{j \cdot 1000\Omega}{2} - j \cdot 200\Omega = 500\Omega - j \cdot 700\Omega$ (5P)

Lösungen zum Aufgabenblatt 8

Aufgabe 4:
Zu 4.1 Bd.2. S.234, Bild 6.19, Bd.1, S.340, Gl.3.377 oder FS S.131 und S.81)

$R_1 = 6\Omega$

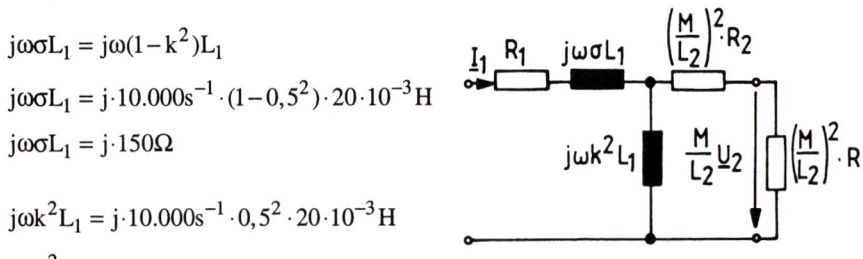

$j\omega\sigma L_1 = j\omega(1-k^2)L_1$

$j\omega\sigma L_1 = j\cdot 10.000s^{-1}\cdot(1-0,5^2)\cdot 20\cdot 10^{-3}H$

$j\omega\sigma L_1 = j\cdot 150\Omega$

$j\omega k^2 L_1 = j\cdot 10.000s^{-1}\cdot 0,5^2\cdot 20\cdot 10^{-3}H$

$j\omega k^2 L_1 = j\cdot 50$

aus $M = k\cdot\sqrt{L_1\cdot L_2}$ $\Rightarrow$ $L_2 = \dfrac{M^2}{k^2\cdot L_1} = \dfrac{(15mH)^2}{0,5^2\cdot 20mH} = 45mH$

$R_2' = \left(\dfrac{M}{L_2}\right)^2\cdot R_2 = \left(\dfrac{15mH}{45mH}\right)^2\cdot 10\Omega = \dfrac{10\Omega}{9} = 1,1\Omega$

$R' = \left(\dfrac{M}{L_2}\right)^2\cdot R = \left(\dfrac{15mH}{45mH}\right)^2\cdot 200\Omega = \dfrac{200\Omega}{9} = 22,2\Omega$ (10P)

Zu 4.2 $U_2 = 40V$

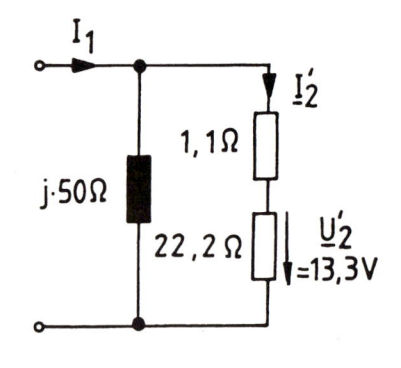

$\underline{U}_2' = U_2' = \left(\dfrac{M}{L_2}\right)\cdot U_2 = \dfrac{40V}{3} = 13,3V$

$\underline{I}_2' = I_2' = \dfrac{U_2'}{R'} = \dfrac{13,3V}{22,2\Omega} = 0,6A$

$\dfrac{\underline{I}_2'}{\underline{I}_1} = \dfrac{j\cdot 50\Omega}{(1,1\Omega + 22,2\Omega) + j\cdot 50\Omega}$ (Stromteiler)

$\underline{I}_1 = \dfrac{23,3\Omega + j\cdot 50\Omega}{j\cdot 50\Omega}\cdot\underline{I}_2' = \left(1 - j\dfrac{23,3}{50}\right)\cdot 0,6A$

$\underline{I}_1 = 0,6A - j\cdot 0,28A$

$I_1 = \sqrt{(0,6A)^2 + (0,28A)^2} = 0,66A$ (15P)

4 Wechselstromtechnik 5 Ortskurven 6 Transformator 7 Mehrphasensysteme

Lösungen zum Aufgabenblatt 9

Aufgabe 1:
Zu 1.1 Bd.1, S.90, Bd.2, S.73-74, Beispiel 7 oder FS S. 18-20 und 90

$$\underline{Z}_{aers} = j\omega L_p \qquad \underline{Z}_{iers} = \frac{R_{Lp} \cdot \left(R_{Cr} + \dfrac{1}{j\omega C_r}\right)}{R_{Lp} + R_{Cr} + \dfrac{1}{j\omega C_r}} \qquad \underline{I} = \underline{I}_L \qquad \underline{I}_{qers} = \underline{I}_k = \frac{\underline{U}}{R_{Cr} + \dfrac{1}{j\omega C_r}}$$

$$\underline{I} = \frac{\underline{I}_{qers} \cdot \underline{Z}_{iers}}{\underline{Z}_{iers} + \underline{Z}_{aers}} \qquad (R_{Lp} \text{ kurzgeschlossen})$$

$$\underline{I}_L = \frac{\dfrac{\underline{U}}{R_{Cr} + \dfrac{1}{j\omega C_r}} \cdot \dfrac{R_{Lp} \cdot \left(R_{Cr} + \dfrac{1}{j\omega C_r}\right)}{R_{Lp} + R_{Cr} + \dfrac{1}{j\omega C_r}}}{\dfrac{R_{Lp} \cdot \left(R_{Cr} + \dfrac{1}{j\omega C_r}\right)}{R_{Lp} + R_{Cr} + \dfrac{1}{j\omega C_r}} + j\omega L_p} = \frac{\dfrac{\underline{U} \cdot R_{Lp}}{R_{Lp} + R_{Cr} + \dfrac{1}{j\omega C_r}}}{\dfrac{R_{Lp} \cdot \left(R_{Cr} + \dfrac{1}{j\omega C_r}\right)}{R_{Lp} + R_{Cr} + \dfrac{1}{j\omega C_r}} + j\omega L_p}$$

$$\underline{I}_L = \frac{\underline{U} \cdot R_{Lp}}{R_{Lp} \cdot \left(R_{Cr} + \dfrac{1}{j\omega C_r}\right) + j\omega L_p \cdot \left(R_{Lp} + R_{Cr} + \dfrac{1}{j\omega C_r}\right)}$$

$$\underline{I}_L = \frac{\underline{U}}{\left(R_{Cr} + \dfrac{1}{R_{Lp}} \cdot \dfrac{L_p}{C_r}\right) + j \cdot \left[\omega L_p \cdot \left(1 + \dfrac{R_{Cr}}{R_{Lp}}\right) - \dfrac{1}{\omega C_r}\right]} \qquad (18P)$$

$$i_L(t) = \frac{\hat{u} \cdot \sin(\omega t + \varphi_u - \varphi)}{\sqrt{\left(R_{Cr} + \dfrac{1}{R_{Lp}} \cdot \dfrac{L_p}{C_r}\right)^2 + \left[\omega L_p \cdot \left(1 + \dfrac{R_{Cr}}{R_{Lp}}\right) - \dfrac{1}{\omega C_r}\right]^2}} \quad \text{mit } \varphi = \arctan \frac{\omega L_p \cdot \left(1 + \dfrac{R_{Cr}}{R_{Lp}}\right) - \dfrac{1}{\omega C_r}}{R_{Cr} + \dfrac{1}{R_{Lp}} \cdot \dfrac{L_p}{C_r}}$$

(4P)

Zu 1.2 Der Strom i_L und die Spannung u haben keine Phasenverschiebung ($\varphi = 0$), wenn der Operator zwischen $\underline{I}_L$ und $\underline{U}$ reell ist, d.h. wenn der Imaginärteil Null wird:

$$\omega L_p \cdot \left(1 + \frac{R_{Cr}}{R_{Lp}}\right) - \frac{1}{\omega C_r} = 0 \qquad \omega = \sqrt{\frac{1}{L_p C_r \cdot \left(1 + \dfrac{R_{Cr}}{R_{Lp}}\right)}} \qquad (3P)$$

143

Lösungen zum Aufgabenblatt 9

Aufgabe 2:
Zu 2.1 Bd.2, S.128, Gl. 4.166 oder FS S.113

$$\frac{\underline{Z}_1}{\underline{Z}_2} = \frac{\underline{Z}_3}{\underline{Z}_4}$$

$$\frac{1}{\underline{Z}_3} = \underline{Y}_3 = \frac{\underline{Z}_2}{\underline{Z}_1 \cdot \underline{Z}_4} = \frac{1}{\underline{Z}_1 \cdot \underline{Z}_4 \cdot \underline{Y}_2}$$

$$\frac{1}{R_{p3}} + \frac{1}{j\omega L_{p3}} = \frac{1}{R_1 \cdot R_4 \cdot \left(\frac{1}{R_{p2}} + j\omega C_{p2}\right)} \cdot \frac{\frac{1}{R_{p2}} - j\omega C_{p2}}{\frac{1}{R_{p2}} - j\omega C_{p2}}$$

$$\frac{1}{R_{p3}} - j \cdot \frac{1}{\omega L_{p3}} = \frac{1}{R_1 \cdot R_4} \cdot \left(\frac{\frac{1}{R_{p2}}}{\frac{1}{R_{p2}^2} + \omega^2 C_{p2}^2} - j \cdot \frac{\omega C_{p2}}{\frac{1}{R_{p2}^2} + \omega^2 C_{p2}^2} \right) \quad (5P)$$

Durch Vergleich der Realteile und Imaginärteile ergeben sich die gesuchten Größen:

$$\frac{1}{R_{p3}} = \frac{1}{R_1 \cdot R_4} \cdot \left(\frac{\frac{1}{R_{p2}}}{\frac{1}{R_{p2}^2} + \omega^2 C_{p2}^2} \right) \qquad R_{p3} = R_1 \cdot R_4 \cdot R_{p2} \cdot \left(\frac{1}{R_{p2}^2} + \omega^2 C_{p2}^2 \right) \quad (4P)$$

$$\frac{1}{\omega L_{p3}} = \frac{1}{R_1 \cdot R_4} \cdot \left(\frac{\omega C_{p2}}{\frac{1}{R_{p2}^2} + \omega^2 C_{p2}^2} \right) \qquad L_{p3} = \frac{R_1 \cdot R_4}{\omega^2 C_{p2}} \left(\frac{1}{R_{p2}^2} + \omega^2 C_{p2}^2 \right) \quad (4P)$$

Zu 2.2 $R_{p3} = 144\Omega \cdot 50\Omega \cdot 600\Omega \cdot \left[\frac{1}{(600\Omega)^2} + (2\pi \cdot 50s^{-1} \cdot 5{,}6 \cdot 10^{-6} F)^2 \right] = 25{,}37\Omega$ (3P)

$L_{p3} = \frac{144\Omega \cdot 50\Omega}{(2\pi \cdot 50s^{-1})^2 \cdot 5{,}6 \cdot 10^{-6} F} \cdot \left[\frac{1}{(600\Omega)^2} + (2\pi \cdot 50s^{-1} \cdot 5{,}6 \cdot 10^{-6} F)^2 \right] = 76{,}51 mH$ (3P)

Zu 2.3 Nach Bd.2, S.132: $R_{r3}=12\Omega$, $L_{r3}=40mH$.
Mit den Formeln für die äquivalenten Schaltungen (Bd.2, S.50, Gl.4.76 oder FS S.99) bestätigen sich die Ergebnisse:

$$R_{r3} = \frac{\frac{1}{R_{p3}}}{\frac{1}{R_{p3}^2} + \frac{1}{\omega^2 L_{p3}^2}} = \frac{\frac{1}{25{,}37\Omega}}{\frac{1}{(25{,}37\Omega)^2} + \frac{1}{(2\pi \cdot 50s^{-1} \cdot 76{,}51 mH)^2}} = 12\Omega \quad (3P)$$

$$L_{r3} = \frac{\frac{1}{\omega^2 L_{p3}}}{\frac{1}{R_{p3}^2} + \frac{1}{\omega^2 L_{p3}^2}} = \frac{\frac{1}{(2\pi \cdot 50s^{-1})^2 \cdot 76{,}51 mH}}{\frac{1}{(25{,}37\Omega)^2} + \frac{1}{(2\pi \cdot 50s^{-1} \cdot 76{,}51 mH)^2}} = 40{,}3 mH \quad (3P)$$

4 Wechselstromtechnik   5 Ortskurven   6 Transformator   7 Mehrphasensysteme

Lösungen zum Aufgabenblatt 9
Aufgabe 3:
Zu 3.1 Bd.2, S.37, 207-208 oder FS S.96,126: "Kreis in allgemeiner Lage"

$$\frac{\underline{U}_2}{\underline{U}_1} = \frac{R}{R + \dfrac{1}{\dfrac{1}{R_p} + j\omega C_p}} = \frac{\dfrac{R}{R_p} + j\omega R C_p}{\dfrac{R}{R_p} + j\omega R C_p + 1} = \frac{\dfrac{R}{R_p} + j\cdot p \cdot \omega_0 R C_p}{\left(\dfrac{R}{R_p} + 1\right) + j\cdot p \cdot \omega_0 R C_p} \quad \text{mit} \quad \omega = p\cdot\omega_0$$

Zu 3.2   Konstruktion: (10P)

Mit $\dfrac{R}{R_p} = 1$ und $\omega_0 R C_p = \dfrac{1}{RC_p}\cdot RC_p = 1$ $\underline{N} = \underline{A} - \dfrac{\underline{B}\cdot\underline{C}}{\underline{D}} = 1 - \dfrac{j\cdot 2}{j} = -1$

ergibt sich $\dfrac{\underline{U}_2}{\underline{U}_1} = \dfrac{1+j\cdot p}{2+j\cdot p}$ $\underline{G} = \dfrac{\underline{C}}{\underline{N}} + p\cdot\dfrac{\underline{D}}{\underline{N}} = \dfrac{2}{-1} + p\cdot\dfrac{j}{-1}$

mit $\underline{A} = 1$, $\underline{B} = j$, $\underline{G} = \underline{E} + p\cdot\underline{F} = -2 - p\cdot j$ $\underline{G}^* = \underline{E}^* + p\cdot\underline{F}^* = -2 + p\cdot j$

      $\underline{C} = 2$, $\underline{D} = j$. $\underline{E} = -2$ $\dfrac{1}{2\underline{E}} = -\dfrac{1}{4}$ $-\underline{L} = -\dfrac{\underline{B}}{\underline{D}} = -\dfrac{j}{j} = -1$

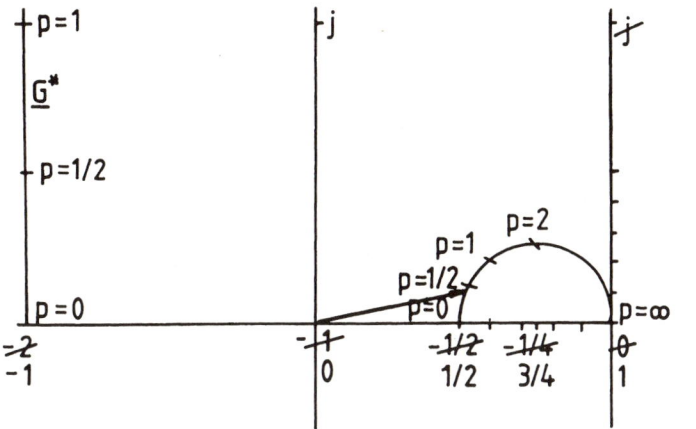

```
 ┤p=1                    ┤j                         ┤j
                                                    
 ┤G*                                                
                                                    
 ┤p=1/2                                             
                                                    
                                              p=2
                                         p=1 ╱───╲
                                       p=1/2     
 ┤p=0                                  p=0        p=∞
─┼────────────────────┼────────────┼───┼───┼──────┼──
 -2                   0           -1/2 -1/4       1
 -1                                1/2  3/4
```
                                                                        (12P)

Zu 3.3 p=0: $\dfrac{\underline{U}_2}{\underline{U}_1} = \dfrac{1}{2}$ p=1/2: $\dfrac{\underline{U}_2}{\underline{U}_1} = \dfrac{1+j\cdot\frac{1}{2}}{2+j\cdot\frac{1}{2}}\cdot\dfrac{2-j\cdot\frac{1}{2}}{2-j\cdot\frac{1}{2}} = \dfrac{2+\frac{1}{4}}{4,25} + j\cdot\dfrac{1-\frac{1}{2}}{4,25} = 0,53+j\cdot 0,12$

p=1: $\dfrac{\underline{U}_2}{\underline{U}_1} = \dfrac{1+j}{2+j}\cdot\dfrac{2-j}{2-j} = \dfrac{2+1}{5} + j\cdot\dfrac{1}{5} = 0,6 + j\cdot 0,2$

p=2: $\dfrac{\underline{U}_2}{\underline{U}_1} = \dfrac{1+j\cdot 2}{2+j\cdot 2}\cdot\dfrac{2-j\cdot 2}{2-j\cdot 2} = \dfrac{2+4}{8} + j\cdot\dfrac{4-2}{8} = 0,75 + j\cdot 0,25$

p=∞: $\dfrac{\underline{U}_2}{\underline{U}_1} = \lim\limits_{p\to\infty}\dfrac{1+j\cdot p}{2+j\cdot p} = \lim\limits_{p\to\infty}\dfrac{\frac{1}{p}+j}{\frac{2}{p}+j} = 1$ (3P)

4 Wechselstromtechnik   5 Ortskurven   6 Transformator   7 Mehrphasensysteme

Lösungen zum Aufgabenblatt 9
Aufgabe 4:
Zu 4.1   Bd.2. S.221, Gl.6.4-6.6 oder FS S.127

$$\underline{U}_1 = R_1 \cdot \underline{I}_1 + j\omega L_1 \cdot \underline{I}_1 - j\omega M \cdot \underline{I}_2 \qquad (1)$$

$$\underline{U}_2 = -R_2 \cdot \underline{I}_2 - j\omega L_2 \cdot \underline{I}_2 + j\omega M \cdot \underline{I}_1 \qquad (2)$$

$$\underline{U}_2 = \underline{Z} \cdot \underline{I}_2 \qquad (3)$$

$$\underline{Z} = \frac{\underline{U}_2}{\underline{I}_2} = -R_2 - j\omega L_2 + j\omega M \cdot \frac{\underline{I}_1}{\underline{I}_2} \qquad (2),(3)$$

$$j\omega M \cdot \underline{I}_2 = R_1 \cdot \underline{I}_1 + j\omega L_1 \cdot \underline{I}_1 - \underline{U}_1 \qquad \text{aus } (1)$$

$$\underline{I}_2 = \frac{R_1 \cdot \underline{I}_1 + j\omega L_1 \cdot \underline{I}_1 - \underline{U}_1}{j\omega M}$$

$$\frac{\underline{I}_2}{\underline{I}_1} = \frac{R_1 + j\omega L_1 - \frac{\underline{U}_1}{\underline{I}_1}}{j\omega M}$$

$$\underline{Z} = -R_2 - j\omega L_2 + \frac{(j\omega M)^2}{R_1 + j\omega L_1 - \frac{\underline{U}_1}{\underline{I}_1}}$$

$$\underline{Z} = -R_2 - j\omega L_2 + \frac{(\omega M)^2}{\frac{\underline{U}_1}{\underline{I}_1} - R_1 - j\omega L_1} \qquad (15P)$$

Zu 4.2   Mit $\omega L_1 = 2\pi \cdot 50 s^{-1} \cdot 5H = 1570,8\Omega$

und $\omega L_2 = 2\pi \cdot 50 s^{-1} \cdot 0,1H = 31,416\Omega$

und $\omega M = 2\pi \cdot 50 s^{-1} \cdot 0,424H = 133,20\Omega$

$$\underline{Z} = -15\Omega - j \cdot 31,416\Omega + \frac{(133,20\Omega)^2}{\frac{13000}{7,2}\Omega \cdot e^{j \cdot 57°} - 500\Omega - j \cdot 1570,8\Omega}$$

mit $\frac{13000}{7,2}\Omega \cdot e^{j \cdot 57°} = 1805\Omega \cdot (\cos 57° + j \cdot \sin 57°) = 983,376\Omega + j \cdot 1514,27\Omega$

$$\underline{Z} = -15\Omega - j \cdot 31,416\Omega + \frac{17743\Omega^2}{(983,376\Omega + j \cdot 1514,27\Omega) - 500\Omega - j \cdot 1570,8\Omega}$$

$$\underline{Z} = -15\Omega - j \cdot 31,416\Omega + \frac{17743\Omega^2}{483,376\Omega - j \cdot 56,53\Omega} \cdot \frac{483,376\Omega + j \cdot 56,53\Omega}{483,376\Omega + j \cdot 56,53\Omega}$$

$$\underline{Z} = -15\Omega - j \cdot 31,416\Omega + \frac{17743 \cdot 483,376 + j \cdot 17743 \cdot 56,53}{236875,2}\Omega$$

$$\underline{Z} = -15\Omega - j \cdot 31,416\Omega + 36,21\Omega + j \cdot 4,25\Omega$$

$$\underline{Z} = 21,2\Omega - j \cdot 27,17\Omega = R_r - j \cdot \frac{1}{\omega C_r}$$

$R_r = 21,2\Omega$ gegenüber 20Ω

$C_r = \dfrac{1}{2\pi \cdot 50 s^{-1} \cdot 27,17\Omega} = 117\mu F$ gegenüber 100μF   (s. Bd.2, S.235)   (10P)

4 Wechselstromtechnik   5 Ortskurven   6 Transformator   7 Mehrphasensysteme

Lösungen zum Aufgabenblatt 10

Aufgabe 1: Vergleiche Bd.2, S.69-70 Beispiel 4
Zu 1.1   Bd.2, S.37 Spannungsteilerregel oder FS S.96

$$\frac{\underline{U}_2}{\underline{U}_1} = \frac{\frac{1}{j\omega C}}{R + \frac{1}{j\omega C}}$$

$$\frac{\underline{U}_2}{\underline{U}_1} = \frac{1}{1 + j\omega RC}$$

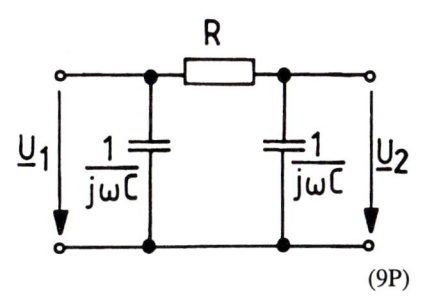

(9P)

Zu 1.2   Bd.2, S.45 Stromteilerrregel oder FS S.96

$$\frac{\underline{I}_2}{\underline{I}_1} = \frac{\frac{1}{j\omega C}}{R + \frac{1}{j\omega C}}$$

$$\frac{\underline{I}_2}{\underline{I}_1} = \frac{1}{1 + j\omega RC}$$

(9P)

Zu 1.3 $\dfrac{U_2}{U_1} = \dfrac{I_2}{I_1} = \dfrac{1}{\sqrt{1+(\omega RC)^2}} = \dfrac{1}{\sqrt{2}}$

$1 + (\omega RC)^2 = 2$

$(\omega RC)^2 = 1$

$\omega RC = 1$

$\omega = \dfrac{1}{RC}$

(7P)

147

Lösungen zum Aufgabenblatt 10

Aufgabe 2:

Zu 2.1 Bd.2, S.178, Gl.4.280 und S.179, Gl. 4.286 oder FS S.123

Die Anpassbedingungen lauten $\underline{Z}_a = \underline{Z}_i^*$ bzw. $\underline{Y}_a = \underline{Y}_i^*$. Da der passive Zweipol eine Reihenschaltung von Wechselstromwiderständen ist, muss die Anpassbedingung für Widerstandswerte benutzt werden:

$$\underline{Z}_a = \underline{Z}_i^* \quad \text{mit} \quad \underline{Z}_a = R_a + j \cdot X_a \quad \underline{Z}_i = R_i + j\omega L_i \quad \underline{Z}_i^* = R_i - j\omega L_i$$

$$\underline{Z}_a = R_{Lr} + j\omega L_r + \frac{1}{\frac{1}{R_{Cp}} + j\omega C_p} \cdot \frac{\frac{1}{R_{Cp}} - j\omega C_p}{\frac{1}{R_{Cp}} - j\omega C_p}$$

$$\underline{Z}_a = R_{Lr} + j\omega L_r + \frac{\frac{1}{R_{Cp}}}{\frac{1}{R_{Cp}^2} + \omega^2 C_p^2} - j \cdot \frac{\omega C_p}{\frac{1}{R_{Cp}^2} + \omega^2 C_p^2}$$

$$\underline{Z}_a = \left(R_{Lr} + \frac{\frac{1}{R_{Cp}}}{\frac{1}{R_{Cp}^2} + \omega^2 C_p^2} \right) - j\omega \cdot \left(\frac{C_p}{\frac{1}{R_{Cp}^2} + \omega^2 C_p^2} - L_r \right)$$

$$\underline{Z}_a = \underline{Z}_i^* = R_i - j\omega L_i$$

d.h. $\quad R_i = R_{Lr} + \dfrac{\frac{1}{R_{Cp}}}{\frac{1}{R_{Cp}^2} + \omega^2 C_p^2} \qquad L_i = \dfrac{C_p}{\frac{1}{R_{Cp}^2} + \omega^2 C_p^2} - L_r$ (15P)

Zu 2.2 Bd.2, S.51, Gl.4.77 oder FS S.99

$$\underline{Z}_a = (R_{Lr} + R_{Cr}) + j \cdot \left(\omega L_r - \frac{1}{\omega C_r} \right)$$

mit $\quad R_{Cr} = \dfrac{\frac{1}{R_{Cp}}}{\frac{1}{R_{Cp}^2} + \omega^2 C_p^2} \quad$ und $\quad C_r = \dfrac{\frac{1}{R_{Cp}^2} + \omega^2 C_p^2}{\omega^2 C_p}$

$$\underline{Z}_a = \left(R_{Lr} + \frac{\frac{1}{R_{Cp}}}{\frac{1}{R_{Cp}^2} + \omega^2 C_p^2} \right) + j \cdot \left(\omega L_r - \frac{\omega C_p}{\frac{1}{R_{Cp}^2} + \omega^2 C_p^2} \right)$$

$$\underline{Z}_a = \left(R_{Lr} + \frac{\frac{1}{R_{Cp}}}{\frac{1}{R_{Cp}^2} + \omega^2 C_p^2} \right) - j\omega \cdot \left(\frac{C_p}{\frac{1}{R_{Cp}^2} + \omega^2 C_p^2} - L_r \right) \qquad \text{(10P)}$$

Lösungen zum Aufgabenblatt 10

Aufgabe 3:

Zu 3.1 Bd.2. S.234, Bild 6.19, Bd.1, S.340, Gl.3.377 oder FS S.131 und S.81

$R_1 = 15\Omega$

$j\omega\sigma L_1 = j \cdot 10.000 s^{-1} \cdot 0,75 \cdot 20 \cdot 10^{-3} H$

$j\omega\sigma L_1 = j \cdot 150\Omega$

$j\omega(1-\sigma)L_1 = j \cdot 10.000 s^{-1} \cdot 0,25 \cdot 20 \cdot 10^{-3} H$

$j\omega(1-\sigma)L_1 = j \cdot 50\Omega$

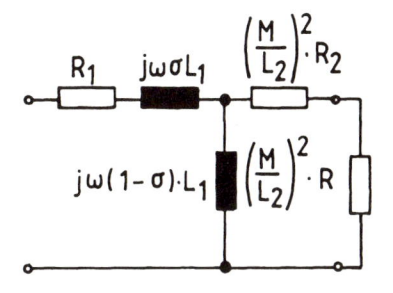

mit $M = k \cdot \sqrt{L_1 \cdot L_2} = 0,5 \cdot \sqrt{20 \cdot 45} mH = 15 mH$

$k = \sqrt{1-\sigma} = \sqrt{1-0,75} = 0,5$

Mit $\left(\dfrac{M}{L_2}\right)^2 = \left(\dfrac{15mH}{45mH}\right)^2 = \dfrac{1}{9}$

$R_2' = \left(\dfrac{M}{L_2}\right)^2 \cdot R_2 = \dfrac{1}{9} \cdot 45\Omega = 5\Omega$

$R' = \left(\dfrac{M}{L_2}\right)^2 \cdot R = \dfrac{1}{9} \cdot 405\Omega = 45\Omega$ \hfill (12P)

Zu 3.2 $\underline{Z}_{ers} = R_{ers} + j\omega L_{ers}$

$\underline{Z}_{ers} = R_1 + j\omega\sigma L_1 + \dfrac{\left(\dfrac{M}{L_2}\right)^2 \cdot (R_2+R) \cdot j\omega(1-\sigma)L_1}{\left(\dfrac{M}{L_2}\right)^2 \cdot (R_2+R) + j\omega(1-\sigma)L_1}$

$\underline{Z}_{ers} = 15\Omega + j \cdot 150\Omega + \dfrac{50\Omega \cdot j \cdot 50\Omega}{50\Omega + j \cdot 50\Omega}$

$\underline{Z}_{ers} = 15\Omega + j \cdot 150\Omega + \dfrac{j \cdot 50\Omega}{1+j} \cdot \dfrac{1-j}{1-j}$

$\underline{Z}_{ers} = 15\Omega + j \cdot 150\Omega + j \cdot 25\Omega + 25\Omega$

$\underline{Z}_{ers} = 40\Omega + j \cdot 175\Omega$

d.h. $R_{ers} = 40\Omega$

und $L_{ers} = \dfrac{X_{ers}}{\omega} = \dfrac{175\Omega}{10000 s^{-1}} = 17,5 mH$ \hfill (13P)

Lösungen zum Aufgabenblatt 10

Aufgabe 4: Bd.2, S.367, Üb.7.6

Zu 4.1   Bd.2, S.278, Gl.7.47 oder FS S.142

$$\underline{I}_{12} = \frac{\underline{U}_{12}}{\underline{Z}_{12}} = \frac{380V \cdot e^{j30°}}{40\Omega} = \frac{(329 + j \cdot 190)V}{40\Omega} = (8,225 + j \cdot 4,75)A$$

$$\underline{I}_{23} = \frac{\underline{U}_{23}}{\underline{Z}_{23}} = \frac{380V \cdot e^{-j90°}}{-j \cdot 80\Omega} = \frac{-j \cdot 380V}{-j \cdot 80\Omega} = 4,75A$$

$$\underline{I}_{31} = \frac{\underline{U}_{31}}{\underline{Z}_{31}} = \frac{380V \cdot e^{j150°}}{95\Omega} = \frac{(-329 + j \cdot 190)V}{95\Omega} = (-3,46 + j \cdot 2,0)A$$

$$I_{12} = \frac{380V}{40\Omega} = 9,5A \quad \text{oder} \quad I_{12} = \sqrt{(8,225A)^2 + (4,75A)^2} = 9,5A$$

$$I_{23} = \frac{380V}{80\Omega} = 4,75A \quad \text{(siehe oben)}$$

$$I_{31} = \frac{380V}{95\Omega} = 4,0A \quad \text{oder} \quad I_{31} = \sqrt{(3,46A)^2 + (2,0A)^2} = 4,0A \qquad \text{(8P)}$$

Zu 4.2 Bd.2, S.278, Gl.7.48-7.50 oder FS S.142

$$\underline{I}_1 = \underline{I}_{12} - \underline{I}_{31} = 8,225A + j \cdot 4,75A + 3,46A - j \cdot 2,0A$$

$$\underline{I}_1 = 11,685A + j \cdot 2,75A = 12,0A \cdot e^{j13,2°} \qquad I_1 = 12,0A$$

$$\underline{I}_2 = \underline{I}_{23} - \underline{I}_{12} = 4,75A - 8,225A - j \cdot 4,75A$$

$$\underline{I}_2 = -3,475A - j \cdot 4,75A = 5,9A \cdot e^{j233,8°} \qquad I_2 = 5,9A$$

$$\underline{I}_3 = \underline{I}_{31} - \underline{I}_{23} = -3,46A + j \cdot 2,0A - 4,75A$$

$$\underline{I}_3 = -8,21A + j \cdot 2,0A = 8,45A \cdot e^{j103,7°} \qquad I_3 = 8,45A \qquad \text{(8P)}$$

Zu 4.3

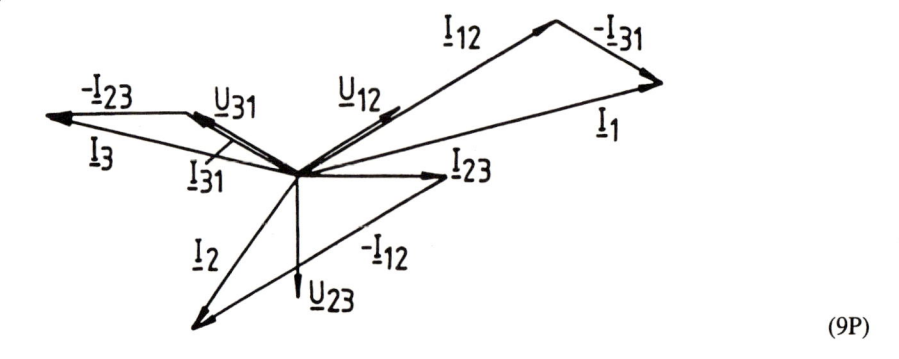

(9P)

Aufgabenblätter

Abschnitt 4:

8   Ausgleichsvorgänge
9   Fourieranalyse
10 Vierpoltheorie

Aufgabenblatt 1

Aufgabe 1: 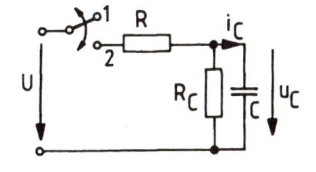
In der gezeichneten Schaltung laufen prinzipiell zwei Ausgleichsvorgänge ab. Zu Beginn liegt der Schalter lange in der Stellung 1. Die Umschaltzeit soll größer als das Fünffache der beiden Zeitkonstanten sein.

1.1 Ermitteln Sie $u_C(t)$ und $i_C(t)$, wenn der Schalter von der Stellung 1 nach 2 gebracht wird. (8P)
1.2 Nun sind $u_C(t)$ und $i_C(t)$ zu ermitteln, wenn der Schalter von der Stellung 2 nach 1 geschaltet wird. (8P)
1.3 Berücksichtigen Sie folgende Zahlengrößen für die beiden Ausgleichsvorgänge (U=6V, R=1kΩ, R_C=2,5kΩ, C=500nF, Umschaltzeit 12ms) und stellen Sie die Verläufe von $u_C(t)$ und $i_C(t)$ quantitativ in einem Diagramm dar. (6P)
1.4 Wie ändert sich die Berechnung, wenn die Umschaltzeit 3ms beträgt? (3P)

Aufgabe 2: 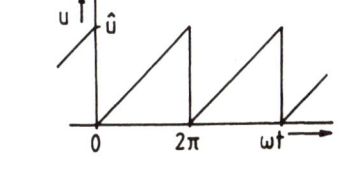
2.1 Ermitteln Sie für die periodische Spannung

$$u(\omega t) = \frac{\hat{u}}{2\pi} \cdot \omega t \quad \text{für} \quad 0 \leq \omega t < 2\pi$$

die Fourierreihe in ausführlicher Form. (15P)
2.2 Geben Sie die Funktion und die Fourierreihe in ausführlicher Form an, wenn bei der gegebenen Funktion die ωt-Achse um $\hat{u}/2$ nach oben verschoben wird. (5P)
2.3 Berechnen Sie für die Fourierreihe der verschobenen Funktion den Effektivwert. (5P)

Aufgabe 3: 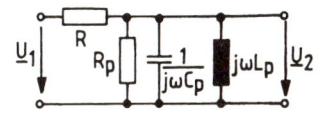
3.1 Entwickeln Sie für die gezeichnete Schaltung die Spannungsübersetzung vorwärts in Form eines komplexen Nenneroperators in algebraischer Form. (12P)
3.2 Geben Sie die Formel für das Amplitudenverhältnis der Ausgangsspannung zur Eingangsspannung und die Formel für die Phasenverschiebung zwischen beiden Spannungen an. (8P)
3.3 Bei welcher Kreisfrequenz ω_0 ist die Phasenverschiebung zwischen beiden Spannungen Null und wie groß ist dann das Amplitudenverhältnis mit $R=R_p$? (5P)

Aufgabe 4:
4.1 Für einen Transistor, dessen die h_e-Parameter mit

$$(h_e) = \begin{pmatrix} 1,2k\Omega & 6,5 \cdot 10^{-4} \\ 65 & 100\mu S \end{pmatrix}$$ gegeben sind, ist die

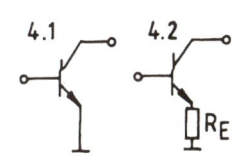

Leerlaufspannungsverstärkung zu berechnen. (5P)
4.2 Um die Leerlaufverstärkung $\underline{V}_{uf} = -649$ zu erreichen, muss der Transistor mit einem Emitterwiderstand R_E rückgekoppelt werden. Entwickeln Sie die Formel für $R_E = f(\underline{V}_{uf}, h_e)$ und berechnen Sie mit dieser Formel den notwendigen Widerstand R_E mit obigen Angaben. (15P)
4.3 Bei Belastung des Transistors bzw. des rückgekoppelten Transistors mit R_C und R_a verändert sich die Spannungsverstärkung erheblich. Geben Sie die Formel an, mit der aus der Leerlaufverstärkung die Spannungsverstärkung bei Belastung errechnet werden kann. (5P)

8 Ausgleichsvorgänge   9 Fourieranalyse   10 Vierpolthorie

Aufgabenblatt 2

Aufgabe 1:
1.1 Ermitteln Sie die Übergangsfunktion $u_2(t)$ der Schaltung 1 mittels Laplacetransformation, indem Sie die Differentialgleichung für $u_C(t)$ aufstellen, ins Komlexe abbilden, lösen, rücktransformieren und schließlich $u_2(t)$ berechnen. (13P)

1.2 Berechnen Sie die Übergangsfunktion $u_2(t)$ der Schaltung 2 mittels Laplacetransformation, indem Sie die Schaltung mit transformierten Zeitfunktionen und komplexen Operatoren verwenden. (12P)

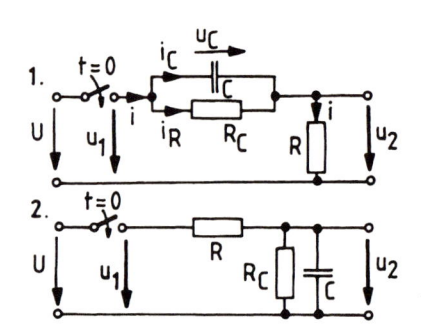

Aufgabe 2:
2.1 Entwickeln Sie für die gezeichnete Impulsfolge mit veränderlichem a die Fourierreihe in Summenform und in ausführlicher Form bis zur 7. Oberwelle. (13P)

2.2 Zeichnen Sie die Impulsfolge für $a=\pi/4$ und geben Sie für diese Impulsfolge die Fourierreihe in ausführlicher Form bis zur 7. Oberwelle an. (6P)

2.3 Ermitteln Sie für die Impulsfolge mit $a = \pi/4$ den Effektivwert. (6P)

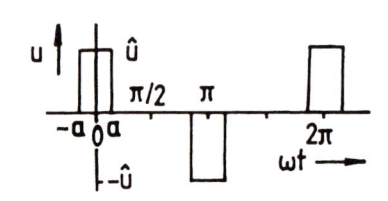

Aufgabe 3:
3.1 Entwickeln Sie für die gezeichnete Schaltung die Leerlauf-Spannungsübersetzung vorwärts, indem Sie die Schaltung als Γ-Vierpol auffassen. (18P)

3.3 Bei welcher Kreisfrequenz ω haben die beiden Spannungen u_1 und u_2 eine Phasenverschiebung von 90°? (7P)

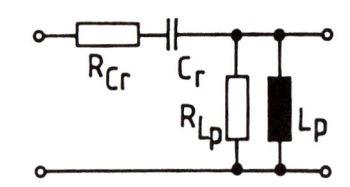

Aufgabe 4:
Ein Transisor, dessen h_e-Parameter

$$(h_e) = \begin{pmatrix} 5k\Omega & 1{,}0\cdot 10^{-4} \\ 200 & 20\mu S \end{pmatrix}$$

gegeben sind, soll in Basisschaltung und Kollektorschaltung verwendet werden.

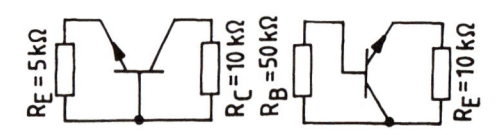

4.1 Berechnen Sie die h_b-Parameter und h_c-Parameter des Transistors. (8P)

4.2 Dann sind für die beiden Grundschaltungen die Eingangswiderstände, die Spannungsverstärkungen, die Stromverstärkungen und die Leistungsverstärkungen zu berechnen, wobei die ohmschen Widerstände am Eingang nicht zu berücksichtigen sind. Begründen Sie die verwendete Formel für die Berechnung der Leistungsverstärkung. (17P)

Aufgabenblatt 3

Aufgabe 1:

1.1 Berechnen Sie die Übergangsfunktion $u_2(t)$ der gezeichneten Schaltung mittels Laplacetransformation, indem Sie die Schaltung mit transformierten Zeitfunktionen und komplexen Operatoren verwenden. (20P)

1.2 Vereinfachen Sie $u_2(t)$ mit $R_r=0$ und stellen Sie den zeitlichen Verlauf dar. (5P)

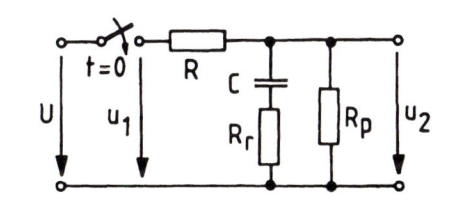

Aufgabe 2:

2.1 Berechnen Sie für die gezeichnete Impulsfolge die Fourierreihe in ausführlicher Form bis zur 9. Oberwelle. (18P)

2.2 Geben Sie das Amplitudenspektrum an und stellen Sie es bis zur 9. Harmonischen dar. (7P)

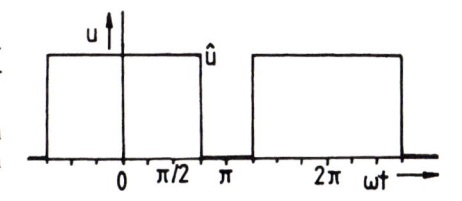

Aufgabe 3:

An die beiden gezeichneten T-Vierpole werden sinusförmige Eingangsspannungen u_1 mit gleichem Effektivwert, aber mit variabler Frequenz angelegt. Es soll untersucht werden, wie sich der Effektivwert der Ausgangsspannung u_2 in Abhängigkeit von der Frequenz ω ändert, d.h. wie die Eingangsspannung den Vierpol "passiert".

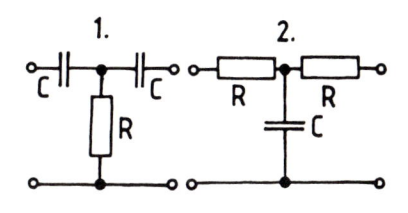

3.1 Berechnen Sie für die beiden Vierpole das Spannungsverhältnis $U_2/U_1=f(x)$ mit $\omega=x\cdot\omega_0$ und $\omega_0=1/RC$, und tragen Sie die Ergebnisse in eine Tabelle für x=0 0,25 0,5 0,75 1,0 1,5 2,0 3,0 4,0 ein. (17P)

3.2 Stellen Sie die beiden Funktionen $U_2/U_1=f(x)$ in einem Diagramm dar und benennen Sie das Verhalten. (8P)

Aufgabe 4:

4.1 Zeichnen Sie die Vierpolzusammenschaltung des gezeichneten rückgekoppelten Transistors in der Form, mit der die Betriebskenngrößen ohne Matrizenmultiplikation und mit R_C als Belastung berechnet werden können. (6P)

4.2 Berechnen Sie den Eingangswiderstand, den Ausgangswiderstand und die Spannungsverstärkung des rückgekoppelten Transistors, indem Sie die obige Vierpolzusammenschaltung zugrunde legen. (19P)

$$(h_e) = \begin{pmatrix} 2,7 k\Omega & 1,5\cdot 10^{-4} \\ 220 & 18\mu S \end{pmatrix}$$

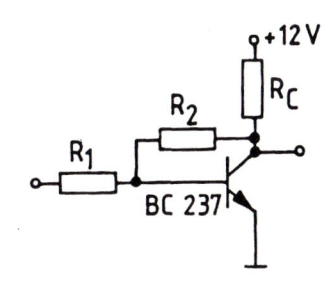

$R_1=4,7k\Omega$, $R_2=47k\Omega$, $R_C=120k\Omega$

8 Ausgleichsvorgänge   9 Fourieranalyse   10 Vierpolthorie

Aufgabenblatt 4

Aufgabe 1:
1.1 Berechnen Sie die Übergangsfunktion $u_2(t)$ der gezeichneten Schaltung mittels Laplacetransformation, indem Sie die Schaltung mit transformierten Zeitfunktionen und komplexen Operatoren verwenden. (19P)
1.2 Stellen Sie $u_2(t)$ mit RC=1ms in einem Diagramm dar. (6P)

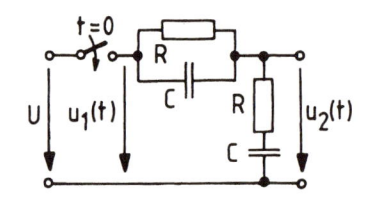

Aufgabe 2:
2.1 Entwickeln Sie für die gezeichnete periodische Spannung die beiden Fourierreihen, indem Sie die Funktion einmal als gerade und einmal als ungerade Funktion auffassen. (20P)
2.2 Berechnen Sie das Amplitudenspektrum $\hat{u}_k / U = f(k)$ bis zur 10. Harmonischen und stellen Sie es dar. (5P)

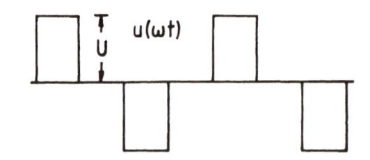

Aufgabe 3:
Ein symmetrischer T-Vierpol soll dimensioniert werden, wenn der Eingangswiderstand und die Spannungsdämpfung gegeben sind.
3.1 Geben Sie die Bedingungsgleichung für symmetrische Vierpole in $\underline{Z}$-Parametern an. (4P) 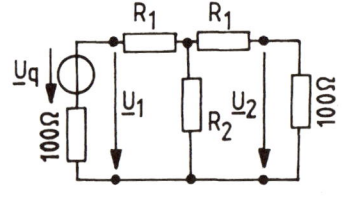
3.2 Entwickeln Sie für das Schaltbild die Gleichung mit $\underline{Z}_{11}$ und $\underline{Z}_{12}$, wenn $\underline{Z}_{in}=\underline{Z}_{out}=100\Omega$ sind. (5P)
3.3 Entwickeln Sie für das Schaltbild die Gleichung mit $\underline{Z}_{11}$ und $\underline{Z}_{12}$, wenn $\underline{V}_{uf}=0{,}9$ (-1dB) betragen soll, und berechnen Sie $\underline{Z}_{11}$ und $\underline{Z}_{12}$ mit dem Ergebnis von 3.2. (8P)
3.4 Berechnen Sie R_1 und R_2 mit Hilfe der T-Ersatzschaltung. (4P)
3.5 Kontrollieren Sie das Ergebnis rechnerisch für $\underline{Z}_{in}$ und $\underline{V}_{uf}$. (4P)

Aufgabe 4:
4.1 Für einen Transistor, dessen h_e-Parameter

$$(h_e) = \begin{pmatrix} 1{,}2k\Omega & 6{,}5 \cdot 10^{-4} \\ 65 & 100\mu S \end{pmatrix}$$

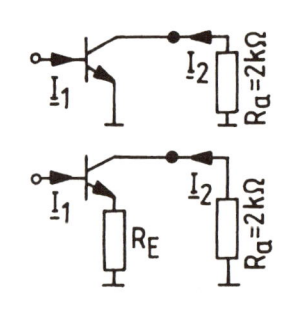

gegeben sind, ist die Stromverstärkung $\underline{V}_i$ zu berechnen. (6P)
4.2 Um eine niedrigere Stromverstärkung $\underline{V}_i$, als unter 4.1 berechnet, zu erreichen, muss der Transistor mit einem Emitterwiderstand R_E rückgekoppelt werden. Um welche Vierpol-Zusammenschaltung handelt es sich? (4P)
Geben Sie die Formel für $\underline{V}_i$ in Abhängigkeit von den Vierpolparametern an, die dieser Zusammenschaltung entspricht. (4P)
Entwickeln Sie aus dieser Formel für $\underline{V}_i$ die Formel für den Emitterwiderstand R_E. (8P)
Wie groß muss R_E sein, damit eine Stromverstärkung von 30 erreicht wird? (3P)

Aufgabenblatt 5

Aufgabe 1:

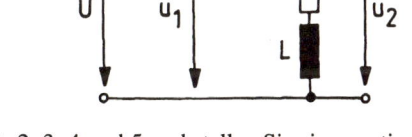

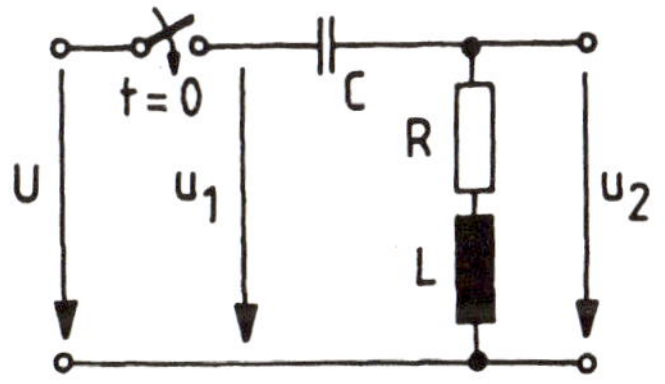

1.1 Transformieren Sie die gezeichnete Schaltung in die Schaltung mit komplexen Operatoren und berechnen Sie $U_2(s)$, wobei Sie die beiden möglichen Fälle angeben. (6P)

1.2 Ermitteln Sie dann die Zeitfunktion $u_2(t)$ für den Fall, der mit $R=500\Omega$, $L=0,1H$ und $C=2,5\mu F$ eintritt. (12P)

1.3 Berechnen Sie die Funktion $u_2(\delta t)/U$ für $\delta t=0, 1, 2, 3, 4$ und 5 und stellen Sie sie quantitativ dar. (7P)

Aufgabe 2:

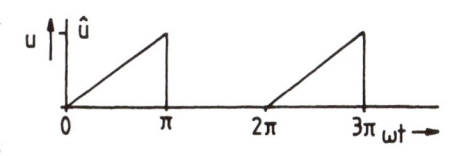

2.1 Berechnen Sie für die gezeichnete dreieckförmige Impulsfolge

$$u(\omega t) = \frac{\hat{u}}{\pi} \cdot (\omega t) \quad \text{für} \quad 0 \leq \omega t \leq \pi$$

die Fourierreihe in ausführlicher Form bis zur 6. Harmonischen. (17P)

2.2 Berechnen Sie das Amplitudenspektrum $\hat{u}_k / U = f(k)$ bis $k=6$ und stellen Sie es in einem Diagramm dar. (8P)

Aufgabe 3:

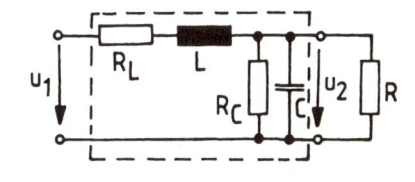

3.1 Berechnen Sie von dem gezeichneten unbelasteten Vierpol die $\underline{A}$-Parameter jeweils in algebraischer Form. (8P)

3.2 Berechnen Sie die Spannungsübersetzung und die Stromübersetzung, wenn der Vierpol mit R belastet ist. (12P)

3.3 Bei welcher Kreisfrequenz ω haben u_1 und u_2 eine Phasenverschiebung von 90°? (5P)

Aufgabe 4:

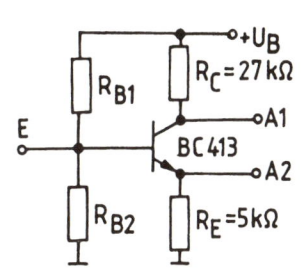

Die gezeichnete Schaltung stellt zwei Verstärker mit einem Eingang E und zwei Ausgängen A1 und A2 dar. Der Basisspannungsteiler soll unberücksichtigt bleiben.
Die h_e-Parameter sind gegeben:

$$(h_e) = \begin{pmatrix} 4,5k\Omega & 2\cdot 10^{-4} \\ 330 & 30\mu S \end{pmatrix}$$

4.1 Wodurch unterscheiden sich die beiden Verstärkerschaltungen und wie werden sie angewendet? (4P)

4.2 Stellen Sie den Verstärker mit dem Ausgang A1 als rückgekoppelten Transistor dar und berechnen Sie die Spannungsverstärkung. (10P)

4.3 Die Schaltung mit dem Ausgang A2 soll ebenfalls als rückgekoppelter Transistor aufgefasst werden, wobei dieser in Kollektor-Grundschaltung anzunehmen ist. Zeichnen Sie den Verstärker, berechnen Sie die h_c-Parameter und die Spannungsverstärkung. (11P)

8 Ausgleichsvorgänge 9 Fourieranalyse 10 Vierpolthorie

Aufgabenblatt 6

Aufgabe 1: 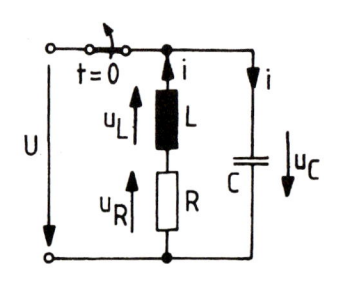
1.1 Berechnen Sie für die gezeichnete Schaltung mit Hilfe der Laplacetransformation die Spannung $U_C(s)$, wobei Sie die möglichen Fälle angeben. Beachten Sie, dass der Schalter zum Zeitpunkt t=0 geöffnet wird und damit die Anfangsbedingungen nicht Null sind. (10P)
1.2 Ermitteln Sie dann allgemein die Zeitfunktion $u_C(t)$ für den Fall, der mit R=500Ω, L=0,1H und C=2,5µF eintritt. (9P)
1.3 Berechnen Sie die Funktion $u_2(\delta t)/U$ für δt=0, 1, 2, 3, 4 und 5 und stellen Sie sie quantitativ dar. (6P)

Aufgabe 2: 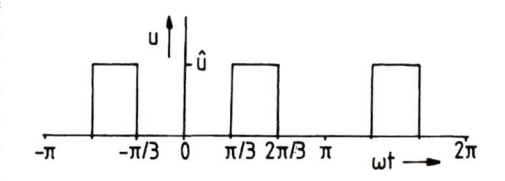
2.1 Berechnen Sie für die gezeichnete Impulsfolge die Fourierreihe in ausführlicher Form bis zur 14. Harmonischen. (20P)
2.2 Berechnen Sie das Amplitudenspektrum $\hat{u}_k/U = f(k)$ bis k=14, und stellen Sie es dar. (5P)

Aufgabe 3: 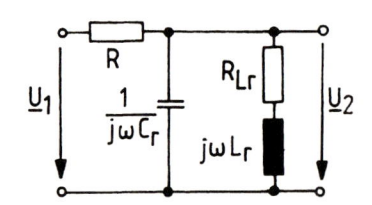
3.1 Ermitteln Sie für den gezeichneten Γ-Vierpol die Leerlauf-Spannungsübersetzung vorwärts, wobei der Nenneroperator in algebraischer Form anzugeben ist. (18P)
3.2 Bei welcher Frequenz ω sind u_2 und u_1 in Phase? (7P)

Aufgabe 4:
Auf welche Werte ändern sich die gegebenen h_e-Parameter des Transistors, wenn der Transistor einmal mit R_E und zum anderen mit R beschaltet wird. Der Kollektorwiderstand bleibt jeweils unberücksichtigt.

$$(h_e) = \begin{pmatrix} 1k\Omega & 5\cdot 10^{-4} \\ 50 & 100\mu S \end{pmatrix}$$

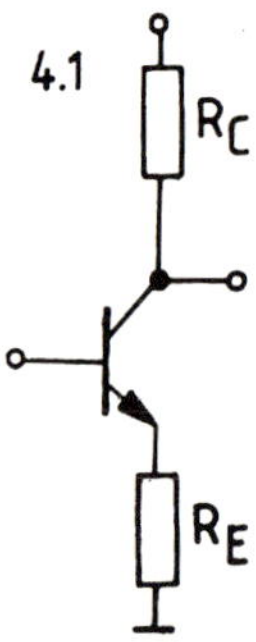

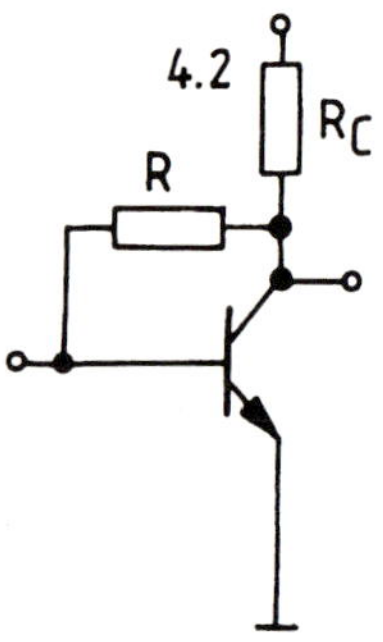

4.1 Um welche Zusammenschaltung handelt es sich bei der Beschaltung mit R_E=200Ω? Berechnen Sie die h-Parameter des beschalteten Transistors. Welche der h-Parameter weichen erheblich von denen des Transistors ab? (12P)
4.2 Um welche Zusammenschaltung handelt es sich bei der Beschaltung mit R=100kΩ? Berechnen Sie die h-Parameter des beschalteten Transistors. Welche der h-Parameter weichen erheblich von denen des Transistors ab? (13P)

8 Ausgleichsvorgänge   9 Fourieranalyse   10 Vierpolthorie

Aufgabenblatt 7

Aufgabe 1:
An eine verlustbehaftete Spule wird zum Zeitpunkt t=0 eine Rampenfunktion angelegt:

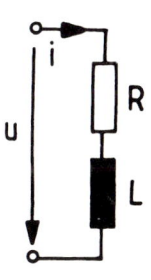

$$u(t) = \frac{U}{T} \cdot t \quad \text{für } t > 0$$

1.1 Berechnen Sie mit Hilfe der Laplacetransformation allgemein den Strom i(t) durch die Spule. (15P)
1.2 Berücksichtigen Sie in der Lösung U=10V, T=50ms, R=5Ω, L=0,2H und stellen Sie den Stromverlauf in einem Zeitdiagramm im Bereich $0 \leq t \leq 80$ms dar. (10P)

Aufgabe 2:
2.1 Berechnen Sie für die gezeichnete Impulsfolge die Fourierreihe in ausführlicher Form bis zur 5. Harmonischen mit variablen p. (18P) 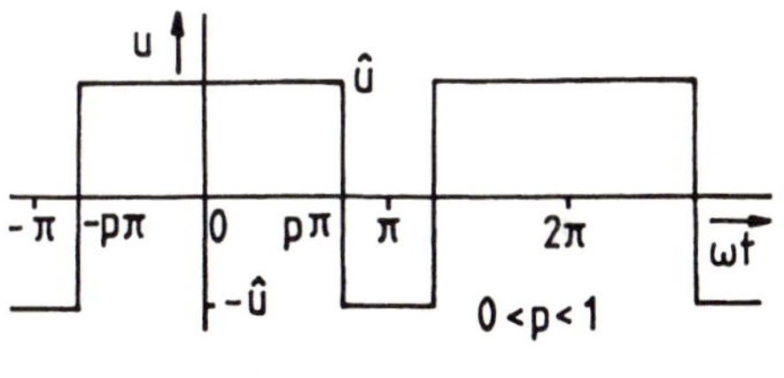
2.2 Zeichnen Sie die Impulsfolge für p=1/2 und geben Sie die dazugehörige Fourierreihe bis zur 5. Hamonischen an. (7P)

Aufgabe 3:
3.1 Berechnen Sie die Vierpolparameter der gezeichneten RC-Schaltung, die Sie als Zusammenschaltung zweier gleicher Vierpole auffassen. Alle Vierpolparameter sind in algebraischer Form anzugeben. (11P) 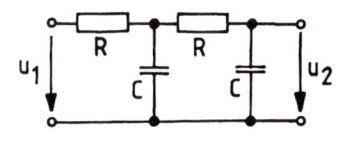
3.2 Aus den Parametern ist die Spannungsübersetzung $\underline{V}_{uf}$ zu ermitteln. (6P)
3.3 Bei welcher Frequenz ω eilt die Ausgangsspannung u_2 der Eingangsspannung u_1 um 90° voraus? Wie groß ist dann das Spannungsverhältnis U_2/U_1? (8P)

Aufgabe 4:
4.1 Geben Sie von dem gezeichneten Transistorverstärker mit zwei gleichen Verstärkerstufen das Wechselstrom-Ersatzschaltbild an. (12P) 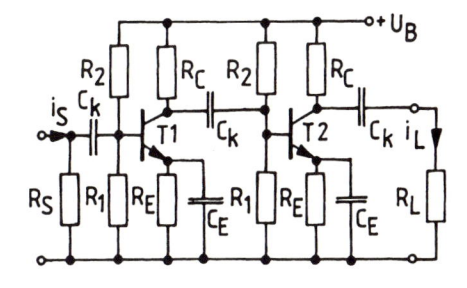
4.2 Berechnen Sie die Vierpolparameter der Gesamtschaltung und die Stromverstärkung $\underline{I}_L/\underline{I}_S$ mit folgenden Größen:

$$(h_e) = \begin{pmatrix} 1k\Omega & 0 \\ 200 & 0 \end{pmatrix}$$

R_S=20kΩ R_1=39kΩ R_2=100kΩ R_C=1,2kΩ R_E=820Ω R_L=1kΩ.
Die Kapazitäten C_k und C_E bilden wechselstrommäßigKurzschlüsse. (13P)

Aufgabenblatt 8

Aufgabe 1:
1.1 Transformieren Sie die gezeichnete Schaltung in die Schaltung mit komplexen Operatoren und berechnen Sie $U_2(s)$. (10P)
1.2 Ermitteln Sie dann die Zeitfunktion $u_2(t)$ für den aperiodischen Grenzfall. (11P)
1.3 Stellen Sie die Funktion $u_2(\delta t)/U$ für $\delta t = 0, 1, 2, 3, 4$ und 5 quantitativ dar. (4P)

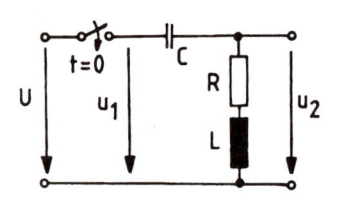

Aufgabe 2:
2.1 Berechnen Sie für die gezeichnete periodische Spannung die Fourierreihe in ausführlicher Form bis zur 3. Harmonischen:

$$u(t) = \frac{4 \cdot \hat{u}}{T^2} \cdot t^2 \quad \text{für} \quad -\frac{T}{2} \leq t \leq \frac{T}{2} \qquad (20P)$$

Folgendes Integral kann Ihnen behilflich sein:

$$\int x^2 \cdot \cos ax \cdot dx = \frac{2x}{a^2} \cdot \cos ax + \left(\frac{x^2}{a} - \frac{2}{a^3}\right) \cdot \sin ax$$

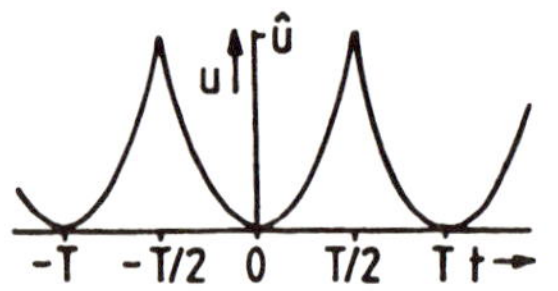

2.2 Stellen Sie das Amplitudenspektrum $\hat{u}_k / U = f(k)$ bis zur 3. Harmonischen dar. (5P)

Aufgabe 3:
Ein symmetrischer Π-Vierpol soll dimensioniert werden, wenn der Eingangswiderstand und die Spannungsdämpfung gegeben sind. 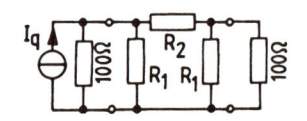
3.1 Geben Sie die Bedingungsgleichung für symmetrische Vierpole in $\underline{Y}$-Parametern an. (4P)
3.2 Entwickeln Sie für das gezeichnete Schaltbild die Gleichung mit $\underline{Y}_{11}$ und $\underline{Y}_{12}$, wenn $\underline{Z}_{in} = \underline{Z}_{out} = 100\Omega$ sind. (5P)
3.3 Entwickeln Sie für das gezeichnete Schaltbild die Gleichung mit $\underline{Y}_{11}$ und $\underline{Y}_{12}$, wenn $\underline{V}_{uf} = 0,9$ betragen soll, und berechnen Sie $\underline{Y}_{11}$ und $\underline{Y}_{12}$ mit dem Ergebnis von 3.2. (8P)
3.4 Berechnen Sie nun R_1 und R_2 mit Hilfe der Π-Ersatzschaltung. (4P)
3.5 Kontrollieren Sie die Ergebnisse rechnerisch für $\underline{Z}_{in}$ und $\underline{V}_{uf}$, indem Sie die errechneten Widerstände zusammenfassen bzw. die Spannungsteilerregel anwenden. (4P)

Aufgabe 4:
4.1 Für einen Transistor ist die Spannungsverstärkung $\underline{V}_{uf}$ zu berechnen. Gegeben sind:

$$(h_e) = \begin{pmatrix} 1,2 k\Omega & 6,5 \cdot 10^{-4} \\ 65 & 100 \mu S \end{pmatrix} \qquad (6P)$$

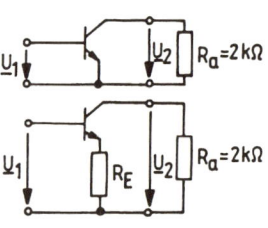

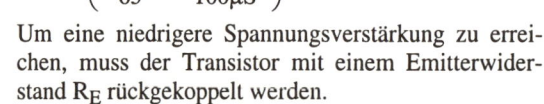

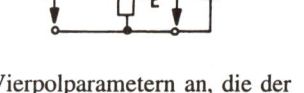

4.2 Um eine niedrigere Spannungsverstärkung zu erreichen, muss der Transistor mit einem Emitterwiderstand R_E rückgekoppelt werden.
Geben Sie die Formel für $\underline{V}_{uf}$ in Abhängigkeit von den Vierpolparametern an, die der Vierpol-Zusammenschaltung entspricht. (6P)
4.3 Berechnen Sie die Spannungsverstärkung $\underline{V}_{uf}$ für $R_E = 100, 200$ und 500Ω und stellen Sie die Funktion $V_{uf} = f(R_E)$ dar. (11P)
4.4 Wie groß muss R_E sein, damit $V_{uf} = 6$ erreicht wird? (2P)

8 Ausgleichsvorgänge   9 Fourieranalyse   10 Vierpolthorie

Aufgabenblatt 9

Aufgabe 1:
An die gezeichnete RC-Schaltung wird zum Zeitpunkt t=0 eine Gleichspannung U angelegt. 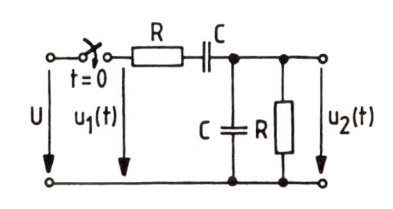
1.1 Berechnen Sie mit Hilfe der Laplacetransformation die Ausgangsspannung $u_2(t)$, indem Sie die entsprechende Schaltung mit transformierten Zeitfunktionen und komplexen Operatoren verwenden. (19P)
1.2 Stellen Sie $u_1(t)$ und $u_2(t)$ mit RC=1ms in einem Diagramm dar. (6P)

Aufgabe 2:
2.1 Berechnen Sie für die gezeichnete Impulsfolge die Fourierreihe in ausführlicher Form bis zur 6. Harmonischen. (18P)
2.2 Stellen Sie das Amplitudenspektrum $\hat{u}_k / U = f(k)$ bis zur 6. Harmonischen dar. (7P)

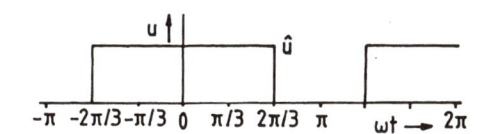

Aufgabe 3:
3.1 Berechnen Sie den Eingangswiderstand der gezeichneten Schaltung, indem Sie den Be-lastungswiderstand R in den Vierpol einbeziehen und den Ausgang kurzschließen. (15P)
3.2 Weisen Sie nach, dass bei Resonanz mit $\omega L = 1/\omega C$ der Eingangswiderstand reell ist, d.h. dass u_1 und i_1 bei Resonanz in Phase sind. (10P)

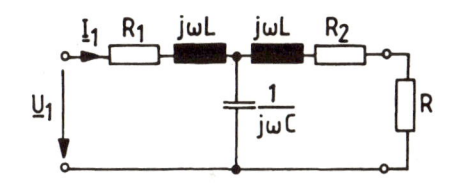

Aufgabe 4:
Der mit R_E rückgekoppelte Transistor, dessen h_e-Parameter gegeben sind, soll in einen direkt rückgekoppelten Transistor umgewandelt werden.

$$(h_e) = \begin{pmatrix} 2,7k\Omega & 1,5 \cdot 10^{-4} \\ 220 & 18\mu S \end{pmatrix}$$

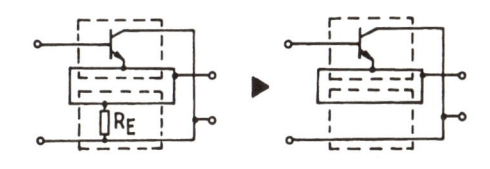

4.1 Um welche Schaltung handelt es sich, die links gezeichnet ist? (2P)
Welche Vierpolparameter müssen für diese Vierpolschaltung zusammengefasst werden? (2P)
4.2 Ersetzen Sie den Transistor durch eine äquivalente U-Ersatzschaltung. (4P)
Beziehen Sie dann den Emitterwiderstand R_E in die Ersatzschaltung ein. (4P)
Berechnen Sie die geänderten Vierpolparameter des Transistors mit $R_E=5k\Omega$. (4P)
4.3 Geben Sie schließlich für die direkte Rückkopplung die Vierpolparameter an (4P)
und fassen Sie diese mit den geänderten Transistorparametern zusammen. (5P)

8 Ausgleichsvorgänge   9 Fourieranalyse   10 Vierpolthorie

Aufgabenblatt 10

Aufgabe 1:
Durch den Schalter wird an die gezeichnete Schaltung eine sinusförmige Spannung so angelegt, dass sie zum Zeitpunkt t=0 mit dem Nulldurchgang beginnt: $u_1(t) = \hat{u} \cdot \sin\omega t$.

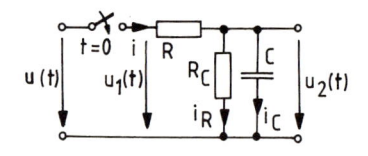

1.1 Berechnen Sie die Spannung $u_2(t)$ durch Lösung der Differentialgleichung. (12P)

1.2 Bestätigen Sie das Ergebnis für $u_2(t)$ mit Hilfe der Laplace-Transformation, indem Sie die entsprechende Schaltung mit transformierten Zeitfunktionen und komplexen Operatoren und die folgende Laplace-Rücktransformation verwenden:

$$L^{-1}\left\{\frac{1}{(1+sT)(1+s^2/\omega^2)}\right\} = \frac{\omega \cdot \sin(\omega t - \varphi)}{\sqrt{1+\omega^2 T^2}} + \frac{\omega^2 T}{1+\omega^2 T^2} \cdot e^{-t/T} \quad \text{mit} \quad \varphi = \arctan\omega T \quad (13P)$$

Aufgabe 2:

2.1 Berechnen Sie für die gezeichnete Impulsfolge die Fourierreihe in ausführlicher Form bis zur 8. Harmonischen. (19P)

2.2 Stellen Sie das Amplitudenspektrum $\hat{u}_k / U = f(k)$ bis zur 8. Harmonischen dar. (6P)

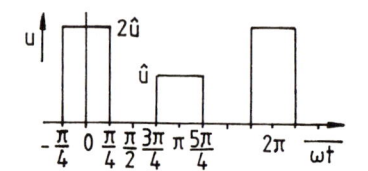

Aufgabe 3:
Ein Dämpfungsglied soll den Energiefluss in einem bestimmten Maß verringern, z. B. in Eichleitungen in der Messtechnik. Da es die Energie unabhängig von der Frequenz dämpfen soll, besteht ein Dämpfungsglied nur aus ohmschen Widerständen.

3.1 Berechnen Sie von dem gezeichneten Dämpfungsglied die Vierpolparameter. (12P)

3.2 Berechnen Sie dann die Wellenwiderstände und das Dämpfungsmaß. (13P)

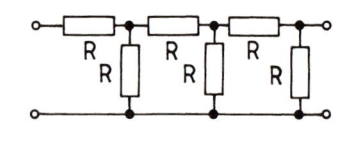

Aufgabe 4:
In der gezeichneten Schaltung soll untersucht werden, welchen Einfluss der Kondensator C_E auf die Spannungsverstärkung $\underline{V}_{uf}$ bei verschiedenen Frequenzen f des Eingangssignals hat.

4.1 Berechnen Sie für f=10Hz und f=10.000Hz die Vierpolparameter des rückgekoppelten Transistors, dessen h_e-Parameter gegeben sind:

$$(h_e) = \begin{pmatrix} 2,7 k\Omega & 1,5 \cdot 10^{-4} \\ 220 & 18\mu S \end{pmatrix} \quad (14P)$$

4.2 Berechnen Sie aus den Vierpolparametern die Spannungsverstärkung $\underline{V}_{uf} = V_{uf} \cdot e^{j\varphi}$ für die beiden Frequenzen. (11P)

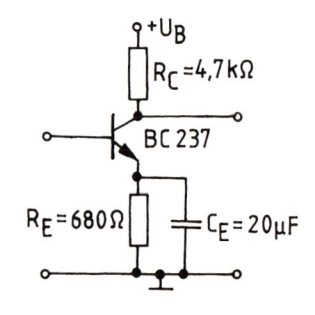

160

Lösungen

Abschnitt 4:

8 Ausgleichsvorgänge
9 Fourieranalyse
10 Vierpoltheorie

8 Ausgleichsvorgänge   9 Fourieranalyse   10 Vierpolthorie

Lösungen zum Aufgabenblatt 1
Aufgabe 1:
Zu 1.1   Bd.3, S.6 und S.10-12 oder FS S.145

$$U = R \cdot i + u_C = \frac{R}{R_C} u_C + RC \cdot \frac{du_C}{dt} + u_C \quad \text{mit} \quad i = i_R + i_C = \frac{u_C}{R_C} + C \cdot \frac{du_C}{dt}$$

$$U = \left(\frac{R}{R_C} + 1\right) \cdot u_C + RC \cdot \frac{du_C}{dt} \qquad u_{Ce} = \frac{U}{\frac{R}{R_C}+1} = \frac{R_C}{R+R_C} \cdot U$$

$$0 = \left(\frac{R}{R_C} + 1\right) \cdot u_{Cf} + RC \cdot \frac{du_{Cf}}{dt} \qquad u_{Cf} = K \cdot e^{-t/\tau_1} \qquad \text{mit} \quad \tau_1 = \frac{RC}{\frac{R}{R_C}+1} = \frac{C}{\frac{1}{R_C}+\frac{1}{R}}$$

$$u_C(0_-) = u_C(0_+) = u_{Ce}(0_+) + u_{Cf}(0_+)$$

$$0 = \frac{R_C}{R+R_C} \cdot U + K \qquad K = -\frac{R_C}{R+R_C} \cdot U \qquad u_{Cf} = -\frac{R_C}{R+R_C} \cdot U \cdot e^{-t/\tau_1}$$

$$u_C = u_{Ce} + u_{Cf} = \frac{R_C}{R+R_C} \cdot U \cdot \left(1 - e^{-t/\tau_1}\right) \tag{6P}$$

$$i_C = C \cdot \frac{du_C}{dt} = \frac{C \cdot R_C}{R+R_C} \cdot U \cdot \left(-e^{-t/\tau_1}\right) \cdot \left(-\frac{1}{\tau_1}\right) = \frac{C \cdot R_C \cdot U}{R+R_C} \cdot \frac{\frac{R}{R_C}+1}{RC} \cdot e^{-t/\tau_1} = \frac{U}{R} \cdot e^{-t/\tau_1} \tag{2P}$$

Zu 1.2

$$0 = u_C + R_C \cdot i_C = u_C + R_C \cdot C \cdot \frac{du_C}{dt} \qquad i_R = -i_C \qquad u_{Ce} = 0$$

$$0 = u_{Cf} + R_C \cdot C \cdot \frac{du_{Cf}}{dt} \qquad u_{Cf} = K \cdot e^{-t/\tau_2} \quad \text{mit} \quad \tau_2 = R_C \cdot C$$

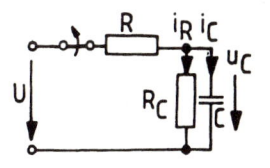

$$u_C(0_-) = u_C(0_+) = u_{Ce}(0_+) + u_{Cf}(0_+)$$

$$\frac{R_C}{R+R_C} \cdot U = 0 + K \qquad u_C = u_{Cf} = \frac{R_C}{R+R_C} \cdot U \cdot e^{-t/\tau_2} \tag{6P}$$

$$i_C = C \cdot \frac{du_C}{dt} = \frac{C \cdot R_C}{R+R_C} \cdot U \cdot e^{-t/\tau_2} \cdot \left(-\frac{1}{\tau_2}\right) = \frac{C \cdot R_C \cdot U}{R+R_C} \cdot \left(-\frac{1}{R_C C}\right) \cdot e^{-t/\tau_2} = -\frac{U}{R+R_C} \cdot e^{-t/\tau_2} \tag{2P}$$

Zu 1.3   1. $u_C = \frac{2{,}5k\Omega}{1k\Omega + 2{,}5k\Omega} \cdot 6V \cdot \left(1 - e^{-t/\tau_1}\right) = 4{,}3V \cdot \left(1 - e^{-t/\tau_1}\right)$

$i_C = \frac{6V}{1k\Omega} \cdot e^{-t/\tau_1} = 6mA \cdot e^{-t/\tau_1}$ mit $\tau_1 = \frac{1k\Omega \cdot 500nF}{\frac{1k\Omega}{2{,}5k\Omega}+1} = 0{,}36ms$ (2P)

2. $u_C = 4{,}3V \cdot e^{-t/\tau_2}$ mit $\tau_2 = 2{,}5k\Omega \cdot 500nF = 1{,}25ms$

$i_C = -\frac{6V}{1k\Omega + 2{,}5k\Omega} \cdot e^{-t/\tau_2} = -1{,}76mA \cdot e^{-t/\tau_2}$ (2P)

Zu 1.4 Die Entladezeit mit
$5 \cdot \tau_2 = 5 \cdot 1{,}25ms = 6{,}25ms$
reicht für die vollständige Entladung nicht
aus, so dass der Anfangswert des Auflade-
vorgangs $u_C(0_-) = u_C(0_+) \neq 0$ ist.   (3P)

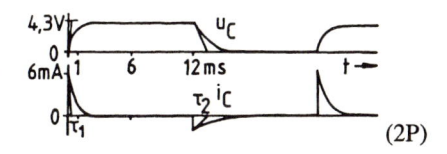

(2P)

8 Ausgleichsvorgänge   9 Fourieranalyse   10 Vierpolthorie

Lösungen zum Aufgabenblatt 1

Aufgabe 2: Bd.3, S.112-114 (vgl. Beispiel 2) oder FS S.168-169 (vgl. Beispiel)
Zu 2.1   keine Symmetrie Bd.3, S.104-108, S.103, Gl.9.24-9.26 oder FS S.163-167

$$a_o = \frac{1}{2\pi} \cdot \int_0^{2\pi} u(\omega t) \cdot d(\omega t) \qquad \text{oder aus der Zeichnung abgelesen:}$$

$$a_o = \frac{1}{2\pi} \cdot \int_0^{2\pi} \frac{\hat{u}}{2\pi} \cdot \omega t \cdot d(\omega t) = \frac{\hat{u}}{(2\pi)^2} \cdot \int_0^{2\pi} \omega t \cdot d(\omega t)$$

$$a_o = \frac{\hat{u}}{(2\pi)^2} \cdot \left[\frac{(\omega t)^2}{2}\right]_0^{2\pi} = \frac{\hat{u}}{(2\pi)^2} \cdot \frac{(2\pi)^2}{2}$$

$$a_o = \frac{\hat{u}}{2} \tag{3P}$$

$$a_k = \frac{1}{\pi} \cdot \int_0^{2\pi} u(\omega t) \cdot \cos k\omega t \cdot d(\omega t) = \frac{1}{\pi} \cdot \int_0^{2\pi} \frac{\hat{u}}{2\pi} \cdot \omega t \cdot \cos k\omega t \cdot d(\omega t)$$

$$a_k = \frac{\hat{u}}{2\pi^2} \cdot \int_0^{2\pi} \omega t \cdot \cos k\omega t \cdot d(\omega t) = \frac{\hat{u}}{2\pi^2} \cdot \left[\frac{\cos k\omega t}{k^2} + \frac{\omega t \cdot \sin k\omega t}{k}\right]_0^{2\pi} \qquad \text{Bd.3, S.113 oder FS S.169}$$

$$a_k = \frac{\hat{u}}{2\pi^2} \cdot \left[\frac{\cos k2\pi - 1}{k^2} + \frac{2\pi \cdot \sin k2\pi}{k}\right] = 0 \tag{4P}$$

$$b_k = \frac{1}{\pi} \cdot \int_0^{2\pi} u(\omega t) \cdot \sin k\omega t \cdot d(\omega t) = \frac{1}{\pi} \cdot \int_0^{2\pi} \frac{\hat{u}}{2\pi} \cdot \omega t \cdot \sin k\omega t \cdot d(\omega t)$$

$$b_k = \frac{\hat{u}}{2\pi^2} \cdot \int_0^{2\pi} \omega t \cdot \sin k\omega t \cdot d(\omega t) = \frac{\hat{u}}{2\pi^2} \cdot \left[\frac{\sin k\omega t}{k^2} - \frac{\omega t \cdot \cos k\omega t}{k}\right]_0^{2\pi} \qquad \text{Bd.3, S.113 oder FS S.169}$$

$$b_k = \frac{\hat{u}}{2\pi^2} \cdot \left[\frac{\sin k2\pi - 0}{k^2} - \frac{2\pi \cdot \cos k2\pi - 0}{k}\right] = -\frac{\hat{u}}{2\pi^2} \cdot \frac{2\pi}{k}$$

$$b_k = -\frac{\hat{u}}{\pi k} \tag{4P}$$

Fourierreihe in ausführlicher Form: $u(\omega t) = \frac{\hat{u}}{2} - \frac{\hat{u}}{\pi} \cdot \left(\frac{\sin \omega t}{1} + \frac{\sin 2\omega t}{2} + \frac{\sin 3\omega t}{3} + ...\right)$ (4P)

Zu 2.2 Von der Funktion und damit auch von der Fourierreihe wird jeweils $\hat{u}/2$ abgezogen:

$$u(\omega t) = \frac{\hat{u}}{2\pi} \cdot \omega t - \frac{\hat{u}}{2} = \frac{\hat{u}}{2} \cdot \left(\frac{\omega t}{\pi} - 1\right) \tag{2P}$$

$$u(\omega t) = -\frac{\hat{u}}{\pi} \cdot \left(\frac{\sin \omega t}{1} + \frac{\sin 2\omega t}{2} + \frac{\sin 3\omega t}{3} + ...\right) \tag{3P}$$

Zu 2.3 Bd.3, S.143, Gl.9.70 oder FS S.176

$$U = \sqrt{U_1^2 + U_2^2 + U_3^2 + ...}$$

$$U = \sqrt{\left(\frac{\hat{u}}{\pi \cdot \sqrt{2}}\right)^2 \cdot \left(1 + \frac{1}{4} + \frac{1}{9} + ...\right)} = \hat{u} \cdot \sqrt{\frac{1}{\pi^2 \cdot 2} \cdot \frac{\pi^2}{6}} \qquad \text{Bd.3 S.144, Beispiel 2 oder FS S.177}$$

$$U = \frac{\hat{u}}{\sqrt{12}} = 0,288 \cdot \hat{u} \qquad \text{bzw.} \qquad \frac{U}{\hat{u}} = 0,288 \tag{5P}$$

Lösungen zum Aufgabenblatt 1

Aufgabe 3:

Zu 3.1 Bd.3, S.189 oder FS S.188

$$\underline{V}_{uf} = \frac{1}{\underline{A}_{11}}$$

$$\underline{A}_{11} = 1 + \frac{\underline{Z}_1}{\underline{Z}_2} = 1 + \underline{Z}_1 \cdot \underline{Y}_2 \qquad \text{Bd.3, S.187 oder FS S.186: } \Gamma\text{-Vierpol II}$$

mit $\quad \underline{Z}_1 = R$

und $\quad \underline{Y}_2 = \frac{1}{R_p} + j\omega C_p + \frac{1}{j\omega L_p}$

$$\underline{V}_{uf} = \frac{1}{1 + R \cdot \left[\frac{1}{R_p} + j \cdot \left(\omega C_p - \frac{1}{\omega L_p}\right)\right]}$$

$$\underline{V}_{uf} = \frac{1}{\left(1 + \frac{R}{R_p}\right) + j \cdot \left(\omega C_p - \frac{1}{\omega L_p}\right) \cdot R} \tag{12P}$$

Zu 3.2

$$\underline{V}_{uf} = \frac{\underline{U}_2}{\underline{U}_1} = \frac{e^{-j \cdot \arctan \frac{\left(\omega C_p - \frac{1}{\omega L_p}\right) \cdot R}{1 + \frac{R}{R_p}}}}{\sqrt{\left(1 + \frac{R}{R_p}\right)^2 + \left(\omega C_p - \frac{1}{\omega L_p}\right)^2 \cdot R^2}}$$

$$\underline{V}_{uf} = V_{uf} \cdot e^{j \cdot \varphi}$$

mit $\quad V_{uf} = \dfrac{1}{\sqrt{\left(1 + \dfrac{R}{R_p}\right)^2 + \left(\omega C_p - \dfrac{1}{\omega L_p}\right)^2 \cdot R^2}}$ \hfill (4P)

und $\quad \varphi = -\arctan \dfrac{\left(\omega C_p - \dfrac{1}{\omega L_p}\right) \cdot R}{1 + \dfrac{R}{R_p}}$ \hfill (4P)

Zu 3.3 Bd.2, S.110, Gl.4.138 oder FS S.108

$\varphi = 0: \qquad \omega_o = \dfrac{1}{\sqrt{C_p \cdot L_p}} \quad$ (Resonanzkreisfrequenz) \hfill (3P)

$V_{uf} = \dfrac{1}{\sqrt{(1+1)^2}} = \dfrac{1}{2} \quad$ mit $\quad \omega C_p - \dfrac{1}{\omega L_p} = 0$ \hfill (2P)

Lösungen zum Aufgabenblatt 1

Aufgabe 4:

Zu 4.1 Bd.3, S.189 und 181 oder FS S.188 und 183, Tabellen

$$\underline{V}_{uf} = c_{21e} = -\frac{h_{21e}}{\det h_e}$$

$$\underline{V}_{uf} = -\frac{65}{1,2 \cdot 10^3 \Omega \cdot 100 \cdot 10^{-6} S - 65 \cdot 6,5 \cdot 10^{-4}} = -\frac{65}{77,75 \cdot 10^{-3}}$$

$$\underline{V}_{uf} = -836 \qquad (5P)$$

Zu 4.2 Die Rückkopplungsschaltung ist eine Reihen-Reihen-Schaltung, für die die z-Parameter der beiden Vierpole (Transistor, Querwiderstand) addiert werden müssen. (Bd.3, S.235 oder FS S.194, Beispiel 2). Deshalb muss die Formel für die Spannungsverstärkung in z-Parametern angegeben werden (Bd.3, S.181 oder FS S.183):

$$\underline{V}_{uf} = c_{21} = \frac{z_{21}}{z_{11}}$$

mit $\quad z_{11} = \dfrac{\det h_e}{h_{22e}} + R_E$

$\quad\quad\quad z_{21} = -\dfrac{h_{21e}}{h_{22e}} + R_E$

$$\underline{V}_{uf} = \frac{-\dfrac{h_{21e}}{h_{22e}} + R_E}{\dfrac{\det h_e}{h_{22e}} + R_E}$$

$$\underline{V}_{uf} \cdot \frac{\det h_e}{h_{22e}} + \underline{V}_{uf} \cdot R_E = -\frac{h_{21e}}{h_{22e}} + R_E$$

$$\underline{V}_{uf} \cdot R_E - R_E = -\left(\frac{h_{21e}}{h_{22e}} + \underline{V}_{uf} \cdot \frac{\det h_e}{h_{22e}}\right)$$

$$R_E = \frac{-\left(\dfrac{h_{21e}}{h_{22e}} + \underline{V}_{uf} \cdot \dfrac{\det h_e}{h_{22e}}\right)}{\underline{V}_{uf} - 1} \qquad (10P)$$

$$R_E = \frac{-\left(\dfrac{65}{100 \cdot 10^{-6} S} - 649 \cdot \dfrac{77,75 \cdot 10^{-3}}{100 \cdot 10^{-6} S}\right)}{-649 - 1}$$

$$R_E = 224\Omega \qquad (5P)$$

Zu 4.3 Bei Leerlauf: $\quad \underline{V}_{uf} = c_{21}$

Bei Belastung: $\quad \underline{V}_{uf} = \dfrac{c_{21}}{1 + c_{22} \cdot \left(\dfrac{1}{R_C} + \dfrac{1}{R_a}\right)}$ (Bd.3, S.196 oder FS S.189)

wobei c_{22} aus den h_e-Parametern bzw. z-Parametern errechnet wird. (5P)

8 Ausgleichsvorgänge   9 Fourieranalyse   10 Vierpolthorie

Lösungen zum Aufgabenblatt 2

Aufgabe 1: Bd.3, S.94 und S.276-277 Üb.8.8

Zu 1.1 $\quad U = R \cdot i + u_C = RC \cdot \dfrac{du_C}{dt} + \dfrac{R}{R_C} u_C + u_C \qquad$ mit $\qquad i = i_C + i_R = C \cdot \dfrac{du_C}{dt} + \dfrac{u_C}{R_C}$

$$U = RC \cdot \frac{du_C}{dt} + \left(\frac{R}{R_C} + 1\right) \cdot u_C \tag{4P}$$

$$\frac{U}{s} = RC \cdot \left[s \cdot U_C(s) - u_C(0)\right] + \left(\frac{R}{R_C} + 1\right) \cdot U_C(s) = \left[\left(\frac{R}{R_C} + 1\right) + s \cdot RC\right] \cdot U_C(s)$$

$$\text{mit} \qquad u_C(0) = 0$$

$$U_C(s) = \frac{U}{s} \cdot \frac{1}{\left(\dfrac{R}{R_C} + 1\right) + s \cdot RC} = \frac{U}{\dfrac{R}{R_C} + 1} \cdot \frac{1}{s \cdot \left(1 + s \cdot \dfrac{RC}{\dfrac{R}{R_C} + 1}\right)} \tag{3P}$$

Bd.3, S.87 oder FS S.159   Nr.49 $\qquad \mathcal{L}^{-1}\left\{\dfrac{1}{s(1+sT)}\right\} = 1 - e^{-t/T}$

$$u_C(t) = \frac{U}{\dfrac{R}{R_C} + 1} \cdot \left(1 - e^{-t/\tau}\right) \qquad \text{mit} \qquad \tau = \frac{RC}{\dfrac{R}{R_C} + 1} \tag{3P}$$

$$u_2(t) = U - u_C(t) = U - \frac{R_C}{R + R_C} \cdot U + \frac{R_C}{R + R_C} \cdot U \cdot e^{-t/\tau} = U \cdot \left(\frac{R + R_C - R_C}{R + R_C} + \frac{R_C}{R + R_C} \cdot e^{-t/\tau}\right)$$

$$u_2(t) = U \cdot \left(\frac{R}{R + R_C} + \frac{R_C}{R + R_C} \cdot e^{-t/\tau}\right) \tag{3P}$$

Zu 1.2

$$\frac{U_2(s)}{U_1(s)} = \frac{\dfrac{R_C \cdot \dfrac{1}{sC}}{R_C + \dfrac{1}{sC}}}{R + \dfrac{R_C \cdot \dfrac{1}{sC}}{R_C + \dfrac{1}{sC}}} = \frac{R_C \cdot \dfrac{1}{sC}}{R \cdot \left(R_C + \dfrac{1}{sC}\right) + R_C \cdot \dfrac{1}{sC}}$$

$$U_2(s) = \frac{R_C}{(R + R_C) + s \cdot RR_C C} \cdot U_1(s) = \frac{R_C \cdot U}{R + R_C} \cdot \frac{1}{s \cdot \left(1 + s \cdot \dfrac{RR_C}{R + R_C} C\right)}$$

$$\text{mit} \qquad U_1(s) = \frac{U}{s} \tag{6P}$$

Bd.3, S.87 oder FS S.159   Nr.49 $\qquad \mathcal{L}^{-1}\left\{\dfrac{1}{s(1+sT)}\right\} = 1 - e^{-t/T}$

$$u_2(t) = \frac{R_C \cdot U}{R + R_C} \cdot \left(1 - e^{-t/\tau}\right) \qquad \text{mit} \qquad \tau = \frac{RR_C}{R + R_C} C \tag{6P}$$

Lösungen zum Aufgabenblatt 2

Aufgabe 2:
Zu 2.1 nach Bd.3, S.109 oder FS S.166
   Symmetrie 1. und 3. Art mit $b_k=0$, $a_{2k}=0$ (4P)

$$a_{2k+1} = \frac{4}{\pi} \cdot \int_0^{\pi/2} u(\omega t) \cdot \cos(2k+1)\omega t \cdot d(\omega t)$$

$$a_{2k+1} = \frac{4}{\pi} \cdot \int_0^{a} \hat{u} \cdot \cos(2k+1)\omega t \cdot d(\omega t)$$

$$a_{2k+1} = \frac{4\hat{u}}{\pi} \cdot \left[\frac{\sin(2k+1)\omega t}{2k+1} \right]_0^a$$

$$a_{2k+1} = \frac{4\hat{u}}{\pi} \cdot \frac{\sin(2k+1)a}{2k+1} \tag{5P}$$

Fourierreihe in Summenform:

$$u(\omega t) = \frac{4\hat{u}}{\pi} \cdot \sum_{k=0}^{\infty} \frac{\sin(2k+1)a}{2k+1} \cdot \cos(2k+1)\omega t \tag{2P}$$

Fourierreihe in ausführlicher Form:

$$u(\omega t) = \frac{4\hat{u}}{\pi} \left(\frac{\sin a}{1} \cdot \cos \omega t + \frac{\sin 3a}{3} \cdot \cos 3\omega t + \frac{\sin 5a}{5} \cdot \cos 5\omega t + \frac{\sin 7a}{7} \cdot \cos 7\omega t + \ldots \right) \tag{2P}$$

Zu 2.2

(2P)

$$u(\omega t) = \frac{4\hat{u}}{\pi} \cdot \left(\frac{\sin \frac{\pi}{4}}{1} \cdot \cos \omega t + \frac{\sin 3\frac{\pi}{4}}{3} \cdot \cos 3\omega t + \frac{\sin 5\frac{\pi}{4}}{5} \cdot \cos 5\omega t + \frac{\sin 7\frac{\pi}{4}}{7} \cdot \cos 7\omega t + \ldots \right)$$

$$u(\omega t) = \frac{4\hat{u}}{\pi} \cdot \left(\frac{\frac{\sqrt{2}}{2}}{1} \cdot \cos \omega t + \frac{\frac{\sqrt{2}}{2}}{3} \cdot \cos 3\omega t - \frac{\frac{\sqrt{2}}{2}}{5} \cdot \cos 5\omega t - \frac{\frac{\sqrt{2}}{2}}{7} \cdot \cos 7\omega t + + - - \ldots \right)$$

$$u(\omega t) = \frac{2\sqrt{2}}{\pi} \cdot \hat{u} \cdot \left(\frac{\cos \omega t}{1} + \frac{\cos 3\omega t}{3} - \frac{\cos 5\omega}{5} - \frac{\cos 7\omega t}{7} + + - - \ldots \right)$$

$$u(\omega t) = 0,9 \cdot \hat{u} \cdot \left(\frac{\cos \omega t}{1} + \frac{\cos 3\omega t}{3} - \frac{\cos 5\omega}{5} - \frac{\cos 7\omega t}{7} + + - - \ldots \right) \tag{4P}$$

Zu 2.3 Bd.3, S.143, Gl.9.70 und Beispiel 1 oder FS S.176-177

$$U = \sqrt{U_0^2 + U_1^2 + U_2^2 + U_3^2 + U_4^2 + U_5^2 + U_6^2 + U_7^2 + \ldots} = \sqrt{U_1^2 + U_3^2 + U_5^2 + U_7^2 + \ldots}$$

$$U = \frac{2\sqrt{2}}{\pi\sqrt{2}} \cdot \hat{u} \cdot \sqrt{\frac{1}{1^2} + \frac{1}{3^2} + \frac{1}{5^2} + \frac{1}{7^2} \ldots} = \frac{2 \cdot \hat{u}}{\pi} \cdot \sqrt{\frac{\pi^2}{8}} = \frac{2 \cdot \hat{u} \cdot \pi}{\pi \cdot 2\sqrt{2}} = \frac{\hat{u}}{\sqrt{2}} \tag{6P}$$

Lösungen zum Aufgabenblatt 2

Aufgabe 3:
Zu 3.1   Bd.3, S.189 oder FS S.188

$$\left(\underline{V}_{uf}\right)_{\underline{Y}_L=0} = \frac{\underline{U}_2}{\underline{U}_1} = \underline{C}_{21} = \frac{1}{\underline{A}_{11}}$$

$$\underline{A}_{11} = 1 + \frac{\underline{Z}_1}{\underline{Z}_2} = 1 + \underline{Z}_1 \cdot \underline{Y}_2 \qquad \text{Bd.3, S.187 oder FS S.186: } \Gamma\text{-Vierpol II}$$

$$\left(\underline{V}_{uf}\right)_{\underline{Y}_L=0} = \frac{1}{1+\underline{Z}_1 \cdot \underline{Y}_2}$$

$$\text{mit} \qquad \underline{Z}_1 = R_{Cr} + \frac{1}{j\omega C_r}$$

$$\text{und} \qquad \underline{Y}_2 = \frac{1}{R_{Lp}} + \frac{1}{j\omega L_p}$$

$$\left(\underline{V}_{uf}\right)_{\underline{Y}_L=0} = \frac{1}{1+\left(R_{Cr}+\dfrac{1}{j\omega C_r}\right)\cdot\left(\dfrac{1}{R_{Lp}}+\dfrac{1}{j\omega L_p}\right)}$$

$$\left(\underline{V}_{uf}\right)_{\underline{Y}_L=0} = \frac{1}{1+\dfrac{R_{Cr}}{R_{Lp}}-\dfrac{1}{\omega^2 L_p C_r}+\dfrac{1}{j\omega}\left(\dfrac{R_{Cr}}{L_p}+\dfrac{1}{R_{Lp}C_r}\right)}$$

$$\left(\underline{V}_{uf}\right)_{\underline{Y}_L=0} = \frac{1}{\left(1+\dfrac{R_{Cr}}{R_{Lp}}-\dfrac{1}{\omega^2 L_p C_r}\right) - j\cdot\dfrac{1}{\omega}\left(\dfrac{R_{Cr}}{L_p}+\dfrac{1}{R_{Lp}C_r}\right)} \qquad (18P)$$

Zu 3.2   Die beiden Spannungen u_2 und u_1 haben eine Phasenverschiebung von 90°, wenn der Operator $\underline{V}_{uf}$ imaginär ist, d.h. wenn der Realteil Null ist:

$$1 + \frac{R_{Cr}}{R_{Lp}} - \frac{1}{\omega^2 L_p C_r} = 0$$

$$\frac{1}{\omega^2 L_p C_r} = 1 + \frac{R_{Cr}}{R_{Lp}}$$

$$\omega = \sqrt{\frac{1}{L_p C_r \cdot \left(1+\dfrac{R_{Cr}}{R_{Lp}}\right)}} \qquad (7P)$$

Lösungen zum Aufgabenblatt 2

Aufgabe 4:

Zu 4.1   Bd.3, S.201 oder FS S.199

$$(h_b) = \begin{pmatrix} \dfrac{h_{11e}}{1+h_{21e}} & \dfrac{\det h_e - h_{12e}}{1+h_{21e}} \\ \dfrac{-h_{21e}}{1+h_{21e}} & \dfrac{h_{22e}}{1+h_{21e}} \end{pmatrix} = \begin{pmatrix} \dfrac{5 \cdot 10^3 \Omega}{201} & \dfrac{80 \cdot 10^{-3} - 1 \cdot 10^{-4}}{201} \\ \dfrac{-200}{201} & \dfrac{20 \cdot 10^{-6} S}{201} \end{pmatrix} = \begin{pmatrix} 24,9\Omega & 398 \cdot 10^{-6} \\ -0,995 & 99,5 \cdot 10^{-9} S \end{pmatrix}$$

mit $\det h_b = 398 \cdot 10^{-6}$ (4P)

$$(h_c) = \begin{pmatrix} h_{11e} & 1 - h_{12e} \\ -(h_{21e}+1) & h_{22e} \end{pmatrix} = \begin{pmatrix} 5 \cdot 10^3 \Omega & 1 - 1 \cdot 10^{-4} \\ -(200+1) & 20 \cdot 10^{-6} S \end{pmatrix} = \begin{pmatrix} 5k\Omega & 999 \cdot 10^{-3} \\ -201 & 20 \cdot 10^{-6} S \end{pmatrix}$$

mit $\det h_c = 201,1$ (4P)

Zu 4.2   Bd.3, S.196 oder FS S.189
Basisschaltung:

$$\underline{Z}_{in} = \frac{\det h_b + h_{11b} \cdot \dfrac{1}{R_C}}{h_{22b} + \dfrac{1}{R_C}} = \frac{398 \cdot 10^{-6} + \dfrac{24,9\Omega}{10 \cdot 10^3 \Omega}}{99,5 \cdot 10^{-9} S + \dfrac{1}{10 \cdot 10^3 \Omega}} = 28,85\Omega \quad (2P)$$

$$\underline{V}_{uf} = -\frac{h_{21b}}{\det h_b + h_{11b} \cdot \dfrac{1}{R_C}} = -\frac{-0,995}{398 \cdot 10^{-6} + \dfrac{24,9\Omega}{10 \cdot 10^3 \Omega}} = 344,5 \quad (2P)$$

$$\underline{V}_{if} = \frac{h_{21b} \cdot \dfrac{1}{R_C}}{h_{22b} + \dfrac{1}{R_C}} = \frac{-0,995 \cdot \dfrac{1}{10 \cdot 10^3 \Omega}}{99,5 \cdot 10^{-9} S + \dfrac{1}{10 \cdot 10^3 \Omega}} = -0,994 \quad (2P)$$

$V_P = |\underline{V}_{if}| \cdot |\underline{V}_{uf}| = 0,994 \cdot 344,5 = 342$ (2P)

Kollektorschaltung:

$$\underline{Z}_{in} = \frac{\det h_c + h_{11c} \cdot \dfrac{1}{R_E}}{h_{22c} + \dfrac{1}{R_E}} = \frac{201,1 + \dfrac{5 \cdot 10^3 \Omega}{10 \cdot 10^3 \Omega}}{20 \cdot 10^{-6} S + \dfrac{1}{10 \cdot 10^3 \Omega}} = 1,68 M\Omega \quad (2P)$$

$$\underline{V}_{uf} = -\frac{h_{21c}}{\det h_c + h_{11c} \cdot \dfrac{1}{R_E}} = -\frac{-201}{201,1 + \dfrac{5 \cdot 10^3 \Omega}{10 \cdot 10^3 \Omega}} = 0,997 \quad (2P)$$

$$\underline{V}_{if} = \frac{h_{21c} \cdot \dfrac{1}{R_E}}{h_{22c} + \dfrac{1}{R_E}} = \frac{-201 \cdot \dfrac{1}{10 \cdot 10^3 \Omega}}{20 \cdot 10^{-6} S + \dfrac{1}{10 \cdot 10^3 \Omega}} = -167,5 \quad (2P)$$

$V_P = |\underline{V}_{if}| \cdot |\underline{V}_{uf}| = 167,5 \cdot 0,997 = 167$ (2P)

Da die Eingangswiderstände reell sind (s. Bd.3, S.206, Gl.10.35 oder FS S.190), kann die Leistungsverstärkung aus der Strom- und Spannungsverstärkung errechnet werden.   (1P)

Lösungen zum Aufgabenblatt 3

Aufgabe 1:

Zu 1.1

$$\frac{U_2(s)}{U_1(s)} = \frac{\dfrac{\left(R_r + \dfrac{1}{sC}\right) \cdot R_p}{R_r + R_p + \dfrac{1}{sC}}}{\dfrac{\left(R_r + \dfrac{1}{sC}\right) \cdot R_p}{R_r + R_p + \dfrac{1}{sC}} + R}$$

$$\frac{U_2(s)}{U_1(s)} = \frac{\left(R_r + \dfrac{1}{sC}\right) \cdot R_p}{\left(R_r + \dfrac{1}{sC}\right) \cdot R_p + R(R_r + R_p) + \dfrac{R}{sC}} = \frac{R_p \cdot (1 + sR_rC)}{R_p \cdot (1 + sR_rC) + sRC \cdot (R_r + R_p) + R}$$

$$\frac{U_2(s)}{U_1(s)} = \frac{R_p \cdot (1 + sR_rC)}{(R_p + R) + sC \cdot \left[R_p \cdot R_r + R \cdot (R_r + R_p)\right]}$$

$$U_2(s) = \frac{R_p \cdot U}{R_p + R} \cdot \frac{1 + sR_rC}{s \cdot \left[1 + sC \cdot \dfrac{R_p \cdot R_r + R \cdot (R_r + R_p)}{R_p + R}\right]} \quad \text{mit} \quad U_1(s) = \frac{U}{s} \quad (10P)$$

Bd.3, S.89 oder FS S.160 Nr.68 $\mathcal{L}^{-1}\left\{\dfrac{1+sA}{s(1+sT)}\right\} = 1 + \dfrac{A-T}{T} \cdot e^{-t/T}$

$$T = \frac{R_pR_r + RR_r + RR_p}{R_p + R} \cdot C = \frac{R_r \cdot (R_p + R) + RR_p}{R_p + R} \cdot C = \left(R_r + \frac{RR_p}{R + R_p}\right) \cdot C$$

$$A = R_r \cdot C$$

$$A - T = R_r \cdot C - R_r \cdot C - \frac{RR_p}{R + R_p} \cdot C = -\frac{RR_p}{R + R_p} \cdot C$$

$$\frac{A-T}{T} = \frac{-\dfrac{RR_p}{R+R_p} \cdot C}{\left(R_r + \dfrac{RR_p}{R+R_p}\right) \cdot C} = -\frac{RR_p}{R_r \cdot (R+R_p) + RR_p}$$

$$u_2(t) = \frac{R_p \cdot U}{R_p + R} \cdot \left(1 - \frac{RR_p}{R_r \cdot (R+R_p) + RR_p} \cdot e^{-t/\tau}\right) \quad \text{mit} \quad \tau = \left(R_r + \frac{RR_p}{R+R_p}\right) \cdot C \quad (10P)$$

Zu 1.2 Mit $R_r = 0$ vereinfacht sich die Formel für $u_2(t)$:

$$u_2(t) = \frac{R_p \cdot U}{R_p + R} \cdot \left(1 - e^{-t/\tau}\right)$$

mit $\tau = \dfrac{RR_p}{R+R_p} \cdot C$

(5P)

8 Ausgleichsvorgänge   9 Fourieranalyse   10 Vierpoltheorie

Lösungen zum Aufgabenblatt 3
Aufgabe 2:
Zu 2.1 Symmetrie 1. Art: gerade Funktion (Bd.3, S.104-105 oder FS S.164)
mit $b_k=0$ (4P)

oder aus der Zeichnung abgelesen:

$$a_o = \frac{1}{\pi} \cdot \int_0^\pi u(\omega t) \cdot d(\omega t)$$

$$a_o = \frac{1}{\pi} \cdot \int_0^{\frac{3}{4}\pi} \hat{u} \cdot d(\omega t) = \frac{\hat{u}}{\pi} \cdot [\omega t]_0^{\frac{3}{4}\pi}$$

$$a_o = \frac{\hat{u}}{\pi} \cdot \frac{3}{4}\pi = \frac{3}{4}\hat{u}$$

$$a_k = \frac{2}{\pi} \cdot \int_0^\pi u(\omega t) \cdot \cos k\omega t \cdot d(\omega t)$$

$$a_k = \frac{2}{\pi} \cdot \int_0^{\frac{3}{4}\pi} \hat{u} \cdot \cos k\omega t \cdot d(\omega t)$$

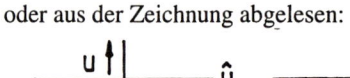

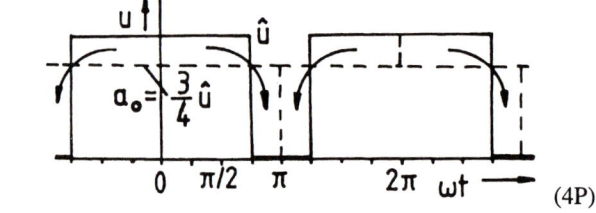

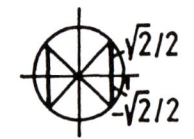

(4P)

$$a_k = \frac{2\hat{u}}{\pi} \cdot \left[\frac{\sin k(\omega t)}{k}\right]_0^{\frac{3}{4}\pi} = \frac{2\hat{u}}{\pi} \cdot \frac{\sin k\frac{3}{4}\pi}{k} \qquad a_5 = \frac{2\hat{u}}{\pi} \cdot \frac{\sin 5\frac{3}{4}\pi}{5} = \frac{2\hat{u}}{5\pi}\left(-\frac{\sqrt{2}}{2}\right) = -0,09 \cdot \hat{u}$$

$$a_1 = \frac{2\hat{u}}{\pi} \cdot \frac{\sin 1\frac{3}{4}\pi}{1} = \frac{2\hat{u}}{\pi} \cdot \frac{\sqrt{2}}{2} = 0,45 \cdot \hat{u} \qquad a_6 = \frac{2\hat{u}}{\pi} \cdot \frac{\sin 6\frac{3}{4}\pi}{6} = \frac{2\hat{u}}{6\pi} \cdot 1 = 0,106 \cdot \hat{u}$$

$$a_2 = \frac{2\hat{u}}{\pi} \cdot \frac{\sin 2\frac{3}{4}\pi}{2} = \frac{2\hat{u}}{2\pi} \cdot (-1) = -0,32 \cdot \hat{u} \qquad a_7 = \frac{2\hat{u}}{\pi} \cdot \frac{\sin 7\frac{3}{4}\pi}{7} = \frac{2\hat{u}}{7\pi}\left(-\frac{\sqrt{2}}{2}\right) = -0,064 \cdot \hat{u}$$

$$a_3 = \frac{2\hat{u}}{\pi} \cdot \frac{\sin 3\frac{3}{4}\pi}{3} = \frac{2\hat{u}}{3\pi} \cdot \frac{\sqrt{2}}{2} = 0,15 \cdot \hat{u} \qquad a_8 = \frac{2\hat{u}}{\pi} \cdot \frac{\sin 8\frac{3}{4}\pi}{8} = \frac{2\hat{u}}{8\pi} \cdot 0 = 0$$

$$a_4 = \frac{2\hat{u}}{\pi} \cdot \frac{\sin 4\frac{3}{4}\pi}{4} = \frac{2\hat{u}}{4\pi} \cdot 0 = 0 \qquad a_9 = \frac{2\hat{u}}{\pi} \cdot \frac{\sin 9\frac{3}{4}\pi}{9} = \frac{2\hat{u}}{9\pi} \cdot \frac{\sqrt{2}}{2} = 0,05 \cdot \hat{u}$$

Fourierreihe in ausführlicher Form:

$$u(\omega t) = \frac{3\hat{u}}{4} + \frac{2\hat{u}}{\pi}\left(\frac{\sqrt{2}}{2}\frac{\cos\omega t}{1} - \frac{\cos 2\omega t}{2} + \frac{\sqrt{2}}{2}\frac{\cos 3\omega t}{3} - \frac{\sqrt{2}}{2}\frac{\cos 5\omega t}{5} + \frac{\cos 6\omega t}{6} - \frac{\sqrt{2}}{2}\frac{\cos 7\omega t}{7} + \frac{\sqrt{2}}{2}\frac{\cos 9\omega t}{9}...\right)$$

(10P)

Zu 2.2 Bd.3, S.99, Gl.9.10
oder FS S.163

$$\hat{u}_k = \sqrt{a_k^2 + b_k^2} = |a_k|$$

(7P)

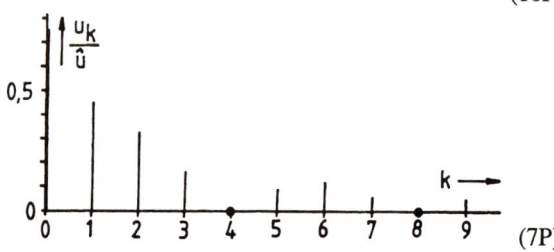

Lösungen zum Aufgabenblatt 3

Aufgabe 3:
Zu 3.1 Bd.3, S.187 oder FS S.186:
T-Vierpol

$$\frac{U_2}{U_1} = |\underline{V}_{uf}| = |\underline{C}_{21}| = \frac{1}{|\underline{A}_{11}|}$$

mit $\quad \underline{A}_{11} = 1 + \frac{\underline{Z}_1}{\underline{Z}_2}$

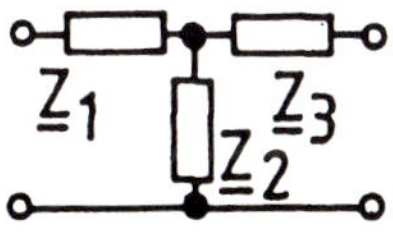

(7P)

Schaltung 1: Schaltung 2:

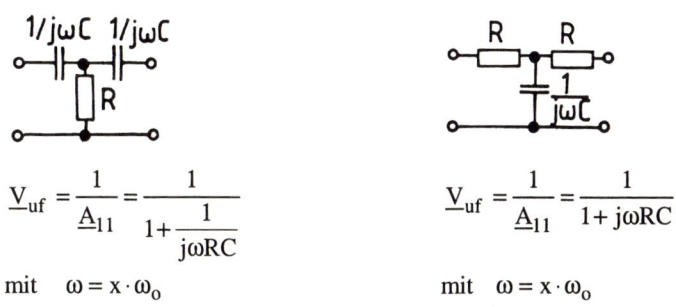

$$\underline{V}_{uf} = \frac{1}{\underline{A}_{11}} = \frac{1}{1 + \dfrac{1}{j\omega RC}} \qquad \underline{V}_{uf} = \frac{1}{\underline{A}_{11}} = \frac{1}{1 + j\omega RC}$$

mit $\omega = x \cdot \omega_o$ \qquad mit $\omega = x \cdot \omega_o$

$$\underline{V}_{uf} = \frac{1}{1 + \dfrac{1}{jx\omega_o RC}} \qquad \underline{V}_{uf} = \frac{1}{1 + jx\omega_o RC}$$

mit $\omega_o = \dfrac{1}{RC}$ \qquad mit $\omega_o = \dfrac{1}{RC}$

$$\underline{V}_{uf} = \frac{1}{1 + \dfrac{1}{jx}} = \frac{1}{1 - j\dfrac{1}{x}} \qquad \underline{V}_{uf} = \frac{1}{1 + jx}$$

$$\frac{U_2}{U_1} = |\underline{V}_{uf}| = \frac{1}{\sqrt{1 + \dfrac{1}{x^2}}} \quad (3P) \qquad \frac{U_2}{U_1} = |\underline{V}_{uf}| = \frac{1}{\sqrt{1 + x^2}} \quad (3P)$$

	x	0	0,25	0,5	0,75	1,0	1,5	2,0	3,0	4,0
$\dfrac{U_2}{U_1}$	1.	0	0,24	0,447	0,6	0,707	0,83	0,89	0,95	0,97
	2.	1	0,97	0,89	0,8	0,707	0,55	0,447	0,32	0,243

(4P)

Zu 3.2

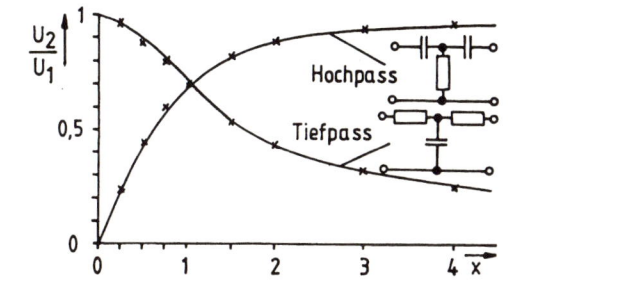

(8P)

Lösungen zum Aufgabenblatt 3

Aufgabe 4: Bd.3, S.230-232, vgl. Bild 10.54 oder FS S.193 vgl. Beispiel 2
Zu 4.1   Vierpol-Zusammenschaltung: Parallel-Parallel-Schaltung zweier Vierpole

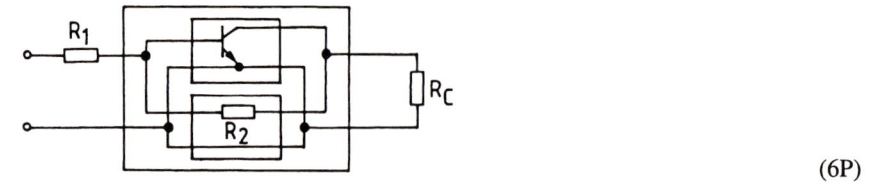

(6P)

Zu 4.2   Bd.3, S.181, 186 und 231 oder FS S.183, 185 und 193

$$(y) = \begin{pmatrix} \dfrac{1}{h_{11e}} + \dfrac{1}{R_2} & -\dfrac{h_{12e}}{h_{11e}} - \dfrac{1}{R_2} \\ \dfrac{h_{21e}}{h_{11e}} - \dfrac{1}{R_2} & \dfrac{\det h_e}{h_{11e}} + \dfrac{1}{R_2} \end{pmatrix}$$

Bd.3, S.307, Üb.10.12, Lösung

$$(y) = \begin{pmatrix} 391{,}65\mu S & -21{,}332\mu S \\ 81{,}46 mS & 35{,}388\mu S - 8{,}33\mu S \end{pmatrix} = \begin{pmatrix} 391{,}65\mu S & -21{,}332\mu S \\ 81{,}46 mS & 27{,}055\mu S \end{pmatrix}$$

(4P)

mit $\underline{Y}_a = \dfrac{1}{R_C} = \dfrac{1}{120 k\Omega} = 8{,}333\mu S$ und $\det y = 1{,}748 \cdot 10^{-6} S^2$

Betriebskenngrößen: Bd.3, S.196 oder FS S.189
$\underline{Z}_{in} = R_1 + \underline{Z}_{inT}$

$$\underline{Z}_{inT} = \dfrac{y_{22} + \underline{Y}_a}{\det y + y_{11} \cdot \underline{Y}_a} = \dfrac{27{,}055\mu S + 8{,}333\mu S}{1{,}748 \cdot 10^{-6} S^2 + 391{,}65\mu S \cdot 8{,}333\mu S} = 20{,}2\Omega$$

$\underline{Z}_{in} = 4{,}7 k\Omega + 20\Omega = 4{,}72 k\Omega$

(5P)

$$\underline{Z}_{out} = \dfrac{1}{\dfrac{1}{\underline{Z}_{outT}} + \dfrac{1}{R_C}}$$

$$\underline{Z}_{outT} = \dfrac{y_{11} + \underline{Y}_i}{\det y + y_{22} \cdot \underline{Y}_i} = \dfrac{y_{11}}{\det y} = \dfrac{391{,}65\mu S}{1{,}748 \cdot 10^{-6} S^2} = 224{,}056 \Omega \quad \text{mit } \underline{Y}_i = 0$$

$$\underline{Z}_{out} = \dfrac{1}{\dfrac{1}{224{,}056\Omega} + \dfrac{1}{8{,}33 \cdot 10^{-6} S}} = 223{,}6\Omega$$

(5P)

$$\underline{V}_{uf} = \dfrac{\underline{U}_2}{\underline{U}_1} = \dfrac{\underline{U}_2}{\underline{U}'_1} \cdot \dfrac{\underline{U}'_1}{\underline{U}_1} = \underline{V}_{ufT} \cdot \dfrac{\underline{Z}_{inT}}{R_1 + \underline{Z}_{inT}}$$

$$\underline{V}_{ufT} = \dfrac{-y_{21}}{y_{22} + \underline{Y}_a}$$

$$\underline{V}_{ufT} = \dfrac{-81{,}46 mS}{27{,}055\mu S + 8{,}333\mu S} = -2302$$

$$\underline{V}_{uf} = -2302 \cdot \dfrac{20{,}2\Omega}{4{,}7 k\Omega + 20{,}2} = -9{,}85$$

(5P)

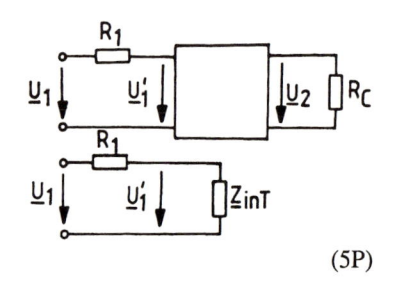

Lösungen zum Aufgabenblatt 4

Aufgabe 1:

Zu 1.1
$$\frac{U_2(s)}{U_1(s)} = \frac{R + \frac{1}{sC}}{\frac{1}{\frac{1}{R}+sC} + R + \frac{1}{sC}} = \frac{\left(R + \frac{1}{sC}\right)\cdot\left(\frac{1}{R}+sC\right)}{1+\left(R + \frac{1}{sC}\right)\cdot\left(\frac{1}{R}+sC\right)}$$

$$\frac{U_2(s)}{U_1(s)} = \frac{2+sRC+\frac{1}{sRC}}{3+sRC+\frac{1}{sRC}} = \frac{2sRC+s^2R^2C^2+1}{3sRC+s^2R^2C^2+1} = \frac{R^2C^2}{R^2C^2}\cdot\frac{s^2+s\frac{2RC}{R^2C^2}+\frac{1}{R^2C^2}}{s^2+s\frac{3RC}{R^2C^2}+\frac{1}{R^2C^2}}$$

$$U_2(s) = \frac{U}{s}\cdot\frac{s^2+s\frac{2}{RC}+\frac{1}{R^2C^2}}{s^2+s\frac{3}{RC}+\frac{1}{R^2C^2}} = \frac{U}{s}\cdot\frac{s^2+s\frac{2}{RC}+\frac{1}{R^2C^2}}{(s-s_1)\cdot(s-s_2)} \qquad \text{mit} \quad U_1(s) = \frac{U}{s}$$

aus $\quad s^2+s\frac{3}{RC}+\frac{1}{R^2C^2} = 0 \qquad s_{1,2} = -\frac{3}{2RC}\pm\sqrt{\frac{9-4}{4R^2C^2}} = \frac{-3\pm\sqrt{5}}{2RC}$

$$U_2(s) = \frac{U}{s}\cdot\frac{s^2+s\frac{2}{RC}+\frac{1}{R^2C^2}}{\left(s+\frac{0{,}38}{RC}\right)\cdot\left(s+\frac{2{,}62}{RC}\right)} = \frac{U\cdot\frac{1}{R^2C^2}}{\frac{0{,}38}{RC}\cdot\frac{2{,}62}{RC}}\cdot\frac{1+s\cdot 2RC+s^2\cdot R^2C^2}{s\cdot\left(1+s\cdot\frac{RC}{0{,}38}\right)\cdot\left(1+s\cdot\frac{RC}{2{,}62}\right)} \qquad (13P)$$

$$U_2(s) = U\cdot\frac{1+s\cdot 2RC+s^2\cdot R^2C^2}{s\cdot\left(1+s\cdot\frac{RC}{0{,}38}\right)\cdot\left(1+s\cdot\frac{RC}{2{,}62}\right)} \qquad \text{mit} \quad 0{,}38\cdot 2{,}62 = 1$$

Mit Bd.3, S.87,89 oder FS S.158,160: Nr.41, 34, 37 oder Nr.78

$$L^{-1}\left\{\frac{1+sA+s^2B}{s\cdot(1+sT_1)\cdot(1+sT_2)}\right\} = 1 + \frac{B-AT_1+T_1^2}{T_1\cdot(T_2-T_1)}\cdot e^{-t/T_1} - \frac{B-AT_2+T_2^2}{T_2\cdot(T_2-T_1)}\cdot e^{-t/T_2}$$

$A = 2RC \qquad B = R^2C^2 \qquad T_1 = \tau_1 = \frac{RC}{0{,}38} \qquad T_2 = \tau_2 = \frac{RC}{2{,}62}$

$$u_2(t) = U\cdot\left[1+\frac{R^2C^2 - 2RC\cdot\frac{RC}{0{,}38}+\frac{R^2C^2}{0{,}38^2}}{\frac{RC}{0{,}38}\cdot\left(\frac{RC}{2{,}62}-\frac{RC}{0{,}38}\right)}\cdot e^{-t/\tau_1} - \frac{R^2C^2 - 2RC\cdot\frac{RC}{2{,}62}+\frac{R^2C^2}{2{,}62^2}}{\frac{RC}{2{,}62}\cdot\left(\frac{RC}{2{,}62}-\frac{RC}{0{,}38}\right)}\cdot e^{-t/\tau_2}\right]$$

$$u_2(t) = U\cdot\left[1+\frac{1-\frac{2}{0{,}38}+\frac{1}{0{,}38^2}}{\frac{1}{0{,}38}\cdot\left(\frac{1}{2{,}62}-\frac{1}{0{,}38}\right)}\cdot e^{-t/\tau_1} - \frac{1-\frac{2}{2{,}62}+\frac{1}{2{,}62^2}}{\frac{1}{2{,}62}\cdot\left(\frac{1}{2{,}62}-\frac{1}{0{,}38}\right)}\cdot e^{-t/\tau_2}\right]$$

$$u_2(t) = U\cdot\left[1 - 0{,}45\cdot e^{-t/\tau_1} + 0{,}45\cdot e^{-t/\tau_2}\right]$$

mit $\quad \tau_1 = RC/0{,}38 = 2{,}62\cdot RC$
und $\quad \tau_2 = RC/2{,}62 = 0{,}38\cdot RC \qquad (6P)$

Zu 1.2 $\quad \tau_1 = 2{,}62\cdot 1\text{ms} = 2{,}62\text{ms}$
$\quad\quad\quad \tau_2 = 0{,}38\cdot 1\text{ms} = 0{,}38\text{ms}$

(6P)

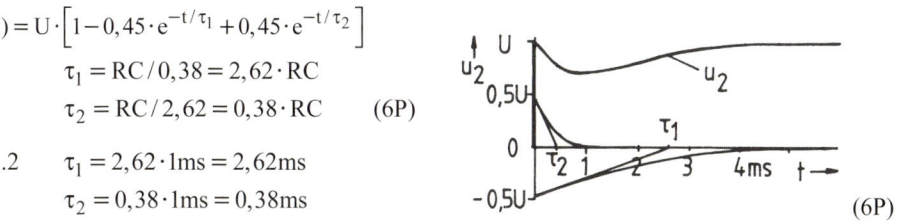

Lösungen zum Aufgabenblatt 4
Aufgabe 2:
Zu 2.1   nach Bd.3, S.109,110 oder FS S.166

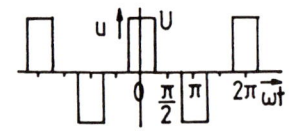

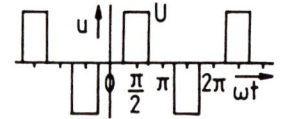

Symmetrie 1. und 3. Art mit $b_k=0$, $a_{2k}=0$ Symmetrie 2. und 3. Art mit $a_0=0$, $a_k=0$ $b_{2k}=0$

$$a_{2k+1} = \frac{4}{\pi} \cdot \int_0^{\pi/2} u(\omega t) \cdot \cos(2k+1)\omega t \cdot d(\omega t) \qquad b_{2k+1} = \frac{4}{\pi} \cdot \int_0^{\pi/2} u(\omega t) \cdot \sin(2k+1)\omega t \cdot d(\omega t)$$

$$a_{2k+1} = \frac{4}{\pi} \cdot \int_0^{\pi/4} U \cdot \cos(2k+1)\omega t \cdot d(\omega t) \qquad b_{2k+1} = \frac{4}{\pi} \cdot \int_{\pi/4}^{\pi/2} U \cdot \sin(2k+1)\omega t \cdot d(\omega t)$$

$$a_{2k+1} = \frac{4U}{\pi} \cdot \left[\frac{\sin(2k+1)\omega t}{2k+1}\right]_0^{\pi/4} \qquad b_{2k+1} = \frac{4U}{\pi} \cdot \left[\frac{-\cos(2k+1)\omega t}{2k+1}\right]_{\pi/4}^{\pi/2}$$

$$a_{2k+1} = \frac{4U}{\pi} \cdot \frac{\sin(2k+1)\frac{\pi}{4}}{2k+1} \qquad b_{2k+1} = \frac{4U}{\pi} \cdot \frac{\cos(2k+1)\frac{\pi}{4}}{2k+1} \text{ mit } \cos(2k+1)\frac{\pi}{2} = 0$$

$$a_1 = \frac{4U}{\pi \cdot 1}\left(+\frac{\sqrt{2}}{2}\right) \qquad b_1 = \frac{4U}{\pi \cdot 1}\left(+\frac{\sqrt{2}}{2}\right)$$

$$a_3 = \frac{4U}{\pi \cdot 3}\left(+\frac{\sqrt{2}}{2}\right) \qquad b_3 = \frac{4U}{\pi \cdot 3}\left(-\frac{\sqrt{2}}{2}\right)$$

$$a_5 = \frac{4U}{\pi \cdot 5}\left(-\frac{\sqrt{2}}{2}\right) \qquad b_5 = \frac{4U}{\pi \cdot 5}\left(-\frac{\sqrt{2}}{2}\right)$$

$$a_7 = \frac{4U}{\pi \cdot 7}\left(-\frac{\sqrt{2}}{2}\right) \qquad b_7 = \frac{4U}{\pi \cdot 7}\left(+\frac{\sqrt{2}}{2}\right)$$

$$a_9 = \frac{4U}{\pi \cdot 9}\left(+\frac{\sqrt{2}}{2}\right) \qquad b_9 = \frac{4U}{\pi \cdot 9}\left(+\frac{\sqrt{2}}{2}\right)$$

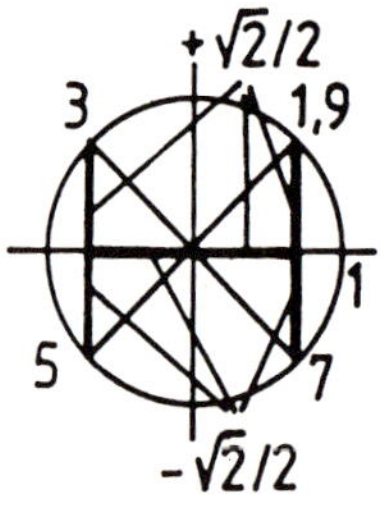

Fourierreihe der geraden Funktion:

$$u(\omega t) = \frac{2\sqrt{2}}{\pi} \cdot U \cdot \left(\frac{\cos\omega t}{1} + \frac{\cos 3\omega t}{3} - \frac{\cos 5\omega t}{5} - \frac{\cos 7\omega t}{7} + \frac{\cos 9\omega t}{9} + --++\right) \qquad (10P)$$

Fourierreihe der ungeraden Funktion:

$$u(\omega t) = \frac{2\sqrt{2}}{\pi} \cdot U \cdot \left(\frac{\sin\omega t}{1} - \frac{\sin 3\omega t}{3} - \frac{\sin 5\omega t}{5} + \frac{\sin 7\omega t}{7} + \frac{\sin 9\omega t}{9} ---++\right) \qquad (10P)$$

Zu 2.2 $\dfrac{\hat{u}_k}{U} = \dfrac{2\sqrt{2}}{\pi} \cdot \dfrac{1}{k} = \dfrac{0,9}{k}$ für k ungerade

k	1	2	3	4	5	6	7	8	9	10
$\hat{u}_k/U$	0,9	0	0,3	0	0,18	0	0,13	0	0,1	0

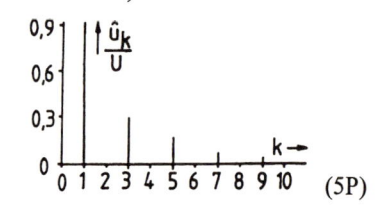

(5P)

8 Ausgleichsvorgänge   9 Fourieranalyse   10 Vierpolthorie

Lösungen zum Aufgabenblatt 4
Aufgabe 3:
Zu 3.1 Bd.3, S.222 oder FS S.191
$$\underline{Z}_{11} = \underline{Z}_{22} \quad \text{und} \quad \underline{Z}_{12} = \underline{Z}_{21} \tag{4P}$$
Zu 3.2 Bd.3, S.196 oder FS S.189
$$\underline{Z}_{in} = \frac{\underline{Z}_{11} + \underline{Y}_a \cdot \det \underline{Z}}{1 + \underline{Z}_{22} \cdot \underline{Y}_a} \quad \text{und} \quad \underline{Z}_{out} = \frac{\underline{Z}_{22} + \underline{Y}_i \cdot \det \underline{Z}}{1 + \underline{Z}_{11} \cdot \underline{Y}_i}$$

$$\underline{Z}_{in} = \underline{Z}_{out} = 100\Omega = \frac{\underline{Z}_{11} + \frac{1}{100\Omega} \cdot (\underline{Z}_{11}^2 - \underline{Z}_{12}^2)}{1 + \underline{Z}_{11} \cdot \frac{1}{100\Omega}} \quad \text{mit } \underline{Y}_a = \underline{Y}_i \text{ und } \det \underline{Z} = (\underline{Z}_{11}^2 - \underline{Z}_{12}^2)$$

$$100\Omega \cdot \left(1 + \underline{Z}_{11} \cdot \frac{1}{100\Omega}\right) = \underline{Z}_{11} + \frac{1}{100\Omega} \cdot (\underline{Z}_{11}^2 - \underline{Z}_{12}^2)$$

$$100\Omega + \underline{Z}_{11} = \underline{Z}_{11} + \frac{1}{100\Omega} \cdot (\underline{Z}_{11}^2 - \underline{Z}_{12}^2) \quad \text{bzw.} \quad \underline{Z}_{11}^2 - \underline{Z}_{12}^2 = (100\Omega)^2 = \det \underline{Z} \tag{5P}$$

Zu 3.3 Bd.3, S.196 oder FS S.189
$$\underline{V}_{uf} = \frac{\underline{Z}_{21}}{\underline{Z}_{11} + \underline{Y}_a \cdot \det \underline{Z}} = \frac{\underline{Z}_{12}}{\underline{Z}_{11} + \underline{Y}_a \cdot \det \underline{Z}} = 0{,}9$$

$$\underline{Z}_{12} = 0{,}9 \cdot \left(\underline{Z}_{11} + \frac{1}{100\Omega} \cdot \det \underline{Z}\right) = 0{,}9 \cdot \underline{Z}_{11} + \frac{0{,}9}{100\Omega} \cdot (100\Omega)^2$$

$$\underline{Z}_{12} = 0{,}9 \cdot \underline{Z}_{11} + 0{,}9 \cdot 100\Omega = 0{,}9 \cdot \underline{Z}_{11} + 90\Omega$$

$$\underline{Z}_{11}^2 - (0{,}9 \cdot \underline{Z}_{11} + 90\Omega)^2 = (100\Omega)^2$$

$$\underline{Z}_{11}^2 - 0{,}9^2 \cdot \underline{Z}_{11}^2 - 2 \cdot 0{,}9 \cdot 90\Omega \cdot \underline{Z}_{11} - (90\Omega)^2 - (100\Omega)^2 = 0$$

$$0{,}19 \cdot \underline{Z}_{11}^2 - 162\Omega \cdot \underline{Z}_{11} - 18100\Omega^2 = 0$$

$$\underline{Z}_{11}^2 - \frac{162\Omega}{0{,}19} \cdot \underline{Z}_{11} - \frac{18100\Omega^2}{0{,}19} = 0$$

$$\underline{Z}_{11} = \frac{162\Omega}{2 \cdot 0{,}19} \pm \sqrt{\left(\frac{162\Omega}{2 \cdot 0{,}19}\right)^2 + \frac{18100\Omega^2}{0{,}19}} = 426{,}3\Omega + 526{,}3\Omega = 952{,}6\Omega$$

$$\underline{Z}_{12} = \sqrt{\underline{Z}_{11}^2 - (100\Omega)^2} = \sqrt{(952{,}6\Omega)^2 - (100\Omega)^2} = 947{,}3\Omega \tag{8P}$$

Zu 3.4 Bd.3, S.176, Bild 10.9 bzw. S.223, Bild 10.47 oder FS S.184
$$R_1 = \underline{Z}_{11} - \underline{Z}_{12} = 952{,}6\Omega - 947{,}3\Omega = 5{,}3\Omega \quad \text{und} \quad R_2 = \underline{Z}_{12} = 947{,}3\Omega$$

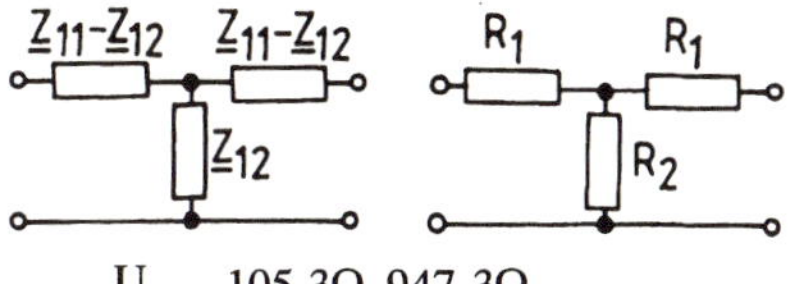

(4P)

Zu 3.5 $\underline{Z}_{in} = \frac{\underline{U}_1}{\underline{I}_1} = \frac{105{,}3\Omega \cdot 947{,}3\Omega}{105{,}3\Omega + 947{,}3\Omega} + 5{,}3\Omega$

$\underline{Z}_{in} = 94{,}766\Omega + 5{,}3\Omega = 100{,}066\Omega$

$\underline{V}_{uf} = \frac{\underline{U}_2}{\underline{U}_1} = \frac{\underline{U}_2}{\underline{U}_h} \cdot \frac{\underline{U}_h}{\underline{U}_1} = \frac{100\Omega}{105{,}3\Omega} \cdot \frac{94{,}766\Omega}{100{,}066\Omega} = 0{,}9$

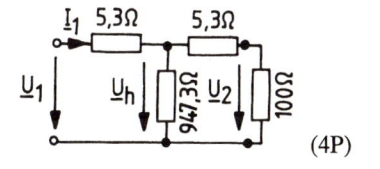

(4P)

175

Lösungen zum Aufgabenblatt 4

Aufgabe 4:

Zu 4.1 Bd.3, S.196 oder FS S.189

$$\underline{V}_{if} = \frac{h_{21e} \cdot \underline{Y}_a}{h_{22e} + \underline{Y}_a} = \frac{h_{21e} \cdot \frac{1}{R_a}}{h_{22e} + \frac{1}{R_a}}$$

$$\underline{V}_{if} = \frac{h_{21e}}{h_{22e} \cdot R_a + 1}$$

$$\underline{V}_{if} = \frac{65}{100 \cdot 10^{-6} S \cdot 2 \cdot 10^3 \Omega + 1}$$

$$\underline{V}_{if} = 54{,}17 \hspace{6cm} \text{(6P)}$$

Zu 4.2 Die Rückkopplung ist eine Reihen-Reihen-Schaltung (Bd.3, S.235 oder FS S.194), für die die z-Parameter der beiden Vierpole (Transistor, Querwiderstand) addiert werden müssen. Die Formel für die Stromverstärkung $\underline{V}_{if}$ muss deshalb in z-Parametern angegeben werden (Bd.3, S.196 oder FS S.189): (4P)

$$\underline{V}_{if} = -\frac{z_{21} \cdot \underline{Y}_a}{1 + z_{22} \cdot \underline{Y}_a} = -\frac{z_{21} \cdot \frac{1}{R_a}}{1 + z_{22} \cdot \frac{1}{R_a}}$$

$$\underline{V}_{if} = -\frac{z_{21}}{R_a + z_{22}} \hspace{6cm} \text{(4P)}$$

$$z_{21} = -\frac{h_{21e}}{h_{22e}} + R_E$$

$$z_{22} = \frac{1}{h_{22e}} + R_E$$

$$\underline{V}_{if} = -\frac{-\frac{h_{21e}}{h_{22e}} + R_E}{R_a + \frac{1}{h_{22e}} + R_E} = \frac{\frac{h_{21e}}{h_{22e}} - R_E}{R_a + \frac{1}{h_{22e}} + R_E}$$

$$\underline{V}_{if} \cdot \left(R_a + \frac{1}{h_{22e}}\right) + \underline{V}_{if} \cdot R_E = \frac{h_{21e}}{h_{22e}} - R_E$$

$$\underline{V}_{if} \cdot R_E + R_E = \frac{h_{21e}}{h_{22e}} - \underline{V}_{if} \cdot \left(R_a + \frac{1}{h_{22e}}\right)$$

$$R_E = \frac{\frac{h_{21e}}{h_{22e}} - \underline{V}_{if} \cdot \left(R_a + \frac{1}{h_{22e}}\right)}{\underline{V}_{if} + 1} \hspace{4cm} \text{(8P)}$$

$$R_E = \frac{\frac{65}{100 \cdot 10^{-6} S} - 30 \cdot \left(2 \cdot 10^3 \Omega + \frac{1}{100 \cdot 10^{-6} S}\right)}{30 + 1}$$

$$R_E = 9{,}35 k\Omega \hspace{8cm} \text{(3P)}$$

8 Ausgleichsvorgänge   9 Fourieranalyse   10 Vierpolthorie

Lösungen zum Aufgabenblatt 5
Aufgabe 1:
Zu 1.1   Bd.3, S.74-75 oder FS S.154-155, Beispiel 2

$$\frac{U_2(s)}{U_1(s)} = \frac{R+sL}{R+sL+\frac{1}{sC}} = \frac{sRC+s^2LC}{sRC+s^2LC+1} = \frac{s\cdot\left(s+\frac{R}{L}\right)}{s^2+s\cdot\frac{R}{L}+\frac{1}{LC}}$$

$$U_2(s) = U\cdot\frac{s+\frac{R}{L}}{s^2+s\cdot\frac{R}{L}+\frac{1}{LC}} \quad \text{mit} \quad U_1(s) = \frac{U}{s}$$

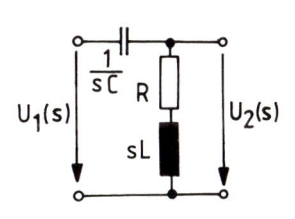

$$U_2(s) = U\cdot\frac{s+\frac{R}{L}}{(s-s_1)\cdot(s-s_2)} \quad \begin{array}{c}\text{aperiodischer,}\\ \text{periodischer}\\ \text{Fall}\end{array} \quad U_2(s) = U\cdot\frac{s+\frac{R}{L}}{(s-s_{12})^2} \quad \text{aperiodischer Grenzfall} \quad (6P)$$

Zu 1.2   Bd.3,S.25 oder FS S.149

$$R = 500\Omega > 2\cdot\sqrt{\frac{L}{C}} = 2\cdot\sqrt{\frac{0,1H}{2,5\cdot10^{-6}F}} = 400\Omega, \text{ d.h. aperiodischer Fall}$$

aus $\quad s^2+s\cdot\frac{R}{L}+\frac{1}{LC} = 0 \quad\quad s_{1,2} = -\frac{R}{2L}\pm\sqrt{\left(\frac{R}{2L}\right)^2-\frac{1}{LC}} = -\delta\pm\sqrt{\delta^2-\omega_o^2} = -\delta\pm\kappa$

Mit Bd.3, S.87 oder FS S.158: Nr.41 und 34

$$L^{-1}\left\{\frac{s}{(s-a)\cdot(s-b)}\right\} = \frac{1}{a-b}\cdot\left(a\cdot e^{at}-b\cdot e^{bt}\right) \quad \text{und} \quad L^{-1}\left\{\frac{1}{(s-a)\cdot(s-b)}\right\} = \frac{1}{a-b}\cdot\left(e^{at}-e^{bt}\right)$$

$$L^{-1}\left\{\frac{s+d}{(s-a)\cdot(s-b)}\right\} = \frac{1}{a-b}\cdot\left(a\cdot e^{at}-b\cdot e^{bt}+d\cdot e^{at}-d\cdot e^{bt}\right) = \frac{1}{a-b}\cdot\left[(a+d)\cdot e^{at}-(b+d)\cdot e^{bt}\right]$$

mit $\quad a = s_1 = -\delta+\kappa \quad\quad b = s_2 = -\delta-\kappa \quad\quad a-b = 2\kappa \quad\quad d = \frac{R}{L}$

$$u_2(\delta t) = \frac{U}{2\kappa}\cdot\left[\left(-\delta+\kappa+\frac{R}{L}\right)\cdot e^{(-\delta+\kappa)t}-\left(-\delta-\kappa+\frac{R}{L}\right)\cdot e^{(-\delta-\kappa)t}\right]$$

$$u_2(\delta t) = \frac{U}{2\kappa}\cdot\left[(-\delta+\kappa+2\delta)\cdot e^{(-\delta+\kappa)t}-(-\delta-\kappa+2\delta)\cdot e^{(-\delta-\kappa)t}\right] \quad \text{mit} \quad \frac{R}{L} = 2\delta$$

$$u_2(\delta t) = \frac{U}{2\kappa}\cdot\left[(\delta+\kappa)\cdot e^{(-\delta+\kappa)t}-(\delta-\kappa)\cdot e^{(-\delta-\kappa)t}\right] = U\cdot e^{-\delta t}\cdot\left[\frac{\delta}{\kappa}\cdot\frac{e^{\kappa t}-e^{-\kappa t}}{2}+\frac{\kappa}{\kappa}\cdot\frac{e^{\kappa t}+e^{-\kappa t}}{2}\right]$$

$$\frac{u_2(\delta t)}{U} = e^{-\delta t}\cdot\left[\frac{\delta}{\kappa}\cdot\sinh\kappa t+\cosh\kappa t\right] = e^{-\delta t}\cdot\left[\frac{1}{\kappa/\delta}\cdot\sinh\frac{\kappa}{\delta}(\delta t)+\cosh\frac{\kappa}{\delta}(\delta t)\right] \quad (12P)$$

Zu 1.3 $\delta = \frac{R}{2L} = \frac{500\Omega}{2\cdot0,1H} = 2500s^{-1} \quad\quad \frac{\kappa}{\delta} = \frac{1500s^{-1}}{2500s^{-1}} = 0,6$

$\kappa = \sqrt{\left(\frac{R}{2L}\right)^2-\frac{1}{LC}} = \sqrt{(2500s^{-1})^2-\frac{1}{0,1H\cdot2,5\cdot10^{-6}F}} = 1500s^{-1}$

(2P)

δt	0	1	2	3	4	5
u_2/U	1	0,826	0,586	0,400	0,269	0,180

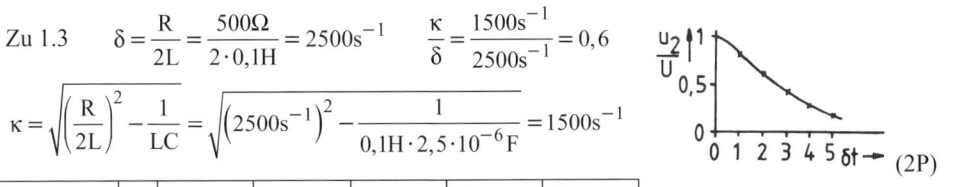

(5P)

177

Lösungen zum Aufgabenblatt 5
Aufgabe 2:
Zu 2.1 keine Symmetrie Bd.3, S.104-108, S.103, Gl.9.24-9.26 oder FS S.163-167

$$a_o = \frac{1}{2\pi} \cdot \int_0^{2\pi} u(\omega t) \cdot d(\omega t) \qquad \text{oder aus der Zeichnung abgelesen:}$$

$$a_o = \frac{\hat{u}}{2\pi^2} \cdot \int_0^{\pi} \omega t \cdot d(\omega t) = \frac{\hat{u}}{2\pi^2} \cdot \left[\frac{(\omega t)^2}{2}\right]_0^{\pi} \qquad \text{Dreieckfläche:} \quad A_\Delta = \frac{\hat{u} \cdot \pi}{2}$$

$$a_o = \frac{\hat{u}}{2\pi^2} \cdot \frac{\pi^2}{2} = \frac{\hat{u}}{4} \qquad\qquad a_o = \frac{1}{2\pi} \cdot \frac{\hat{u} \cdot \pi}{2} = \frac{\hat{u}}{4} \qquad (4P)$$

$$a_k = \frac{1}{\pi} \cdot \int_0^{2\pi} u(\omega t) \cdot \cos k\omega t \cdot d(\omega t) = \frac{\hat{u}}{\pi^2} \cdot \int_0^{\pi} \omega t \cdot \cos k\omega t \cdot d(\omega t) \qquad \text{Bd.3, S.113 oder FS S.169}$$

$$a_k = \frac{\hat{u}}{\pi^2} \cdot \left[\frac{\cos k\omega t}{k^2} + \frac{\omega t \cdot \sin k\omega t}{k}\right]_0^{\pi} = \frac{\hat{u}}{\pi^2} \cdot \left[\frac{\cos k\pi - 1}{k^2} + \frac{\pi \cdot \sin k\pi}{k}\right] = \frac{\hat{u} \cdot (\cos k\pi - 1)}{\pi^2 \cdot k^2}$$

$$a_1 = \frac{\hat{u} \cdot (-2)}{\pi^2 \cdot 1^2} = -\frac{2 \cdot \hat{u}}{\pi^2} \cdot \frac{1}{1^2} \qquad a_3 = \frac{\hat{u} \cdot (-2)}{\pi^2 \cdot 3^2} = -\frac{2 \cdot \hat{u}}{\pi^2} \cdot \frac{1}{3^2} \qquad a_5 = \frac{\hat{u} \cdot (-2)}{\pi^2 \cdot 5^2} = -\frac{2 \cdot \hat{u}}{\pi^2} \cdot \frac{1}{5^2} \quad \dots$$

$$a_2 = 0 \qquad\qquad a_4 = 0 \qquad\qquad a_6 = 0 \quad \dots \qquad (5P)$$

$$b_k = \frac{1}{\pi} \cdot \int_0^{2\pi} u(\omega t) \cdot \sin k\omega t \cdot d(\omega t) = \frac{\hat{u}}{\pi^2} \cdot \int_0^{\pi} \omega t \cdot \sin k\omega t \cdot d(\omega t) \qquad \text{Bd.3, S.113 oder FS S.169}$$

$$b_k = \frac{\hat{u}}{\pi^2} \cdot \left[\frac{\sin k\omega t}{k^2} - \frac{\omega t \cdot \cos k\omega t}{k}\right]_0^{\pi} = \frac{\hat{u}}{\pi^2} \cdot \left[\frac{\sin k\pi}{k^2} - \frac{\pi \cdot \cos k\pi}{k}\right] = -\frac{\hat{u} \cdot \cos k\pi}{\pi \cdot k}$$

$$b_1 = -\frac{\hat{u} \cdot (-1)}{\pi \cdot 1} = \frac{\hat{u}}{\pi} \cdot \frac{1}{1} \qquad b_3 = -\frac{\hat{u} \cdot (-1)}{\pi \cdot 3} = \frac{\hat{u}}{\pi} \cdot \frac{1}{3} \qquad b_5 = -\frac{\hat{u} \cdot (-1)}{\pi \cdot 5} = \frac{\hat{u}}{\pi} \cdot \frac{1}{5}$$

$$b_2 = -\frac{\hat{u} \cdot (+1)}{\pi \cdot 2} = \frac{\hat{u}}{\pi} \cdot \left(-\frac{1}{2}\right) \qquad b_4 = -\frac{\hat{u} \cdot (+1)}{\pi \cdot 4} = \frac{\hat{u}}{\pi} \cdot \left(-\frac{1}{4}\right) \qquad b_6 = -\frac{\hat{u} \cdot (+1)}{\pi \cdot 6} = \frac{\hat{u}}{\pi} \cdot \left(-\frac{1}{6}\right) \quad (5P)$$

$$u(\omega t) = \frac{\hat{u}}{4} - \frac{2 \cdot \hat{u}}{\pi^2} \cdot \left(\frac{\cos \omega t}{1^2} + \frac{\cos 3\omega t}{3^2} + \frac{\cos 5\omega t}{5^2} \dots\right)$$

$$+ \frac{\hat{u}}{\pi} \cdot \left(\frac{\sin \omega t}{1} - \frac{\sin 2\omega t}{2} + \frac{\sin 3\omega t}{3} - \frac{\sin 4\omega t}{4} + \frac{\sin 5\omega t}{5} - \frac{\sin 6\omega t}{6} \dots\right) \qquad (3P)$$

Zu 2.2 Bd.3, S.99, Gl.9.10 oder FS S.163

$$\hat{u}_k = \sqrt{a_k^2 + b_k^2} \qquad \frac{\hat{u}_k}{\hat{u}} = \sqrt{\frac{a_k^2}{\hat{u}^2} + \frac{b_k^2}{\hat{u}^2}} \qquad \frac{\hat{u}_1}{\hat{u}} = \sqrt{\frac{a_1^2}{\hat{u}^2} + \frac{b_1^2}{\hat{u}^2}} = \sqrt{\frac{4}{\pi^4 \cdot 1^4} + \frac{1}{\pi^2 \cdot 1^2}} = 0,377$$

$$\frac{\hat{u}_2}{\hat{u}} = \frac{|b_2|}{\hat{u}} = \frac{1}{2\pi} = 0,159$$

$$\frac{\hat{u}_3}{\hat{u}} = \sqrt{\frac{a_3^2}{\hat{u}^2} + \frac{b_3^2}{\hat{u}^2}} = \sqrt{\frac{4}{\pi^4 \cdot 3^4} + \frac{1}{\pi^2 \cdot 3^2}} = 0,108$$

$$\frac{\hat{u}_4}{\hat{u}} = \frac{|b_4|}{\hat{u}} = \frac{1}{4\pi} = 0,0796$$

$$\frac{\hat{u}_5}{\hat{u}} = \sqrt{\frac{a_5^2}{\hat{u}^2} + \frac{b_5^2}{\hat{u}^2}} = \sqrt{\frac{4}{\pi^4 \cdot 5^4} + \frac{1}{\pi^2 \cdot 5^2}} = 0,0642$$

$$\frac{\hat{u}_6}{\hat{u}} = \frac{|b_6|}{\hat{u}} = \frac{1}{6\pi} = 0,053 \qquad (8P)$$

8 Ausgleichsvorgänge 9 Fourieranalyse 10 Vierpolthorie

Lösungen zum Aufgabenblatt 5

Aufgabe 3:

Zu 3.1 Bd.3, S.187 oder FS S.186: Γ-Vierpol II

$$(\underline{A}) = \begin{pmatrix} 1+\dfrac{\underline{Z}_1}{\underline{Z}_2} & \underline{Z}_1 \\ \dfrac{1}{\underline{Z}_2} & 1 \end{pmatrix} = \begin{pmatrix} 1+\underline{Z}_1\cdot\underline{Y}_2 & \underline{Z}_1 \\ \underline{Y}_2 & 1 \end{pmatrix} = \begin{pmatrix} 1+(R_L+j\omega L)\cdot\left(\dfrac{1}{R_C}+j\omega C\right) & R_L+j\omega L \\ \dfrac{1}{R_C}+j\omega C & 1 \end{pmatrix}$$

$$(\underline{A}) = \begin{pmatrix} \left(1+\dfrac{R_L}{R_C}-\omega^2 LC\right)+j\omega\cdot\left(\dfrac{L}{R_C}+R_L C\right) & R_L+j\omega L \\ \dfrac{1}{R_C}+j\omega C & 1 \end{pmatrix} \qquad (8P)$$

Zu 3.2 Bd.3, S.196 oder FS S.189

$$\underline{V}_{uf} = \dfrac{1}{\underline{A}_{11}+\underline{A}_{12}\cdot\underline{Y}_a} = \dfrac{1}{\underline{A}_{11}+\underline{A}_{12}\cdot\dfrac{1}{R}}$$

$$\underline{V}_{uf} = \dfrac{1}{\left(1+\dfrac{R_L}{R_C}-\omega^2 LC\right)+j\omega\cdot\left(\dfrac{L}{R_C}+R_L C\right)+(R_L+j\omega L)\cdot\dfrac{1}{R}}$$

$$\underline{V}_{uf} = \dfrac{1}{\left(1+\dfrac{R_L}{R_C}+\dfrac{R_L}{R}-\omega^2 LC\right)+j\omega\cdot\left(\dfrac{L}{R_C}+\dfrac{L}{R}+R_L C\right)}$$

$$\underline{V}_{uf} = \dfrac{1}{\left[1-\omega^2 LC+R_L\cdot\left(\dfrac{1}{R_C}+\dfrac{1}{R}\right)\right]+j\omega\cdot\left[L\cdot\left(\dfrac{1}{R_C}+\dfrac{1}{R}\right)+R_L C\right]} \qquad (6P)$$

$$\underline{V}_{if} = -\dfrac{\underline{Y}_a}{\underline{A}_{21}+\underline{A}_{22}\cdot\underline{Y}_a} = -\dfrac{\dfrac{1}{R}}{\underline{A}_{21}+\underline{A}_{22}\cdot\dfrac{1}{R}} = -\dfrac{1}{R\cdot\underline{A}_{21}+\underline{A}_{22}} = -\dfrac{1}{R\cdot\left(\dfrac{1}{R_C}+j\omega C\right)+1}$$

$$\underline{V}_{if} = -\dfrac{1}{\left(\dfrac{R}{R_C}+1\right)+j\omega RC} \qquad (6P)$$

Zu 3.3 Die beiden Spannungen u_2 und u_1 haben eine Phasenverschiebung von 90°, wenn der Operator $\underline{V}_{uf}$ imaginär ist, d.h. wenn der Realteil Null ist:

$$1-\omega^2 LC+R_L\cdot\left(\dfrac{1}{R_C}+\dfrac{1}{R}\right)=0$$

$$\omega = \sqrt{\dfrac{1+R_L\cdot\left(\dfrac{1}{R_C}+\dfrac{1}{R}\right)}{LC}} \qquad (5P)$$

8 Ausgleichsvorgänge   9 Fourieranalyse   10 Vierpolthorie

Lösungen zum Aufgabenblatt 5

Aufgabe 4:

Zu 4.1   Bd.3, S.235, Bild 10.58 und 240, Bild 10.62 oben (ohne R_C) oder FS S.194 und 196
  A1: Rückgekoppelte Emitterschaltung (Verstärker mit Phasenumkehr) (2P)
  A2: Kollektorschaltung (Impedanzwandler) (2P)

Zu 4.2   A1: Reihen-Reihen-Schaltung mit R_C als Belastung:

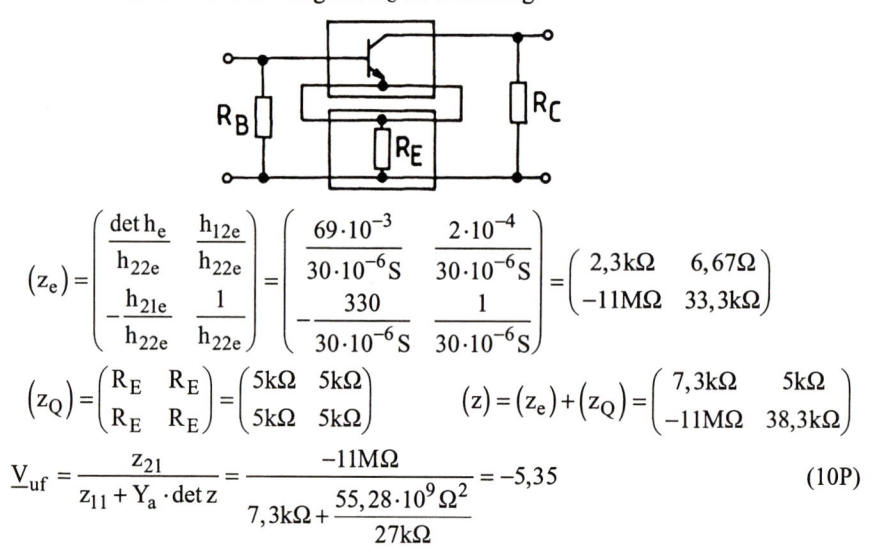

$$(z_e) = \begin{pmatrix} \dfrac{\det h_e}{h_{22e}} & \dfrac{h_{12e}}{h_{22e}} \\ -\dfrac{h_{21e}}{h_{22e}} & \dfrac{1}{h_{22e}} \end{pmatrix} = \begin{pmatrix} \dfrac{69 \cdot 10^{-3}}{30 \cdot 10^{-6} S} & \dfrac{2 \cdot 10^{-4}}{30 \cdot 10^{-6} S} \\ -\dfrac{330}{30 \cdot 10^{-6} S} & \dfrac{1}{30 \cdot 10^{-6} S} \end{pmatrix} = \begin{pmatrix} 2,3 k\Omega & 6,67 \Omega \\ -11 M\Omega & 33,3 k\Omega \end{pmatrix}$$

$$(z_Q) = \begin{pmatrix} R_E & R_E \\ R_E & R_E \end{pmatrix} = \begin{pmatrix} 5 k\Omega & 5 k\Omega \\ 5 k\Omega & 5 k\Omega \end{pmatrix} \qquad (z) = (z_e) + (z_Q) = \begin{pmatrix} 7,3 k\Omega & 5 k\Omega \\ -11 M\Omega & 38,3 k\Omega \end{pmatrix}$$

$$\underline{V}_{uf} = \dfrac{z_{21}}{z_{11} + Y_a \cdot \det z} = \dfrac{-11 M\Omega}{7,3 k\Omega + \dfrac{55,28 \cdot 10^9 \Omega^2}{27 k\Omega}} = -5,35 \qquad (10P)$$

Zu 4.3   A2: Reihen-Reihen-Schaltung mit R_E als Belastung:

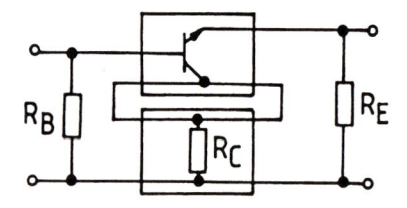

Bd.3, S.249 oder FS S.199:

$$(h_C) = \begin{pmatrix} h_{11e} & 1 - h_{12e} \\ -(h_{21} + 1) & h_{22e} \end{pmatrix} = \begin{pmatrix} 4,5 k\Omega & 1 - 2 \cdot 10^{-4} \\ -(330 + 1) & 30 \mu S \end{pmatrix} = \begin{pmatrix} 4,5 k\Omega & 0,9998 \\ -331 & 30 \mu S \end{pmatrix}$$

$$(z_c) = \begin{pmatrix} \dfrac{\det h_c}{h_{22c}} & \dfrac{h_{12c}}{h_{22c}} \\ -\dfrac{h_{21c}}{h_{22c}} & \dfrac{1}{h_{22c}} \end{pmatrix} = \begin{pmatrix} \dfrac{331,0688}{30 \mu S} & \dfrac{0,9998}{30 \mu S} \\ \dfrac{331}{30 \mu S} & \dfrac{1}{30 \mu S} \end{pmatrix} = \begin{pmatrix} 11,036 M\Omega & 33,327 k\Omega \\ 11,033 M\Omega & 33,333 k\Omega \end{pmatrix}$$

$$(z_Q) = \begin{pmatrix} R_C & R_C \\ R_C & R_C \end{pmatrix} = \begin{pmatrix} 27 k\Omega & 27 k\Omega \\ 27 k\Omega & 27 k\Omega \end{pmatrix} \qquad (z) = (z_c) + (z_Q) = \begin{pmatrix} 11,06 M\Omega & 60,33 k\Omega \\ 11,06 M\Omega & 60,33 k\Omega \end{pmatrix}$$

$$\underline{V}_{uf} = \dfrac{z_{21}}{z_{11} + Y_a \cdot \det z} = \dfrac{11,06 M\Omega}{11,06 M\Omega + \dfrac{212,1 \cdot 10^6 \Omega^2}{5 k\Omega}} = 0,996 \qquad (11P)$$

| 8 Ausgleichsvorgänge | 9 Fourieranalyse | 10 Vierpolthorie |

Lösungen zum Aufgabenblatt 6
Aufgabe 1: Bd.3, S.93, Üb. 8.5 und S.270-273 ($R_i=0$ und $U_q \Rightarrow U$)

Zu 1.1 $u_R + u_L + u_C = R \cdot i + L \cdot \dfrac{di}{dt} + u_C = RC \cdot \dfrac{du_C}{dt} + LC \cdot \dfrac{d^2u_C}{dt^2} + u_C = 0$

$\dfrac{d^2u_C}{dt^2} + \dfrac{R}{L} \cdot \dfrac{du_C}{dt} + \dfrac{1}{LC} u_C = 0$ mit $i = C \cdot \dfrac{du_C}{dt}$ und $\dfrac{di}{dt} = C \cdot \dfrac{d^2u_C}{dt^2}$

$\left[s^2 \cdot U_C(s) - s \cdot u_C(0) - u'_C(0)\right] + \dfrac{R}{L} \cdot \left[s \cdot U_C(s) - u_C(0)\right] + \dfrac{1}{LC} \cdot U_C(s) = 0$

mit $u_C(0) = U$ und $i(0) = C \cdot \left(\dfrac{du_C}{dt}\right)_{t=0} = -\dfrac{U}{R}$ bzw. $\left(\dfrac{du_C}{dt}\right)_{t=0} = u'_C(0) = -\dfrac{U}{RC}$

$\left[s^2 \cdot U_C(s) - s \cdot U + \dfrac{U}{RC}\right] + \dfrac{R}{L} \cdot \left[s \cdot U_C(s) - U\right] + \dfrac{1}{LC} \cdot U_C(s) = 0$

$\left(s^2 + s \cdot \dfrac{R}{L} + \dfrac{1}{LC}\right) \cdot U_C(s) = s \cdot U - \dfrac{1}{RC} \cdot U + \dfrac{R}{L} \cdot U = \left(s + \dfrac{R}{L} - \dfrac{1}{RC}\right) \cdot U$

$U_C(s) = \dfrac{s + \left(\dfrac{R}{L} - \dfrac{1}{RC}\right)}{s^2 + s \cdot \dfrac{R}{L} + \dfrac{1}{LC}} \cdot U$ $U_C(s) = \dfrac{s + \left(\dfrac{R}{L} - \dfrac{1}{RC}\right)}{(s-s_1) \cdot (s-s_2)} \cdot U$ $U_C(s) = \dfrac{s + \left(\dfrac{R}{L} - \dfrac{1}{RC}\right)}{(s-s_{12})^2} \cdot U$

(6P)   aperid. und period. Fall (2P)   aperiod. Grenzfall (2P)

Zu 1.2 $R = 500\Omega > 2 \cdot \sqrt{\dfrac{L}{C}} = 2 \cdot \sqrt{\dfrac{0{,}1H}{2{,}5 \cdot 10^{-6}F}} = 400\Omega$, d. h. aperiodischer Fall

$U_C(s) = \dfrac{s + \left(\dfrac{R}{L} - \dfrac{1}{RC}\right)}{(s-s_1) \cdot (s-s_2)} \cdot U = \dfrac{s+d}{(s-a) \cdot (s-b)} \cdot U$ Bd.3, S.87 oder FS S.158: Nr.41 und 34

$L^{-1}\left\{\dfrac{s+d}{(s-a) \cdot (s-b)}\right\} = \dfrac{1}{a-b} \cdot \left(a \cdot e^{at} - b \cdot e^{bt} + d \cdot e^{at} - d \cdot e^{bt}\right) = \dfrac{1}{a-b} \cdot \left[(a+d) \cdot e^{at} - (b+d) \cdot e^{bt}\right]$

mit $a = s_1 = -\delta + \kappa$ $b = s_2 = -\delta - \kappa$ $a - b = 2\kappa$ $d = R/L - 1/RC$

$u_C(\delta t) = \dfrac{U}{2\kappa} \cdot \left[\left(-\delta + \kappa + \dfrac{R}{L} - \dfrac{1}{RC}\right) \cdot e^{(-\delta+\kappa)t} - \left(-\delta - \kappa + \dfrac{R}{L} - \dfrac{1}{RC}\right) \cdot e^{(-\delta-\kappa)t}\right]$ mit $\dfrac{R}{L} = 2\delta$

$u_C(\delta t) = \dfrac{U \cdot e^{-\delta t}}{2\kappa} \cdot \left[\left(\delta + \kappa - \dfrac{1}{RC}\right) \cdot e^{\kappa t} - \left(\delta - \kappa - \dfrac{1}{RC}\right) \cdot e^{-\kappa t}\right] = U \cdot e^{-\delta t} \cdot \left[\dfrac{\delta - 1/RC}{\kappa} \cdot \dfrac{e^{\kappa t} - e^{-\kappa t}}{2} + \dfrac{e^{\kappa t} + e^{-\kappa t}}{2}\right]$

$u_C(\delta t) = U \cdot e^{-\delta t} \left[\dfrac{\delta - 1/RC}{\kappa} \cdot \sinh \kappa t + \cosh \kappa t\right] = U \cdot e^{-\delta t}\left[\dfrac{\delta - 1/RC}{\kappa} \cdot \sinh \dfrac{\kappa}{\delta}(\delta t) + \cosh \dfrac{\kappa}{\delta}(\delta t)\right]$ (9P)

Zu 1.3

$\delta - \dfrac{1}{RC} = \dfrac{R}{2L} - \dfrac{1}{RC} = \dfrac{500\Omega}{2 \cdot 0{,}1H} - \dfrac{1}{500\Omega \cdot 2{,}5 \cdot 10^{-6}F} = 2500s^{-1} - 800s^{-1} = 1700s^{-1}$

$\kappa = \sqrt{\delta^2 - \dfrac{1}{LC}} = \sqrt{(2500s^{-1})^2 - \dfrac{1}{0{,}1H \cdot 2{,}5 \cdot 10^{-6}F}} = 1500s^{-1}$

$(\delta - 1/RC)/\kappa = 1700/1500 = 1{,}133$ $\kappa/\delta = 1500/2500 = 0{,}6$ (6P)

$\dfrac{u_C(\delta t)}{U} = e^{-\delta t} \cdot \left[1{,}133 \cdot \sinh(0{,}6 \cdot \delta t) + \cosh(0{,}6 \cdot \delta t)\right]$

δt	0	1	2	3	4	5
u_C/U	1	0,702	0,476	0,321	0,215	0,144

181

8 Ausgleichsvorgänge 9 Fourieranalyse 10 Vierpolthorie

Lösungen zum Aufgabenblatt 6
Aufgabe 2:
Zu 2.1 Symmetrie 1. und 4. Art: mit $b_k=0$ und $a_{2k-1}=0$
Bd.3, S.104-108 oder FS S.164-167) (6P)

$$a_o = \frac{1}{\pi} \cdot \int_0^\pi u(\omega t) \cdot d(\omega t) \quad \text{oder aus der Zeichnung abgelesen:}$$

$$a_o = \frac{1}{\pi} \cdot \int_{\pi/3}^{2\pi/3} \hat{u} \cdot d(\omega t) = \frac{\hat{u}}{\pi} \cdot [\omega t]_{\pi/3}^{2\pi/3}$$

$$a_o = \frac{\hat{u}}{\pi} \cdot \left(\frac{2\pi}{3} - \frac{\pi}{3}\right) = \frac{\hat{u}}{3}$$
(4P)

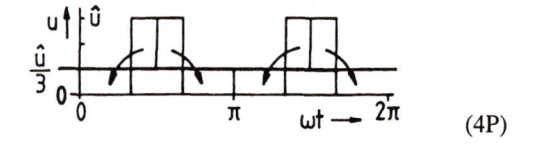

$$a_{2k} = \frac{2}{\pi} \cdot \int_0^\pi u(\omega t) \cdot \cos 2k(\omega t) \cdot d(\omega t)$$

$$a_{2k} = \frac{2}{\pi} \cdot \int_{\pi/3}^{2\pi/3} \hat{u} \cdot \cos 2k(\omega t) \cdot d(\omega t) = \frac{2\hat{u}}{\pi} \cdot \left[\frac{\sin 2k(\omega t)}{2k}\right]_{\pi/3}^{2\pi/3} = \frac{\hat{u}}{k \cdot \pi} \cdot \left[\sin 2k \frac{2\pi}{3} - \sin 2k \frac{\pi}{3}\right]$$

$$a_{2k} = \frac{\hat{u}}{k \cdot \pi} \cdot \left[\sin 2k \frac{2\pi}{3} - \sin k \frac{2\pi}{3}\right] = \frac{\hat{u}}{k \cdot \pi} \cdot \left[\sin 2k \cdot 120° - \sin k \cdot 120°\right]$$
(4P)

k=1: $a_2 = \frac{\hat{u}}{1 \cdot \pi} \cdot \left[\sin 2 \cdot 120° - \sin 1 \cdot 120°\right] = \frac{\hat{u}}{\pi} \cdot \left[-\frac{\sqrt{3}}{2} - \frac{\sqrt{3}}{2}\right] = -\frac{\hat{u}}{\pi} \cdot \sqrt{3} = -0,551 \cdot \hat{u}$

k=2: $a_4 = \frac{\hat{u}}{2 \cdot \pi} \cdot \left[\sin 4 \cdot 120° - \sin 2 \cdot 120°\right] = \frac{\hat{u}}{2\pi} \cdot \left[\frac{\sqrt{3}}{2} - \left(-\frac{\sqrt{3}}{2}\right)\right] = \frac{\hat{u}}{2\pi} \cdot \sqrt{3} = 0,276 \cdot \hat{u}$

k=3: $a_6 = \frac{\hat{u}}{3 \cdot \pi} \cdot \left[\sin 6 \cdot 120° - \sin 3 \cdot 120°\right] = \frac{\hat{u}}{3\pi} \cdot [0-0] = 0$

k=4: $a_8 = \frac{\hat{u}}{4 \cdot \pi} \cdot \left[\sin 8 \cdot 120° - \sin 4 \cdot 120°\right] = \frac{\hat{u}}{4\pi} \cdot \left[-\frac{\sqrt{3}}{2} - \frac{\sqrt{3}}{2}\right] = -\frac{\hat{u}}{4\pi} \cdot \sqrt{3} = -0,138 \cdot \hat{u}$

k=5: $a_{10} = \frac{\hat{u}}{5 \cdot \pi} \cdot \left[\sin 10 \cdot 120° - \sin 5 \cdot 120°\right] = \frac{\hat{u}}{5\pi} \cdot \left[\frac{\sqrt{3}}{2} - \left(-\frac{\sqrt{3}}{2}\right)\right] = \frac{\hat{u}}{5\pi} \cdot \sqrt{3} = 0,110 \cdot \hat{u}$

k=6: $a_{12} = \frac{\hat{u}}{6 \cdot \pi} \cdot \left[\sin 12 \cdot 120° - \sin 6 \cdot 120°\right] = \frac{\hat{u}}{6\pi} \cdot [0-0] = 0$

k=7: $a_{14} = \frac{\hat{u}}{7 \cdot \pi} \cdot \left[\sin 14 \cdot 120° - \sin 7 \cdot 120°\right] = \frac{\hat{u}}{7\pi} \cdot \left[-\frac{\sqrt{3}}{2} - \frac{\sqrt{3}}{2}\right] = -\frac{\hat{u}}{7\pi} \cdot \sqrt{3} = -0,0788 \cdot \hat{u}$

Fourierreihe in ausführlicher Form: (3P)

$$u(\omega t) = \frac{\hat{u}}{3} + \frac{\hat{u}}{\pi} \cdot \sqrt{3} \cdot \left(-\frac{\cos 2\omega t}{1} + \frac{\cos 4\omega t}{2} + 0 - \frac{\cos 8\omega t}{4} + \frac{\cos 10\omega t}{5} + 0 - \frac{\cos 14\omega t}{7} ...\right)$$
(3P)

$$u(\omega t) = \hat{u} \cdot (0,333 - 0,551 \cdot \cos 2\omega t + 0,276 \cdot \cos 4\omega t - 0,138 \cdot \cos 8\omega t + 0,110 \cdot \cos 10\omega t - 0,079 \cdot \cos 14\omega t ...)$$

Zu 2.2 Bd.3, S.99, Gl.9.10 oder FS S.163

$$\hat{u}_k = \sqrt{a_k^2 + b_k^2} = |a_k|$$
(5P)

Lösungen zum Aufgabenblatt 6

Aufgabe 3:

Zu 3.1 Bd.3, S.189 oder FS S.188

$$\frac{\underline{U}_2}{\underline{U}_1} = \underline{V}_{uf} = \frac{1}{\underline{A}_{11}} \quad \text{bei Leerlauf}$$

$$\underline{A}_{11} = 1 + \frac{\underline{Z}_1}{\underline{Z}_2} = 1 + \underline{Z}_1 \cdot \underline{Y}_2 \quad \text{Bd.3, S.187 oder FS S.186: } \Gamma\text{-Vierpol II}$$

$$\underline{V}_{uf} = \frac{1}{1 + \frac{\underline{Z}_1}{\underline{Z}_2}} = \frac{1}{1 + \underline{Z}_1 \cdot \underline{Y}_2}$$

mit $\quad \underline{Z}_1 = R$

und $\quad \underline{Y}_2 = j\omega C_r + \dfrac{1}{R_{Lr} + j\omega L_r}$

$$\underline{V}_{uf} = \frac{1}{1 + R \cdot \left[j\omega C_r + \dfrac{1}{R_{Lr} + j\omega L_r} \right]}$$

$$\underline{V}_{uf} = \frac{1}{1 + j\omega R C_r + \dfrac{R}{R_{Lr} + j\omega L_r} \cdot \dfrac{R_{Lr} - j\omega L_r}{R_{Lr} - j\omega L_r}}$$

$$\underline{V}_{uf} = \frac{1}{\left(1 + \dfrac{R \cdot R_{Lr}}{R_{Lr}^2 + \omega^2 L_r^2}\right) + j\omega \left(R C_r - \dfrac{L_r R}{R_{Lr}^2 + \omega^2 L_r^2}\right)} \quad (18P)$$

Zu 3.2 Die Spannungen u_1 und u_2 sind in Phase, wenn der Operator $\underline{V}_{uf}$ zwischen $\underline{U}_1$ und $\underline{U}_2$ reell ist, d.h. der Imaginärteil des Nenneroperators muss Null sein:

$$RC_r = \frac{L_r R}{R_{Lr}^2 + \omega^2 L_r^2}$$

$$C_r = \frac{L_r}{R_{Lr}^2 + \omega^2 L_r^2}$$

$$R_{Lr}^2 + \omega^2 L_r^2 = \frac{L_r}{C_r}$$

$$\omega^2 L_r^2 = \frac{L_r}{C_r} - R_{Lr}^2$$

$$\omega = \sqrt{\frac{1}{L_r C_r} - \left(\frac{R_{Lr}}{L_r}\right)^2} \quad (7P)$$

Die behandelte Schaltung ist ein Praktischer Parallel-Resonanzkreis, der bei der Resonanzkreisfrequenz (Bd.2, S.119, Gl.4.155 oder FS S.111) wie ein ohmscher Widerstand wirkt. Praktisch handelt es sich dann um einen ohmschen Spannungsteiler, bei der die beiden Spannungen in Phase sind.

Lösungen zum Aufgabenblatt 6
Aufgabe 4:
Zu 4.1 Bei der Beschaltung des Transistors mit R_E handelt es sich um die Reihen-Reihen-Schaltung des Transistors mit dem Querwiderstand, für die die z-Parameter addiert werden müssen (Bd.3, S.235, Bild 10.58 oder FS S.194).

$$(z_e) = \begin{pmatrix} \dfrac{\det h_e}{h_{22e}} & \dfrac{h_{12e}}{h_{22e}} \\ -\dfrac{h_{21e}}{h_{22e}} & \dfrac{1}{h_{22e}} \end{pmatrix} = \begin{pmatrix} \dfrac{75 \cdot 10^{-3}}{100 \cdot 10^{-6}\,S} & \dfrac{5 \cdot 10^{-4}}{100 \cdot 10^{-6}\,S} \\ -\dfrac{50}{100 \cdot 10^{-6}\,S} & \dfrac{1}{100 \cdot 10^{-6}\,S} \end{pmatrix} = \begin{pmatrix} 750\,\Omega & 5\,\Omega \\ -500\,k\Omega & 10\,k\Omega \end{pmatrix}$$

$$(z_Q) = \begin{pmatrix} R_E & R_E \\ R_E & R_E \end{pmatrix} = \begin{pmatrix} 200\,\Omega & 200\,\Omega \\ 200\,\Omega & 200\,\Omega \end{pmatrix} \quad (z) = (z_e) + (z_Q) = \begin{pmatrix} 950\,\Omega & 205\,\Omega \\ -499{,}8\,k\Omega & 10{,}2\,k\Omega \end{pmatrix} \quad (6P)$$

Damit ein Vergleich der Parameter der Gesamtschaltung mit den gegebenen h_e-Parametern möglich ist, müssen die z-Parameter in die h-Parameter umgerechnet werden:

$$(h) = \begin{pmatrix} \dfrac{\det z}{z_{22e}} & \dfrac{z_{12e}}{z_{22e}} \\ -\dfrac{z_{21e}}{z_{22e}} & \dfrac{1}{z_{22e}} \end{pmatrix} = \begin{pmatrix} \dfrac{112{,}149 \cdot 10^{6}\,\Omega^2}{10{,}2\,k\Omega} & \dfrac{205\,\Omega}{10{,}2\,k\Omega} \\ -\dfrac{499{,}8\,k\Omega}{10{,}2\,k\Omega} & \dfrac{1}{10{,}2\,k\Omega} \end{pmatrix} = \begin{pmatrix} 11\,k\Omega & 201 \cdot 10^{-4} \\ 49 & 98\,\mu S \end{pmatrix} \quad (4P)$$

Zum Vergleich: $(h_e) = \begin{pmatrix} 1\,k\Omega & 5 \cdot 10^{-4} \\ 50 & 100\,\mu S \end{pmatrix}$

Wesentlich geändert haben sich h_{11} und h_{12}. (2P)

Zu 4.2 Bei der Beschaltung des Transistors mit R handelt es sich um die Parallel-Parallel-Schaltung des Transistors mit dem Längswiderstand, für die die y-Parameter addiert werden müssen (Bd.3, S.232, Bild 10.54 oder FS S.193).

$$(y_e) = \begin{pmatrix} \dfrac{1}{h_{11e}} & -\dfrac{h_{12e}}{h_{11e}} \\ \dfrac{h_{21e}}{h_{11e}} & \dfrac{\det h_e}{h_{11e}} \end{pmatrix} = \begin{pmatrix} \dfrac{1}{1 \cdot 10^3\,\Omega} & -\dfrac{5 \cdot 10^{-4}}{1 \cdot 10^3\,\Omega} \\ \dfrac{50}{1 \cdot 10^3\,\Omega} & \dfrac{75 \cdot 10^{-3}}{1 \cdot 10^3\,\Omega} \end{pmatrix} = \begin{pmatrix} 1 \cdot 10^{-3}\,S & -500 \cdot 10^{-9}\,S \\ 50 \cdot 10^{-3}\,S & 75 \cdot 10^{-6}\,S \end{pmatrix}$$

$$(y_L) = \begin{pmatrix} \dfrac{1}{R} & -\dfrac{1}{R} \\ -\dfrac{1}{R} & \dfrac{1}{R} \end{pmatrix} = \begin{pmatrix} \dfrac{1}{100\,k\Omega} & -\dfrac{1}{100\,k\Omega} \\ -\dfrac{1}{100\,k\Omega} & \dfrac{1}{100\,k\Omega} \end{pmatrix} = \begin{pmatrix} 10 \cdot 10^{-6}\,S & -10 \cdot 10^{-6}\,S \\ -10 \cdot 10^{-6}\,S & 10 \cdot 10^{-6}\,S \end{pmatrix}$$

$$(y) = (y_e) + (y_L) = \begin{pmatrix} 1{,}01 \cdot 10^{-3}\,S & -10{,}5 \cdot 10^{-6}\,S \\ 49{,}99 \cdot 10^{-3}\,S & 85 \cdot 10^{-6}\,S \end{pmatrix} \quad (7P)$$

Damit ein Vergleich der Parameter der Gesamtschaltung mit den gegebenen h_e-Parametern möglich ist, müssen die y-Parameter in die h-Parameter umgerechnet werden:

$$(h) = \begin{pmatrix} \dfrac{1}{y_{11}} & -\dfrac{y_{12}}{y_{11}} \\ \dfrac{y_{21}}{y_{11}} & \dfrac{\det y}{y_{11}} \end{pmatrix} = \begin{pmatrix} \dfrac{1}{1{,}01 \cdot 10^{-3}\,S} & -\dfrac{-10{,}5 \cdot 10^{-6}}{1{,}01 \cdot 10^{-3}\,S} \\ \dfrac{49{,}99 \cdot 10^{-3}\,S}{1{,}01 \cdot 10^{-3}\,S} & \dfrac{610{,}745 \cdot 10^{-9}\,S^2}{1{,}01 \cdot 10^{-3}\,S} \end{pmatrix} = \begin{pmatrix} 990\,\Omega & 104 \cdot 10^{-4} \\ 49{,}5 & 605\,\mu S \end{pmatrix} \quad (4P)$$

Zum Vergleich: $(h_e) = \begin{pmatrix} 1\,k\Omega & 5 \cdot 10^{-4} \\ 50 & 100\,\mu S \end{pmatrix}$

Wesentlich geändert haben sich h_{12} und h_{22}. (2P)

Lösungen zum Aufgabenblatt 7

Aufgabe 1: Bd.3, S.52-53, Beispiel 1

Zu 1.1

$$R \cdot i + L \cdot \frac{di}{dt} = u(t)$$

mit $\quad L\{u(t)\} = \frac{U}{T} \cdot \frac{1}{s^2}$

(Bd.3, S.32, Gl.8.75 oder FS S.150 oder Bd.3, S.86 oder FS S.158, Nr.27)

$$R \cdot I(s) + L \cdot [s \cdot I(s) - i(0)] = R \cdot I(s) + s \cdot L \cdot I(s) = \frac{U}{T} \cdot \frac{1}{s^2} \quad \text{mit} \quad i(0)=0$$

bestätigt mit der Schaltung mit komplexen Operatoren:

$$R \cdot I(s) + s \cdot L \cdot I(s) = U(s) = \frac{U}{T} \cdot \frac{1}{s^2}$$

$$I(s) = \frac{U}{T} \cdot \frac{1}{s^2} \cdot \frac{1}{R + s \cdot L} = \frac{U}{R \cdot T} \cdot \frac{1}{s^2} \cdot \frac{1}{1 + s \cdot \frac{L}{R}}$$

Mit $\quad L^{-1}\left\{\frac{1}{s^2(1+sT)}\right\} = t - T\left(1 - e^{-t/T}\right)$

(Bd.3, S.88 oder FS S.159, Nr.51)

$$i(t) = \frac{U}{R \cdot T} \cdot \left[t - \tau \cdot \left(1 - e^{-t/\tau}\right)\right] \quad \text{mit} \quad T = \tau = \frac{L}{R}$$

$$i(t) = \frac{U}{R \cdot T} \cdot t - \frac{U \cdot \tau}{R \cdot T} \cdot \left(1 - e^{-t/\tau}\right) \tag{15P}$$

Zu 1.2

$$i(t) = \frac{10V}{5\Omega \cdot 50 \cdot 10^{-3}s} \cdot t - \frac{10V \cdot 40 \cdot 10^{-3}s}{5\Omega \cdot 50 \cdot 10^{-3}s} \cdot \left(1 - e^{-t/\tau}\right)$$

mit $\quad \tau = \frac{0,2H}{5\Omega} = 40ms$

$$i(t) = 40\frac{A}{s} \cdot t - 1,6A \cdot \left(1 - e^{-t/40ms}\right)$$

d.i. die Überlagerung einer Nullpunktsgeraden mit einer e-Funktion:

Nullpunktsgerade:
t=80ms:

$$40\frac{A}{s} \cdot t = 40\frac{A}{s} \cdot 80ms = 3,2A$$

e-Funktion:

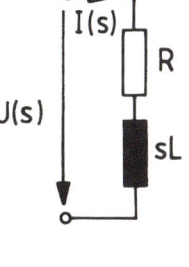

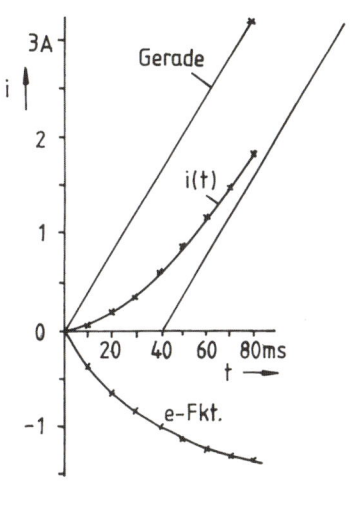

$$-1,6A \cdot \left(1 - e^{-t/40ms}\right)$$

t in ms	10	20	30	40	50	60	70	80
e-Fkt.	-0,35	-0,63	-0,84	-1,01	-1,14	-1,24	-1,32	-1,38

(10P)

Lösungen zum Aufgabenblatt 7

Aufgabe 2:
Zu 2.1 Symmetrie 1. Art: gerade Funktion (Bd.3, S.104-105 oder FS S.164)
mit $b_k=0$ (4P)

$$a_o = \frac{1}{\pi} \cdot \int_0^\pi u(\omega t) \cdot d(\omega t)$$

$$a_o = \frac{1}{\pi} \cdot \left[\int_0^{p \cdot \pi} \hat{u} \cdot d(\omega t) - \int_{p \cdot \pi}^\pi \hat{u} \cdot d(\omega t) \right]$$

$$a_o = \frac{\hat{u}}{\pi} \cdot [p \cdot \pi - 0 - \pi + p \cdot \pi] = \frac{\hat{u}}{\pi} \cdot [2 \cdot p \cdot \pi - \pi]$$

$$a_o = \hat{u} \cdot (2 \cdot p - 1) \tag{5P}$$

$$a_k = \frac{2}{\pi} \cdot \int_0^\pi u(\omega t) \cdot \cos k\omega t \cdot d(\omega t)$$

$$a_k = \frac{2}{\pi} \cdot \left[\int_0^{p \cdot \pi} \hat{u} \cdot \cos k\omega t \cdot d(\omega t) - \int_{p \cdot \pi}^\pi \hat{u} \cdot \cos k\omega t \cdot d(\omega t) \right]$$

$$a_k = \frac{2 \cdot \hat{u}}{\pi} \cdot \left\{ \left[\frac{\sin k\omega t}{k} \right]_0^{p \cdot \pi} - \left[\frac{\sin k\omega t}{k} \right]_{p \cdot \pi}^\pi \right\}$$

$$a_k = \frac{2 \cdot \hat{u}}{\pi \cdot k} \cdot (\sin kp\pi - 0 - \sin k\pi + \sin kp\pi) \quad \text{mit} \quad \sin k\pi = 0$$

$$a_k = \frac{4 \cdot \hat{u}}{\pi \cdot k} \cdot \sin kp\pi \tag{5P}$$

Fourierreihe in ausführlicher Form:

$$u(\omega t) = \hat{u}(2p-1) + \frac{4\hat{u}}{\pi} \left(\frac{\sin p\pi}{1} \cos \omega t + \frac{\sin 2p\pi}{2} \cos 2\omega t + \frac{\sin 3p\pi}{3} \cos 3\omega t + \frac{\sin 4p\pi}{4} \cos 4\omega t + \frac{\sin 5p\pi}{5} \cos 5\omega t ... \right)$$

(4P)

Zu 2.2 $p = \frac{1}{2}$

$a_o = 0$

(3P)

$$u(\omega t) = \frac{4 \cdot \hat{u}}{\pi} \cdot \left(\frac{\sin \frac{\pi}{2}}{1} \cos \omega t + \frac{\sin \pi}{2} \cos 2\omega t + \frac{\sin 3\frac{\pi}{2}}{3} \cos 3\omega t + \frac{\sin 2\pi}{4} \cos 4\omega t + \frac{\sin 5\frac{\pi}{2}}{5} \cos 5\omega t + ... \right)$$

mit $\sin \frac{\pi}{2} = \sin 5\frac{\pi}{2} = ... = 1$ $\quad \sin \pi = \sin 2\pi = \sin 3\pi = ... = 0$ $\quad \sin 3\frac{\pi}{2} = \sin 7\frac{\pi}{2} = ... = -1$

$$u(\omega t) = \frac{4 \cdot \hat{u}}{\pi} \cdot \left(\frac{\cos \omega t}{1} - \frac{\cos 3\omega}{3} + \frac{\cos 5\omega t}{5} - +... \right) \tag{4P}$$

Lösungen zum Aufgabenblatt 7

Aufgabe 3:

Zu 3.1 Kettenschaltung zweier Γ-Vierpole (Bd.3, S.187 oder FS S.186)

$$\text{mit} \quad \underline{Z}_1 = R \quad \text{und} \quad \underline{Z}_2 = \frac{1}{j\omega C}$$

Kettenschaltung und Matrizenmultiplikation:
Bd.3, S.243-247 oder FS S.198

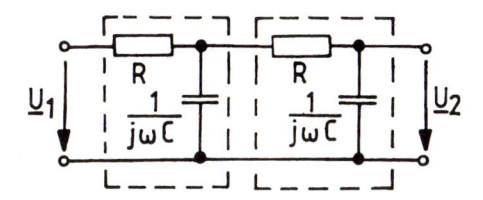

		$1+j\omega RC$	R
		$j\omega C$	1
$1+j\omega RC$	R	$(1+j\omega RC)^2 + j\omega RC$	$R\cdot(1+j\omega RC)+R$
$j\omega C$	1	$(1+j\omega RC)\cdot j\omega C+j\omega C$	$j\omega RC+1$

(7P)

$$(a) = \begin{pmatrix} \left(1-\omega^2 R^2 C^2\right)+j\cdot 3\omega RC & 2R+j\cdot\omega R^2 C \\ -\omega^2 RC^2 + j\cdot 2\omega C & 1+j\cdot\omega RC \end{pmatrix}$$

(4P)

Zu 3.2 Bd.3, S.189 oder FS S.188

$$\underline{V}_{uf} = \frac{1}{\underline{A}_{11}} = \frac{1}{\left(1-\omega^2 R^2 C^2\right)+j\cdot 3\omega RC}$$

(6P)

Zu 3.3 Eine Phasenverschiebung von 90° liegt vor, wenn der Operator zwischen $\underline{U}_2$ und $\underline{U}_1$ imaginär ist, d.h. wenn der Realteil des Nenneroperators Null ist:

$$1-\omega^2 R^2 C^2 = 0$$

$$\omega^2 R^2 C^2 = 1$$

$$\omega = \frac{1}{RC}$$

(4P)

$$\frac{U_2}{U_1} = \frac{1}{3\omega RC} = \frac{1}{3}$$

(4P)

Lösungen zum Aufgabenblatt 7

Aufgabe 4:
Zu 4.1   Bd.3, S.198-199 Anwendungsbeispiel 2

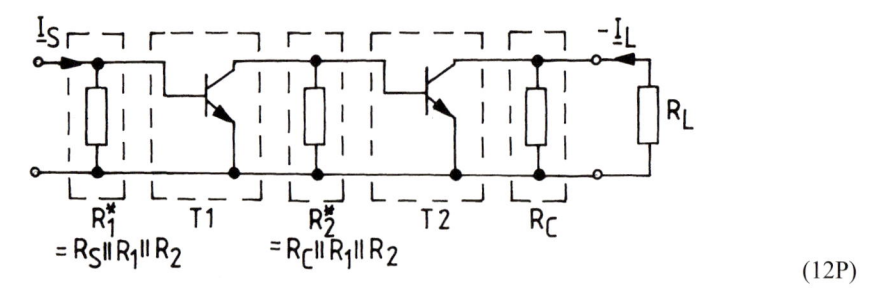

[Schaltbild: Zweistufiger Transistorverstärker mit $R_1^* = R_S \| R_1 \| R_2$, T1, $R_2^* = R_C \| R_1 \| R_2$, T2, R_C, R_L]

(12P)

Zu 4.2   Querwiderstand   (Bd.3, S.186 oder FS S.185) $(a_Q) = \begin{pmatrix} 1 & 0 \\ \dfrac{1}{\underline{Z}} & 1 \end{pmatrix}$

$$R_1^* = \frac{1}{\dfrac{1}{R_S} + \dfrac{1}{R_1} + \dfrac{1}{R_2}} = \frac{1}{\dfrac{1}{20k\Omega} + \dfrac{1}{39k\Omega} + \dfrac{1}{100k\Omega}} = 11{,}68 k\Omega$$

$$R_2^* = \frac{1}{\dfrac{1}{R_C} + \dfrac{1}{R_1} + \dfrac{1}{R_2}} = \frac{1}{\dfrac{1}{1{,}2k\Omega} + \dfrac{1}{39k\Omega} + \dfrac{1}{100k\Omega}} = 1{,}15 k\Omega$$

T1, T2: Umrechnung h_e in a_e-Parameter: (Bd.3, S.181 oder FS S.183)

$$(a_e) = \begin{pmatrix} -\dfrac{\det h_e}{h_{21e}} & -\dfrac{h_{11e}}{h_{21e}} \\ -\dfrac{h_{22e}}{h_{21e}} & -\dfrac{1}{h_{21e}} \end{pmatrix} = \begin{pmatrix} 0 & -5\Omega \\ 0 & -5 \cdot 10^{-3} \end{pmatrix}$$

(4P)

Kettenschaltung und Matrizenmultiplikation: (Bd.3, S.243-247 oder FS S.198)

		0	5Ω	1	0	0	−5Ω	1	0
		0	$-5\cdot 10^{-3}$	$\dfrac{1}{1{,}15k\Omega}$	1	0	$-5\cdot 10^{-3}$	$\dfrac{1}{1{,}2k\Omega}$	1
1	0	0	−5Ω	$-4{,}3\cdot 10^{-3}$	−5Ω	0	$46{,}5\cdot 10^{-3}\Omega$	$38{,}75\cdot 10^{-6}$	$46{,}5\cdot 10^{-3}\Omega$
$\dfrac{1}{11{,}7k\Omega}$	1	0	$-5{,}4\cdot 10^{-3}$	$-4{,}7\cdot 10^{-6}$ S	$-5{,}4\cdot 10^{-3}$	0	$50{,}5\cdot 10^{6}$	$42{,}2{,}7\cdot 10^{-9}$ S	$50{,}5\cdot 10^{-6}$

Stromverstärkung: (Bd.3, S.196 oder FS S.189)

$$\underline{V}_{if} = \frac{-\underline{I}_L}{\underline{I}_S} = -\frac{\underline{Y}_a}{\underline{A}_{21} + \underline{A}_{22} \cdot \underline{Y}_a} = -\frac{1/R_L}{\underline{A}_{21} + \underline{A}_{22} \cdot 1/R_L} = -\frac{1}{R_L \cdot \underline{A}_{21} + \underline{A}_{22}}$$ (5P)

$$\underline{V}_{if} = -\frac{1}{1k\Omega \cdot 42{,}2 \cdot 10^{-9} S + 50{,}5 \cdot 10^{-6}} = -10{,}764 \quad \text{d.h.} \quad \frac{\underline{I}_L}{\underline{I}_S} = 10{,}800$$ (4P)

8 Ausgleichsvorgänge   9 Fourieranalyse   10 Vierpolthorie

Lösungen zum Aufgabenblatt 8

Aufgabe 1:

Zu 1.1 Vergleiche mit Bd.3, S.74-75 oder FS S.154-155, Beispiel 2

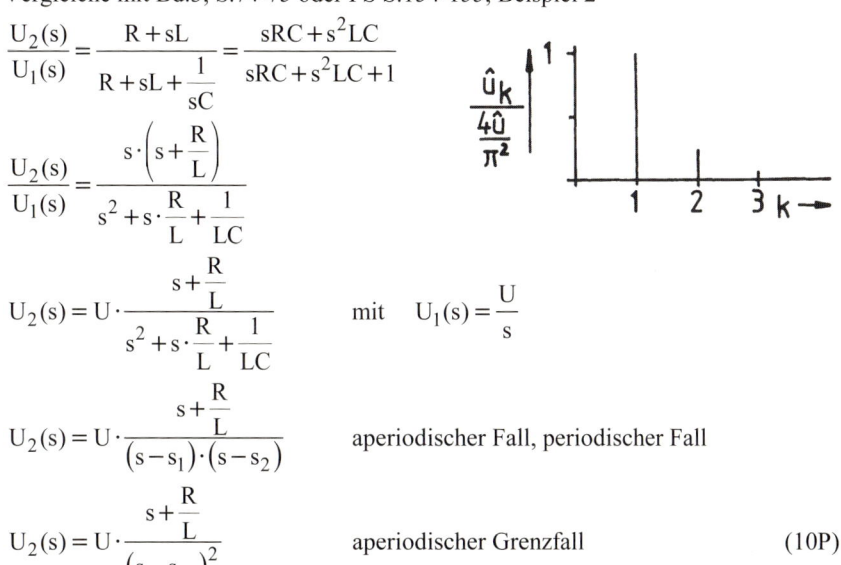

$$\frac{U_2(s)}{U_1(s)} = \frac{R+sL}{R+sL+\frac{1}{sC}} = \frac{sRC+s^2LC}{sRC+s^2LC+1}$$

$$\frac{U_2(s)}{U_1(s)} = \frac{s\cdot\left(s+\frac{R}{L}\right)}{s^2+s\cdot\frac{R}{L}+\frac{1}{LC}}$$

$$U_2(s) = U\cdot\frac{s+\frac{R}{L}}{s^2+s\cdot\frac{R}{L}+\frac{1}{LC}} \qquad \text{mit} \quad U_1(s) = \frac{U}{s}$$

$$U_2(s) = U\cdot\frac{s+\frac{R}{L}}{(s-s_1)\cdot(s-s_2)} \qquad \text{aperiodischer Fall, periodischer Fall}$$

$$U_2(s) = U\cdot\frac{s+\frac{R}{L}}{(s-s_{12})^2} \qquad \text{aperiodischer Grenzfall} \qquad (10P)$$

Zu 1.2 Vergleiche mit Bd.3, S.22, 26-27 oder FS S.147,149

$$s^2+s\cdot\frac{R}{L}+\frac{1}{LC} = (s-s_{12})^2 = (s-a)^2 \qquad s_{1,2}=a=-\frac{R}{2L}=-\delta \qquad d=\frac{R}{L}$$

Mit Bd.3, S.87 oder FS S.158: Nr.40 und 31

$$L^{-1}\left\{\frac{s}{(s-a)^2}\right\} = (1+a\cdot t)\cdot e^{at} \quad \text{und} \quad L^{-1}\left\{\frac{1}{(s-a)^2}\right\} = t\cdot e^{at}$$

$$L^{-1}\left\{\frac{s+d}{(s-a)^2}\right\} = (1+a\cdot t)\cdot e^{at} + d\cdot t\cdot e^{at} = e^{at} + (a+d)\cdot t\cdot e^{at}$$

$$u_2(\delta t) = U\cdot\left[e^{-\delta t}+\left(-\frac{R}{2L}+\frac{R}{L}\right)\cdot t\cdot e^{-\delta t}\right]$$

$$u_2(\delta t) = U\cdot\left[e^{-\delta t}+\frac{R}{2L}\cdot t\cdot e^{-\delta t}\right]$$

$$u_2(\delta t) = U\cdot e^{-\delta t}\cdot[1+\delta\cdot t] \qquad (11P)$$

Zu 1.3 $\dfrac{u_2(\delta t)}{U} = e^{-\delta t}\cdot[1+\delta\cdot t] = \dfrac{1+\delta\cdot t}{e^{\delta t}}$

δt	0	1	2	3	4	5
u_2/U	1	0,736	0,406	0,199	0,09	0,04

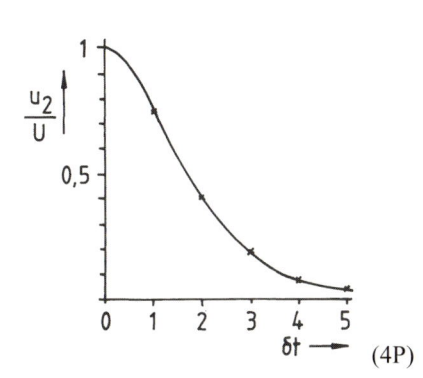

(4P)

189

| 8 Ausgleichsvorgänge | 9 Fourieranalyse | 10 Vierpolthorie |

Lösungen zum Aufgabenblatt 8
Aufgabe 2:
Zu 2.1   Symmetrie 1. Art: gerade Funktion (Bd.3, S.104-105 oder FS S.164) (4P)
mit $b_k = 0$

$$a_o = \frac{2}{T} \cdot \int_0^{T/2} u(t) \cdot dt$$

$$a_o = \frac{2}{T} \cdot \int_0^{T/2} \frac{4 \cdot \hat{u}}{T^2} \cdot t^2 \cdot dt$$

$$a_o = \frac{8 \cdot \hat{u}}{T^3} \cdot \left[\frac{t^3}{3}\right]_0^{T/2} = \frac{8 \cdot \hat{u}}{3 \cdot T^3} \cdot \frac{T^3}{8}$$

$$a_o = \frac{\hat{u}}{3} \tag{4P}$$

$$a_k = \frac{4}{T} \cdot \int_0^{T/2} u(t) \cdot \cos k\omega t \cdot dt$$

$$a_k = \frac{4}{T} \cdot \int_0^{T/2} \frac{4 \cdot \hat{u}}{T^2} \cdot t^2 \cdot \cos k\omega t \cdot dt = \frac{16 \cdot \hat{u}}{T^3} \cdot \int_0^{T/2} t^2 \cdot \cos k\omega t \cdot dt$$

$$a_k = \frac{16 \cdot \hat{u}}{T^3} \cdot \left[\frac{2 \cdot t}{k^2 \cdot \omega^2} \cdot \cos k\omega t + \left(\frac{t^2}{k \cdot \omega} - \frac{2}{k^3 \cdot \omega^3}\right) \cdot \sin k\omega t\right]_0^{T/2}$$

$$a_k = \frac{16 \cdot \hat{u}}{T^3} \cdot \left[\frac{2 \cdot \frac{T}{2}}{k^2 \cdot \omega^2} \cdot \cos k\frac{\omega T}{2} + \left(\frac{\frac{T^2}{4}}{k \cdot \omega} - \frac{2}{k^3 \cdot \omega^3}\right) \cdot \sin k\frac{\omega T}{2}\right] \quad \text{mit} \quad \omega T = 2\pi$$

$$a_k = \frac{16 \cdot \hat{u}}{T^3} \cdot \left[\frac{T}{k^2 \cdot \omega^2} \cdot \cos k\pi + \left(\frac{T^2}{4 \cdot k \cdot \omega} - \frac{2}{k^3 \cdot \omega^3}\right) \cdot \sin k\pi\right] \quad \text{mit} \quad \sin k\pi = 0$$

$$a_k = \frac{16 \cdot \hat{u}}{T^3} \cdot \frac{T}{k^2 \cdot \omega^2} \cdot \cos k\pi$$

$$a_k = \frac{16 \cdot \hat{u}}{\omega^2 \cdot T^2} \cdot \frac{\cos k\pi}{k^2} = \frac{16 \cdot \hat{u}}{(2\pi)^2} \cdot \frac{(-1)^2}{k^2}$$

$$a_k = \frac{4 \cdot \hat{u}}{\pi^2} \cdot \frac{(-1)^2}{k^2} \tag{7P}$$

Fourierreihe in ausführlicher Form:

$$u(t) = \frac{\hat{u}}{3} + \frac{4 \cdot \hat{u}}{\pi^2} \cdot \left(-\frac{\cos \omega t}{1} + \frac{\cos 2\omega t}{4} - \frac{\cos 3\omega t}{9} + - \ldots\right)$$

$$u(t) = \frac{\hat{u}}{3} - \frac{4 \cdot \hat{u}}{\pi^2} \cdot \left(\frac{\cos \omega t}{1} - \frac{\cos 2\omega t}{4} + \frac{\cos 3\omega t}{9} + - \ldots\right) \tag{4P}$$

Zu 2.2 $\hat{u}_k = |a_k| = \frac{4 \cdot \hat{u}}{\pi^2} \cdot \frac{1}{k^2}$

$$\frac{\hat{u}_k}{\frac{4 \cdot \hat{u}}{\pi^2}} = \frac{1}{k^2}$$

(6P)

190

8 Ausgleichsvorgänge 9 Fourieranalyse 10 Vierpolthorie

Lösungen zum Aufgabenblatt 8
Aufgabe 3: Bd.3, S.221-223, 196 oder FS S.191, 189

Zu 3.1 $\underline{Y}_{11} = \underline{Y}_{22}$ und $\underline{Y}_{12} = \underline{Y}_{21}$ (4P)

Zu 3.2 $\underline{Z}_{in} = \dfrac{\underline{Y}_{22} + \underline{Y}_a}{\det \underline{Y} + \underline{Y}_{11} \cdot \underline{Y}_a}$ und $\underline{Z}_{out} = \dfrac{\underline{Y}_{11} + \underline{Y}_i}{\det \underline{Y} + \underline{Y}_{22} \cdot \underline{Y}_i}$

d.h. $\underline{Z}_{in} = \underline{Z}_{out} = 100\Omega = \dfrac{\underline{Y}_{11} + \dfrac{1}{100\Omega}}{\left(\underline{Y}_{11}^2 - \underline{Y}_{12}^2\right) + \underline{Y}_{11} \cdot \dfrac{1}{100\Omega}}$

$100\Omega \cdot \left(\underline{Y}_{11}^2 - \underline{Y}_{12}^2\right) + \underline{Y}_{11} = \underline{Y}_{11} + \dfrac{1}{100\Omega}$

$\underline{Y}_{11}^2 - \underline{Y}_{12}^2 = \dfrac{1}{(100\Omega)^2} = \det \underline{Y}$ (5P)

Zu 3.3 $\underline{V}_{uf} = \dfrac{-\underline{Y}_{21}}{\underline{Y}_{22} + \underline{Y}_a} = \dfrac{-\underline{Y}_{12}}{\underline{Y}_{11} + \dfrac{1}{100\Omega}} = 0,9$

$\underline{Y}_{12} = -\left(0,9 \cdot \underline{Y}_{11} + \dfrac{0,9}{100\Omega}\right)$ (4P)

Eingesetzt in das Ergebnis von 3.2 ergibt sich:

$\underline{Y}_{11}^2 - \left(0,9 \cdot \underline{Y}_{11} + \dfrac{0,9}{100\Omega}\right)^2 = \dfrac{1}{(100\Omega)^2}$

$\underline{Y}_{11}^2 - 0,81 \cdot \underline{Y}_{11}^2 - 2 \cdot \dfrac{0,9}{100\Omega} \cdot \underline{Y}_{11} - \dfrac{0,9^2}{(100\Omega)^2} - \dfrac{1}{(100\Omega)^2} = 0$

$0,19 \cdot \underline{Y}_{11}^2 - \dfrac{1,62}{100\Omega} \cdot \underline{Y}_{11} - \dfrac{1,81}{(100\Omega)^2} = 0$ bzw. $\underline{Y}_{11}^2 - \dfrac{8,5263}{100\Omega} \cdot \underline{Y}_{11} - \dfrac{9,5263}{(100\Omega)^2} = 0$

$\underline{Y}_{11} = \dfrac{4,263}{100\Omega} + \sqrt{\dfrac{18,1745 + 9,5263}{(100\Omega)^2}} = \dfrac{4,263 + 5,263}{100\Omega} = \dfrac{9,526}{100\Omega} = 95,26\text{mS}$ (2P)

(negativer Wurzelwert entfällt)

$\underline{Y}_{12} = -\left(0,9 \cdot \dfrac{9,526}{100\Omega} + \dfrac{0,9}{100\Omega}\right) = -94,73\text{mS}$ (2P)

Zu 3.4 $R_1 = \dfrac{1}{\underline{Y}_{11} + \underline{Y}_{12}} = \dfrac{1}{(95,26 - 94,73)\text{mS}} = 1,9\text{k}\Omega$

$R_2 = \dfrac{1}{-\underline{Y}_{12}} = \dfrac{1}{94,73\text{mS}} = 10,56\Omega$ (4P)

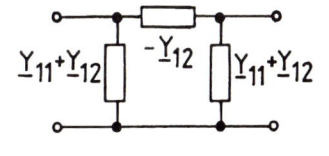

Zu 3.5

$\underline{Z}_{in} = \dfrac{R_1 \cdot \left[R_2 + \dfrac{R_1 \cdot 100\Omega}{R_1 + 100\Omega}\right]}{R_1 + \left[R_2 + \dfrac{R_1 \cdot 100\Omega}{R_1 + 100\Omega}\right]} = \dfrac{1,9\text{k}\Omega \cdot \left[10,56\Omega + \dfrac{1,9\text{k}\Omega \cdot 100\Omega}{1,9\text{k}\Omega + 100\Omega}\right]}{1,9\text{k}\Omega + \left[10,56\Omega + \dfrac{1,9\text{k}\Omega \cdot 100\Omega}{1,9\text{k}\Omega + 100\Omega}\right]} = \dfrac{1,9\text{k}\Omega \cdot [10,56\Omega + 95\Omega]}{1,9\text{k}\Omega + 10,56\Omega + 95\Omega} = 100\Omega$

$\underline{V}_{uf} = \dfrac{U_2}{U_1} = \dfrac{95\Omega}{95\Omega + 10,56\Omega} = 0,9$ (4P)

($R_1 = 1,9\text{k}\Omega$ geht nicht ein)

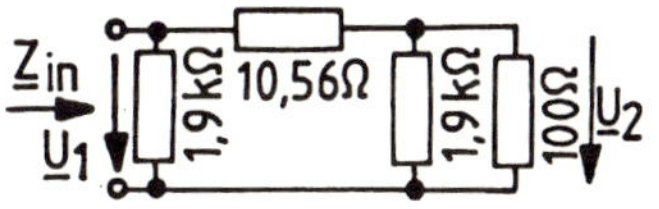

Lösungen zum Aufgabenblatt 8
Aufgabe 4:
Zu 4.1   Bd.3, S.196 oder FS S.189

$$\underline{V}_{uf} = -\frac{h_{21e}}{\det h_e + h_{11e} \cdot \underline{Y}_a} = -\frac{h_{21e}}{\det h_e + h_{11e}/R_a} = -\frac{h_{21e} \cdot R_a}{R_a \cdot \det h_e + h_{11e}}$$

$$\underline{V}_{uf} = -\frac{65 \cdot 2k\Omega}{2k\Omega \cdot (1,2k\Omega \cdot 100\mu S - 6,5 \cdot 10^{-4} \cdot 65) + 1,2k\Omega} = -96 \quad (6P)$$

Zu 4.2   Die Rückkopplung ist eine Reihen-Reihen-Schaltung (Bd.3, S.235 oder FS S.194), für die die z-Parameter der beiden Vierpole (Transistor, Querwiderstand) addiert werden müssen. Die Formel für die Spannungsverstärkung $\underline{V}_{uf}$ muss deshalb in z-Parametern angegeben werden (Bd.3, S.196 oder FS S.189): (3P)

$$\underline{V}_{uf} = \frac{z_{21}}{z_{11} + \underline{Y}_a \cdot \det z} = \frac{z_{21}}{z_{11} + \det z / R_a} = \frac{z_{21} \cdot R_a}{z_{11} \cdot R_a + \det z} \quad (3P)$$

Zu 4.3
$$(z) = (z_e) + (z_Q) = \begin{pmatrix} \frac{\det h_e}{h_{22e}} + R_E & \frac{h_{12e}}{h_{22e}} + R_E \\ -\frac{h_{21e}}{h_{22e}} + R_E & \frac{1}{h_{22e}} + R_E \end{pmatrix} = \begin{pmatrix} \frac{77{,}75 \cdot 10^{-3}}{100 \cdot 10^{-6}S} + R_E & \frac{6{,}5 \cdot 10^{-4}}{100 \cdot 10^{-6}S} + R_E \\ -\frac{65}{100 \cdot 10^{-6}S} + R_E & \frac{1}{100 \cdot 10^{-6}S} + R_E \end{pmatrix}$$

$$(z) = \begin{pmatrix} 777{,}5\Omega + R_E & 6{,}5\Omega + R_E \\ -650k\Omega + R_E & 10k\Omega + R_E \end{pmatrix}$$

$R_E = 100\Omega$:
$$(z) = \begin{pmatrix} 777{,}5\Omega + 100\Omega & 6{,}5\Omega + 100\Omega \\ -650k\Omega + 100\Omega & 10k\Omega + 100\Omega \end{pmatrix} = \begin{pmatrix} 877{,}5\Omega & 106{,}5\Omega \\ -649{,}9k\Omega & 10{,}1k\Omega \end{pmatrix}$$

$$\underline{V}_{uf} = \frac{-649{,}9k\Omega \cdot 2k\Omega}{877{,}5\Omega \cdot 2k\Omega + (877{,}5\Omega \cdot 10{,}1k\Omega + 106{,}5 \cdot 649{,}9k\Omega)} = -16{,}3 \quad (3P)$$

$R_E = 200\Omega$:
$$(z) = \begin{pmatrix} 777{,}5\Omega + 200\Omega & 6{,}5\Omega + 200\Omega \\ -650k\Omega + 200\Omega & 10k\Omega + 200\Omega \end{pmatrix} = \begin{pmatrix} 977{,}5\Omega & 206{,}5\Omega \\ -649{,}8k\Omega & 10{,}2k\Omega \end{pmatrix}$$

$$\underline{V}_{uf} = \frac{-649{,}8k\Omega \cdot 2k\Omega}{977{,}5\Omega \cdot 2k\Omega + (977{,}5\Omega \cdot 10{,}2k\Omega + 206{,}5 \cdot 649{,}8k\Omega)} = -8{,}9 \quad (3P)$$

$R_E = 500\Omega$:
$$(z) = \begin{pmatrix} 777{,}5\Omega + 500\Omega & 6{,}5\Omega + 500\Omega \\ -650k\Omega + 500\Omega & 10k\Omega + 500\Omega \end{pmatrix} = \begin{pmatrix} 1{,}2775\Omega & 506{,}5\Omega \\ -649{,}5k\Omega & 10{,}5k\Omega \end{pmatrix}$$

$$\underline{V}_{uf} = \frac{-649{,}5k\Omega \cdot 2k\Omega}{1{,}2775\Omega \cdot 2k\Omega + (1{,}2775\Omega \cdot 10{,}5k\Omega + 506{,}5 \cdot 649{,}5k\Omega)} = -3{,}8 \quad (3P)$$

Zu 4.4   Aus dem Diagramm abgelesen:
$R_E = 300\Omega$ (2P)

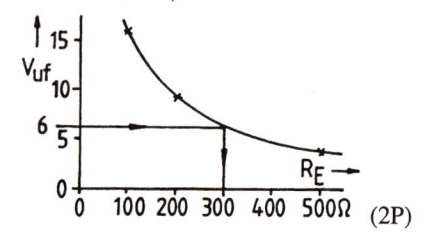

(2P)

192

Lösungen zum Aufgabenblatt 9

Aufgabe 1:
Zu 1.1 Bd.3, S.53-54, Beispiel 2 (Übertragungsfunktion alternativ berechnet)

$$\frac{U_2(s)}{U_1(s)} = \frac{\dfrac{R \cdot \dfrac{1}{sC}}{R + \dfrac{1}{sC}}}{R + \dfrac{1}{sC} + \dfrac{R \cdot \dfrac{1}{sC}}{R + \dfrac{1}{sC}}} = \frac{R \cdot \dfrac{1}{sC}}{\left(R + \dfrac{1}{sC}\right)^2 + R \cdot \dfrac{1}{sC}}$$

$$\frac{U_2(s)}{U_1(s)} = \frac{R \cdot \dfrac{1}{sC}}{R^2 + 2 \cdot R \cdot \dfrac{1}{sC} + \dfrac{1}{s^2 C^2} + R \cdot \dfrac{1}{sC}} = \frac{R \cdot \dfrac{1}{sC}}{R^2 + 3 \cdot R \cdot \dfrac{1}{sC} + \dfrac{1}{s^2 C^2}} = \frac{s \cdot RC}{s^2 \cdot R^2 C^2 + s \cdot 3RC + 1}$$

$$U_2(s) = \frac{U}{RC} \cdot \frac{1}{s^2 + s \cdot \dfrac{3}{RC} + \dfrac{1}{R^2 C^2}} = \frac{U}{RC} \cdot \frac{1}{\left(s + \dfrac{0{,}38}{RC}\right) \cdot \left(s + \dfrac{2{,}62}{RC}\right)} \quad \text{mit} \quad U_1(s) = \frac{U}{s} \quad \text{(10P)}$$

aus $s^2 + s \cdot \dfrac{3}{RC} + \dfrac{1}{R^2 C^2} = 0$ $\quad s_{1,2} = -\dfrac{3}{2RC} \pm \sqrt{\dfrac{9-4}{4R^2 C^2}} = \dfrac{-3 \pm \sqrt{5}}{2RC}$

$s_1 = -\dfrac{0{,}38}{RC}$ $\qquad\qquad s_2 = -\dfrac{2{,}62}{RC}$

Bd.3, S.87 oder FS S.158: Nr.34 $\mathcal{L}^{-1}\left\{\dfrac{1}{(s-a) \cdot (s-b)}\right\} = \dfrac{1}{a-b} \cdot \left(e^{at} - e^{bt}\right)$

$a = s_1 = -\dfrac{0{,}38}{RC} \qquad b = s_2 = -\dfrac{2{,}62}{RC} \qquad a - b = \dfrac{-0{,}38 + 2{,}62}{RC} = \dfrac{2{,}24}{RC}$

$$u_2(t) = \frac{U}{RC} \cdot \frac{RC}{2{,}24} \cdot \left(e^{-t/\tau_1} - e^{-t/\tau_2}\right) = 0{,}446 \cdot U \cdot \left(e^{-t/\tau_1} - e^{-t/\tau_2}\right) \qquad \text{(9P)}$$

mit $\quad \tau_1 = \dfrac{R \cdot C}{0{,}38} = 2{,}62 \cdot RC \quad$ und $\quad \tau_2 = \dfrac{R \cdot C}{2{,}62} = 0{,}38 \cdot RC$

Zu 1.2

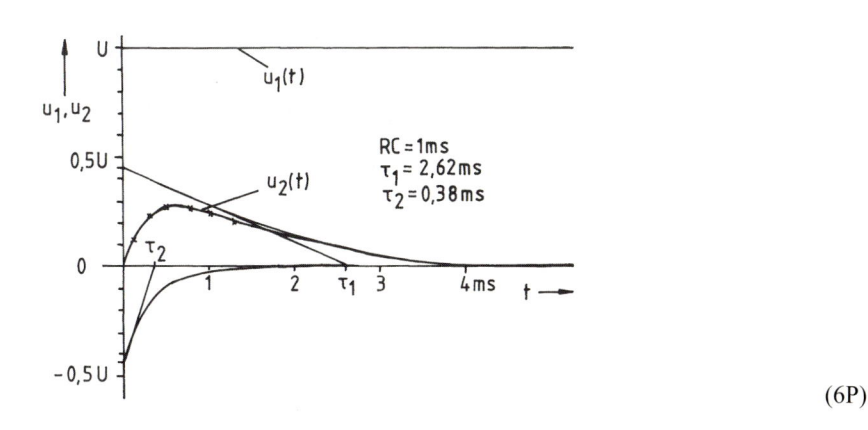

$RC = 1\,\text{ms}$
$\tau_1 = 2{,}62\,\text{ms}$
$\tau_2 = 0{,}38\,\text{ms}$

(6P)

Lösungen zum Aufgabenblatt 9
Aufgabe 2:
Zu 2.1   Symmetrie 1. Art: mit $b_k=0$
         (Bd.3, S.104-105 oder FS S.164)   (4P)

$$a_o = \frac{1}{\pi} \int_0^\pi u(\omega t) \cdot d(\omega t) \quad\quad \text{oder aus der Zeichnung abgelesen:}$$

$$a_o = \frac{1}{\pi} \int_0^{2\pi/3} \hat{u} \cdot d(\omega t) = \frac{\hat{u}}{\pi} \cdot [\omega t]_0^{2\pi/3}$$

$$a_o = \frac{\hat{u}}{\pi} \cdot \frac{2\pi}{3} = \frac{2}{3} \cdot \hat{u}$$

(4P)

$$a_k = \frac{2}{\pi} \cdot \int_0^\pi u(\omega t) \cdot \cos k(\omega t) \cdot d(\omega t)$$

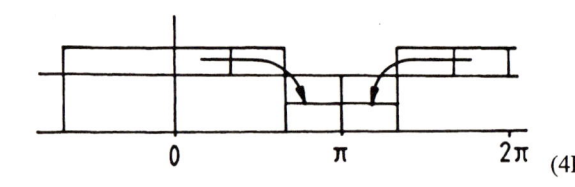

$$a_k = \frac{2}{\pi} \cdot \int_0^{2\pi/3} \hat{u} \cdot \cos k(\omega t) \cdot d(\omega t) = \frac{2 \cdot \hat{u}}{\pi} \cdot \left[\frac{\sin k(\omega t)}{k}\right]_0^{2\pi/3}$$

$$a_k = \frac{2 \cdot \hat{u}}{k \cdot \pi} \cdot \sin k \frac{2\pi}{3} = \frac{2 \cdot \hat{u}}{k \cdot \pi} \cdot \sin k \cdot 120°$$

(4P)

k=1: $a_1 = \frac{2 \cdot \hat{u}}{1 \cdot \pi} \cdot \sin 120° = \frac{2 \cdot \hat{u}}{\pi} \cdot \frac{\sqrt{3}}{2} = \frac{\hat{u}}{\pi} \cdot \sqrt{3} = 0{,}551 \cdot \hat{u}$

k=2: $a_2 = \frac{2 \cdot \hat{u}}{2 \cdot \pi} \cdot \sin 240° = \frac{2 \cdot \hat{u}}{2 \cdot \pi} \cdot \left(-\frac{\sqrt{3}}{2}\right) = -\frac{\hat{u}}{2 \cdot \pi} \cdot \sqrt{3} = -0{,}276 \cdot \hat{u}$

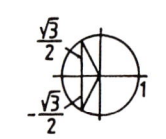

k=3: $a_3 = \frac{2 \cdot \hat{u}}{3 \cdot \pi} \cdot \sin 360° = 0$

k=4: $a_4 = \frac{2 \cdot \hat{u}}{4 \cdot \pi} \cdot \sin 120° = \frac{2 \cdot \hat{u}}{4 \cdot \pi} \cdot \frac{\sqrt{3}}{2} = \frac{\hat{u}}{4 \cdot \pi} \cdot \sqrt{3} = 0{,}138 \cdot \hat{u}$

k=5: $a_5 = \frac{2 \cdot \hat{u}}{5 \cdot \pi} \cdot \sin 240° = \frac{2 \cdot \hat{u}}{5 \cdot \pi} \cdot \left(-\frac{\sqrt{3}}{2}\right) = -\frac{\hat{u}}{5 \cdot \pi} \cdot \sqrt{3} = -0{,}110 \cdot \hat{u}$

k=6: $a_{12} = \frac{2 \cdot \hat{u}}{6 \cdot \pi} \cdot \sin 360° = 0$

Fourierreihe in ausführlicher Form:

$$u(\omega t) = \frac{2 \cdot \hat{u}}{3} + \frac{\hat{u}}{\pi} \cdot \sqrt{3} \cdot \left(\frac{\cos \omega t}{1} - \frac{\cos 2\omega t}{2} + 0 + \frac{\cos 4\omega t}{4} - \frac{\cos 5\omega t}{5} + 0...\right)$$

$u(\omega t) = \hat{u} \cdot (0{,}667 + 0{,}551 \cdot \cos \omega t - 0{,}276 \cdot \cos \omega t + 0{,}138 \cdot \cos 4\omega t - 0{,}110 \cdot \cos 5\omega t + ...)$ (6P)

Zu 2.2   Bd.3, S.99, Gl.9.10 oder FS S.163

$$\hat{u}_k = \sqrt{a_k^2 + b_k^2} = |a_k|$$

$$\hat{u}_k = \frac{2 \cdot \hat{u}}{\pi \cdot k} \cdot \left|\sin k \frac{2\pi}{3}\right|$$

$$\frac{\hat{u}_k}{\hat{u}} = \frac{2}{\pi \cdot k} \cdot \frac{\sqrt{3}}{2} = \frac{\sqrt{3}}{\pi \cdot k}$$

außer für k=0, 3, 6, 9,...   (7P)

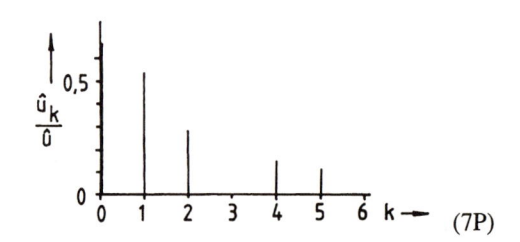

8 Ausgleichsvorgänge   9 Fourieranalyse   10 Vierpolthorie

Lösungen zum Aufgabenblatt 9

Aufgabe 3:

Zu 3.1   Gesucht ist der Kurzschluss-Eingangswiderstand $\underline{H}_{11}$ einer T-Schaltung.

Bd.3, S.177,187
oder FS S.181,186

(5P)

$$(\underline{Z}_{in})_{\underline{U}_2=0} = \left(\frac{\underline{U}_1}{\underline{I}_1}\right)_{\underline{U}_2=0} = \underline{H}_{11} = \frac{\underline{Z}_1 \cdot \underline{Z}_2 + \underline{Z}_1 \cdot \underline{Z}_3 + \underline{Z}_2 \cdot \underline{Z}_3}{\underline{Z}_2 + \underline{Z}_3}$$

mit $\underline{Z}_1 = (R_1 + j\omega L)$ $\underline{Z}_2 = \dfrac{1}{j\omega C}$ $\underline{Z}_3 = (R_2 + R + j\omega L)$

$$\underline{H}_{11} = \frac{(R_1 + j\omega L) \cdot \dfrac{1}{j\omega C} + (R_1 + j\omega L) \cdot (R_2 + R + j\omega L) + \dfrac{1}{j\omega C} \cdot (R_2 + R + j\omega L)}{\dfrac{1}{j\omega C} + (R_2 + R + j\omega L)} \quad (10P)$$

Zu 3.2 u_1 und i_1 sind in Phase, wenn der Operator $\underline{H}_{11}$ zwischen $\underline{U}_1$ und $\underline{I}_1$ reell ist:

$$\underline{H}_{11} = \frac{\underline{Z}_1 \cdot \underline{Z}_2 + (\underline{Z}_1 + \underline{Z}_2) \cdot \underline{Z}_3}{\underline{Z}_3 + \underline{Z}_2}$$

$$\underline{H}_{11} = \frac{(R_1 + j\omega L) \cdot \dfrac{1}{j\omega C} + \left(R_1 + j\omega L + \dfrac{1}{j\omega C}\right) \cdot (R_2 + R + j\omega L)}{R_2 + R + j\omega L + \dfrac{1}{j\omega C}}$$

mit $j\omega L + \dfrac{1}{j\omega C} = j \cdot \left(\omega L - \dfrac{1}{\omega C}\right) = 0$ Bd.2, S.97, Gl.4.113 oder FS S.103

$$\underline{H}_{11} = \frac{(R_1 + j\omega L) \cdot \dfrac{1}{j\omega C} + R_1 \cdot (R_2 + R + j\omega L)}{R_2 + R}$$

$$\underline{H}_{11} = \frac{\dfrac{R_1}{j\omega C} + \dfrac{j\omega L}{j\omega C} + R_1 \cdot (R_2 + R) + R_1 \cdot j\omega L}{R_2 + R}$$

$$\underline{H}_{11} = \frac{\dfrac{L}{C} + R_1 \cdot (R_2 + R) + R_1 \cdot \left(j\omega L + \dfrac{1}{j\omega C}\right)}{R_2 + R}$$

mit $j\omega L + \dfrac{1}{j\omega C} = j \cdot \left(\omega L - \dfrac{1}{\omega C}\right) = 0$

$$\underline{H}_{11} = \frac{\dfrac{L}{C} + R_1 \cdot (R_2 + R)}{R_2 + R} = \frac{L}{C \cdot (R_2 + R)} + R_1 \quad (10P)$$

8 Ausgleichsvorgänge   9 Fourieranalyse   10 Vierpolthorie

Lösungen zum Aufgabenblatt 9

Aufgabe 4:

Zu 4.1 Es handelt sich um die Kollektorschaltung (Bd.3, S.240, Bild 10.62 oder FS S. 196).
(2P)

Für diese Rückkopplungsschaltung müssen die h-Parameter zusammengefasst werden:

$$(h) = (h') + (h'') = \begin{pmatrix} h'_{11} + h''_{11} & -(h'_{12} - h''_{12}) \\ -(h'_{21} - h''_{21}) & h'_{22} + h''_{22} \end{pmatrix}$$
(2P)

Zu 4.2 Bd.3, S.177, Bild 10.10 oder FS S.184

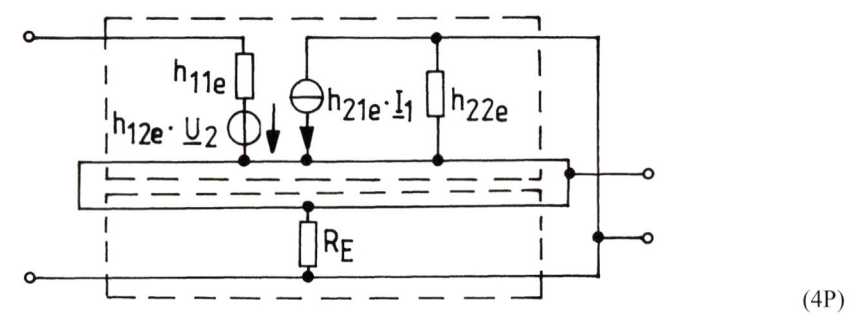

(4P)

Wegen der Parallelschaltung lässt sich der Widerstand R_E in den U-Vierpol einbeziehen.

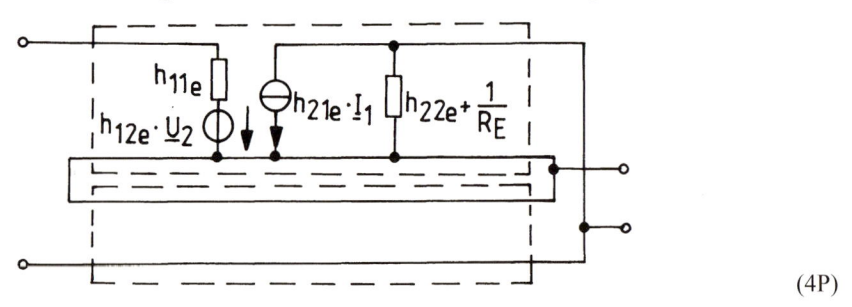

(4P)

$$(h') = \begin{pmatrix} h_{11e} & h_{12e} \\ h_{21e} & h_{22e} + \frac{1}{R_E} \end{pmatrix} = \begin{pmatrix} 2{,}7 \cdot 10^3 \Omega & 1{,}5 \cdot 10^{-4} \\ 220 & 18 \cdot 10^{-6} S + \frac{1}{5k\Omega} \end{pmatrix} = \begin{pmatrix} 2{,}7 \cdot 10^3 \Omega & 1{,}5 \cdot 10^{-4} \\ 220 & 218 \cdot 10^{-6} S \end{pmatrix}$$
(4P)

Zu 4.3 Bd.3, S.186 oder FS S.185

$$(h'') = \begin{pmatrix} 0 & 1 \\ -1 & 0 \end{pmatrix} \quad \text{Längswiderstand mit } \underline{Z}=0 \text{ oder Querwiderstand mit } \underline{Z} = \infty$$

$$(h) = (h') + (h'') = \begin{pmatrix} h'_{11} + h''_{11} & -(h'_{12} - h''_{12}) \\ -(h'_{21} - h''_{21}) & h'_{22} + h''_{22} \end{pmatrix}$$

$$(h) = \begin{pmatrix} 2{,}7 \cdot 10^3 \Omega + 0 & -(1{,}5 \cdot 10^{-4} - 1) \\ -(220+1) & 218 \cdot 10^{-6} S + 0 \end{pmatrix} = \begin{pmatrix} 2{,}7 k\Omega & 1 \\ -221 & 218 \mu S \end{pmatrix}$$
(6P)

Das Ergebnis stimmt mit der Lösung der Übungsaufgabe 10.12 (Bd.3, S.309) überein.

8 Ausgleichsvorgänge   9 Fourieranalyse   10 Vierpolthorie

Lösungen zum Aufgabenblatt 10
Aufgabe 1: Vergleiche Bd.3, S.14-17 oder FS S.146

Zu 1.1 $\quad u_1 = R \cdot i + u_2 = \dfrac{R}{R_C} u_2 + RC \cdot \dfrac{du_2}{dt} + u_2 \quad$ mit $\quad i = i_R + i_C = \dfrac{u_2}{R_C} + C \cdot \dfrac{du_2}{dt}$

$$\hat{u} \cdot \sin\omega t = \left(\dfrac{R}{R_C} + 1\right) \cdot u_2 + RC \cdot \dfrac{du_2}{dt}$$

$$\hat{u} \cdot e^{j\omega t} = \left(\dfrac{R}{R_C} + 1\right) \cdot \underline{u}_{2e} + j\omega RC \cdot \underline{u}_{2e} \qquad \underline{u}_{2e} = \dfrac{\hat{u} \cdot e^{j\omega t}}{(R/R_C + 1) + j\omega RC} = \dfrac{\hat{u} \cdot e^{j(\omega t - \varphi)}}{\sqrt{(R/R_C + 1)^2 + (\omega RC)^2}}$$

$$u_{2e} = \dfrac{\hat{u}}{\sqrt{(R/R_C + 1)^2 + (\omega RC)^2}} \cdot \sin(\omega t - \varphi) \qquad \text{mit} \qquad \varphi = \arctan\dfrac{\omega RC}{R/R_C + 1}$$

$$0 = \left(\dfrac{R}{R_C} + 1\right) \cdot u_{2f} + RC \cdot \dfrac{du_{2f}}{dt} \qquad u_{2f} = K \cdot e^{-t/\tau_1} \qquad \text{mit} \qquad \tau_1 = \dfrac{RC}{R/R_C + 1}$$

$$u_2(0_-) = u_2(0_+) = u_{2e}(0_+) + u_{2f}(0_+)$$

$$0 = \dfrac{\hat{u} \cdot \sin(-\varphi)}{\sqrt{(R/R_C + 1)^2 + (\omega RC)^2}} + K \quad \text{mit} \quad \sin(-\varphi) = -\sin\varphi \quad u_{2f} = \dfrac{\hat{u} \cdot \sin\varphi}{\sqrt{(R/R_C + 1)^2 + (\omega RC)^2}} \cdot e^{-t/\tau}$$

$$u_2 = u_{2e} + u_{2f} = \dfrac{\hat{u}}{\sqrt{(R/R_C + 1)^2 + (\omega RC)^2}} \cdot \left[\sin(\omega t - \varphi) + \sin\varphi \cdot e^{-t/\tau}\right] \qquad (12P)$$

Zu 1.2 $\quad$ Vergleiche Bd.3, S.69-71, Beispiel 3

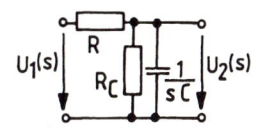

$$\dfrac{U_2(s)}{U_1(s)} = \dfrac{\dfrac{1}{1/R_C + sC}}{R + \dfrac{1}{1/R_C + sC}} = \dfrac{1}{R \cdot (1/R_C + sC) + 1} = \dfrac{1}{(R/R_C + 1) + sRC}$$

$$U_2(s) = \dfrac{\hat{u}}{\omega \cdot (R/R_C + 1)} \cdot \dfrac{1}{1 + s\dfrac{RC}{R/R_C + 1}} \cdot \dfrac{1}{1 + s^2/\omega^2} \qquad \text{mit} \qquad U_1(s) = \dfrac{\omega \cdot \hat{u}}{s^2 + \omega^2} = \dfrac{\hat{u}}{\omega} \cdot \dfrac{1}{1 + s^2/\omega^2}$$

$$u_2(t) = \dfrac{\hat{u}}{\omega \cdot (R/R_C + 1)} \cdot \left[\dfrac{\omega \cdot \sin(\omega t - \varphi)}{\sqrt{1 + \omega^2 \cdot \left(\dfrac{RC}{R/R_C + 1}\right)^2}} + \dfrac{\omega^2 \cdot \dfrac{RC}{R/R_C + 1}}{1 + \omega^2 \cdot \left(\dfrac{RC}{R/R_C + 1}\right)^2} \cdot e^{-t/\tau}\right] \qquad \text{mit} \quad T = \tau$$

$$u_2(t) = \hat{u} \cdot \left[\dfrac{\sin(\omega t - \varphi)}{\sqrt{(R/R_C + 1)^2 + (\omega RC)^2}} + \dfrac{\omega RC}{\sqrt{(R/R_C + 1)^2 + (\omega RC)^2} \cdot \sqrt{(R/R_C + 1)^2 + (\omega RC)^2}} \cdot e^{-t/\tau}\right]$$

mit $\quad \sin\varphi = \dfrac{\omega RC}{\sqrt{(R/R_C + 1)^2 + (\omega RC)^2}}$

$$u_2 = \dfrac{\hat{u}}{\sqrt{(R/R_C + 1)^2 + (\omega RC)^2}} \cdot \left[\sin(\omega t - \varphi) + \sin\varphi \cdot e^{-t/\tau}\right]$$

mit $\quad \varphi = \arctan\dfrac{\omega RC}{R/R_C + 1} \qquad (13P)$

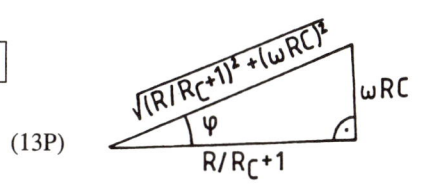

Lösungen zum Aufgabenblatt 10
Aufgabe 2:
Zu 2.1 Symmetrie 1. Art: gerade Funktion (Bd.3, S.104-105 oder FS S.164)
mit $b_k=0$ (4P)

$$a_o = \frac{1}{\pi} \cdot \int_0^\pi u(\omega t) \cdot d(\omega t)$$

$$a_o = \frac{1}{\pi} \cdot \left[\int_0^{\pi/4} 2\cdot \hat{u} \cdot d(\omega t) + \int_{3\pi/4}^\pi \hat{u} \cdot d(\omega t)\right] = \frac{\hat{u}}{\pi} \cdot \left[2\cdot\frac{\pi}{4} + \pi - \frac{3\cdot\pi}{4}\right] = \frac{\hat{u}}{\pi} \cdot \frac{3\cdot\pi}{4} = \frac{3\cdot\hat{u}}{4} = 0{,}75\cdot\hat{u} \quad (4P)$$

$$a_k = \frac{2}{\pi} \cdot \int_0^\pi u(\omega t) \cdot \cos k\omega t \cdot d(\omega t)$$

$$a_k = \frac{2}{\pi} \cdot \left[\int_0^{\pi/4} 2\cdot \hat{u} \cdot \cos k\omega t \cdot d(\omega t) + \int_{3\pi/4}^\pi \hat{u} \cdot \cos k\omega t \cdot d(\omega t)\right] = \frac{2\cdot\hat{u}}{\pi} \cdot \left\{\left[\frac{2\cdot\sin k\omega t}{k}\right]_0^{\pi/4} + \left[\frac{\sin k\omega t}{k}\right]_{3\pi/4}^\pi\right\}$$

$$a_k = \frac{2\cdot\hat{u}}{\pi\cdot k} \cdot \left[2\cdot\sin k\frac{\pi}{4} + \sin k\pi - \sin k\frac{3\pi}{4}\right] \quad \text{mit} \quad \sin k\pi = 0$$

$$a_k = \frac{2\cdot\hat{u}}{\pi\cdot k} \cdot \left[2\cdot\sin k\frac{\pi}{4} - \sin k\frac{3\pi}{4}\right] \quad (6P)$$

$$a_1 = \frac{2\cdot\hat{u}}{\pi} \cdot \left[2\cdot\sin\frac{\pi}{4} - \sin\frac{3\pi}{4}\right] = \frac{2\cdot\hat{u}}{\pi} \cdot \left[2\cdot\frac{\sqrt{2}}{2} - \frac{\sqrt{2}}{2}\right] = \frac{2\cdot\hat{u}}{\pi} \cdot \frac{\sqrt{2}}{2} = \frac{\hat{u}}{\pi} \cdot \sqrt{2} = 0{,}450\cdot\hat{u}$$

$$a_2 = \frac{2\cdot\hat{u}}{\pi\cdot 2} \cdot \left[2\cdot\sin\frac{\pi}{2} - \sin\frac{3\pi}{2}\right] = \frac{2\cdot\hat{u}}{\pi\cdot 2} \cdot [2\cdot 1 - (-1)] = \frac{\hat{u}}{\pi} \cdot 3 = 0{,}955\cdot\hat{u}$$

$$a_3 = \frac{2\cdot\hat{u}}{\pi\cdot 3} \cdot \left[2\cdot\sin\frac{3\pi}{4} - \sin\frac{9\pi}{4}\right] = \frac{2\cdot\hat{u}}{\pi\cdot 3} \cdot \left[2\cdot\frac{\sqrt{2}}{2} - \frac{\sqrt{2}}{2}\right] = \frac{2\cdot\hat{u}}{\pi\cdot 3} \cdot \frac{\sqrt{2}}{2} = \frac{\hat{u}}{3\pi} \cdot \sqrt{2} = 0{,}150\cdot\hat{u}$$

$$a_4 = \frac{2\cdot\hat{u}}{\pi\cdot 4} \cdot [2\cdot\sin\pi - \sin 3\pi] = \frac{2\cdot\hat{u}}{\pi\cdot 4} \cdot [0-0] = 0$$

$$a_5 = \frac{2\cdot\hat{u}}{\pi\cdot 5} \cdot \left[2\cdot\sin\frac{5\pi}{4} - \sin\frac{15\pi}{4}\right] = \frac{2\cdot\hat{u}}{\pi\cdot 5} \cdot \left[2\cdot\left(-\frac{\sqrt{2}}{2}\right) - \left(-\frac{\sqrt{2}}{2}\right)\right] = \frac{2\cdot\hat{u}}{\pi\cdot 5} \cdot \left(-\frac{\sqrt{2}}{2}\right) = -\frac{\hat{u}\sqrt{2}}{5\pi} = -0{,}090\cdot\hat{u}$$

$$a_6 = \frac{2\cdot\hat{u}}{\pi\cdot 6} \cdot \left[2\cdot\sin\frac{3\pi}{2} - \sin\frac{9\pi}{2}\right] = \frac{2\cdot\hat{u}}{\pi\cdot 6} \cdot [2\cdot(-1)-1] = \frac{\hat{u}}{3\pi}\cdot(-3) = -\frac{\hat{u}}{\pi} = -0{,}318\cdot\hat{u}$$

$$a_7 = \frac{2\cdot\hat{u}}{\pi\cdot 7} \cdot \left[2\cdot\sin\frac{7\pi}{4} - \sin\frac{21\pi}{4}\right] = \frac{2\cdot\hat{u}}{\pi\cdot 7} \cdot \left[2\cdot\left(-\frac{\sqrt{2}}{2}\right) - \left(-\frac{\sqrt{2}}{2}\right)\right] = \frac{2\cdot\hat{u}}{\pi\cdot 7} \cdot \left(-\frac{\sqrt{2}}{2}\right) = -\frac{\hat{u}\sqrt{2}}{7\pi} = -0{,}064\cdot\hat{u}$$

$$a_8 = \frac{2\cdot\hat{u}}{\pi\cdot 8} \cdot [2\cdot\sin 2\pi - \sin 6\pi] = \frac{2\cdot\hat{u}}{\pi\cdot 8} \cdot [0-0] = 0$$

Fourierreihe in ausführlicher Form:

$$u(\omega t) = \frac{3}{4}\hat{u} + \frac{\hat{u}}{\pi}\left(\sqrt{2}\cdot\cos\omega t + 3\cdot\cos 2\omega t + \frac{\sqrt{2}}{3}\cdot\cos 3\omega t - \frac{\sqrt{2}}{5}\cdot\cos 5\omega t - \cos 6\omega t - \frac{\sqrt{2}}{7}\cdot\cos 7\omega t...\right) \quad (5P)$$

Zu 2.2
Bd.3, S.99, Gl.9.10 oder FS S.163

$$\hat{u}_k = \sqrt{a_k^2 + b_k^2} = |a_k|$$

(6P)

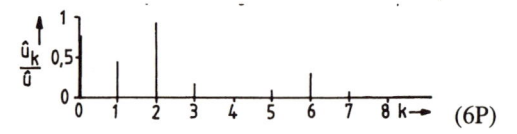

Lösungen zum Aufgabenblatt 10

Aufgabe 3:

Zu 3.1 Kettenschaltung und Matrizenmultiplikation: Bd.3, S.243-247 oder FS S.198
Kettenschaltung einer T-Schaltung und Π-Schaltung (Bd.3, S.187 oder FS S.186):

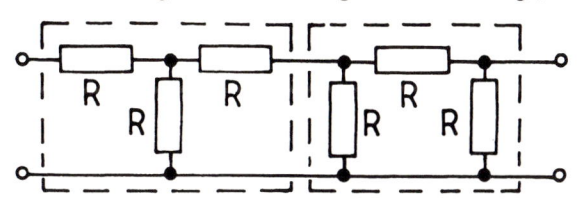

$$(A_T) = \begin{pmatrix} 2 & 3R \\ 1/R & 2 \end{pmatrix} \qquad (A_\Pi) = \begin{pmatrix} 2 & R \\ 3/R & 2 \end{pmatrix}$$

		2	R
		3/R	2
2	3R	13	8R
1/R	2	8/R	5

oder Kettenschaltung von 3Γ-Vierpolen, Typ II: Bd.3, S.187 oder FS S.186

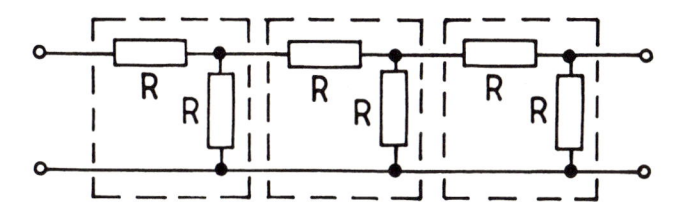

$$(A_\Gamma) = \begin{pmatrix} 2 & R \\ 1/R & 1 \end{pmatrix}$$

		2	R	2	R
		1/R	1	1/R	1
2	R	5	3R	13	8R
1/R	1	3/R	2	8/R	5

$$(A) = \begin{pmatrix} 13 & 8R \\ 8/R & 5 \end{pmatrix} \tag{12P}$$

3.2 Bd.3, S.254, 257, Gl. 10.91, 10.92 und 10.108 oder FS S.200

$$\underline{Z}_{w1} = \sqrt{\frac{\underline{A}_{11} \cdot \underline{A}_{12}}{\underline{A}_{21} \cdot \underline{A}_{22}}} = \sqrt{\frac{13 \cdot 8R}{\frac{8}{R} \cdot 5}} = 1,6 \cdot R \tag{4P}$$

$$\underline{Z}_{w2} = \sqrt{\frac{\underline{A}_{22} \cdot \underline{A}_{12}}{\underline{A}_{21} \cdot \underline{A}_{11}}} = \sqrt{\frac{5 \cdot 8R}{\frac{8}{R} \cdot 13}} = 0,62 \cdot R \tag{4P}$$

$$a = \ln\left(\sqrt{\underline{A}_{11} \cdot \underline{A}_{22}} + \sqrt{\underline{A}_{12} \cdot \underline{A}_{21}}\right) \qquad \text{mit} \quad jb = 0$$

$$a = \ln\left(\sqrt{13 \cdot 5} + \sqrt{8R \cdot \frac{8}{R}}\right) = \ln 16,06 = 2,776 \tag{5P}$$

| 8 Ausgleichsvorgänge | 9 Fourieranalyse | 10 Vierpolthorie |

Lösungen zum Aufgabenblatt 10
Aufgabe 4:
Zu 4.1 Die Rückkopplung ist eine Reihen-Reihen-Schaltung (Bd.3, S.235 oder FS S.194), für die die z-Parameter der beiden Vierpole (Transistor,Querwiderstand) addiert werden müssen.

$$(z) = \begin{pmatrix} \frac{\det h_e}{h_{22e}} + \underline{Z}_E & \frac{h_{12e}}{h_{22e}} + \underline{Z}_E \\ -\frac{h_{21}}{h_{22e}} + \underline{Z}_E & \frac{1}{h_{22e}} + \underline{Z}_E \end{pmatrix} = \begin{pmatrix} \frac{15,6 \cdot 10^{-3}}{18\mu S} + \underline{Z}_E & \frac{1,5 \cdot 10^{-4}}{18\mu S} + \underline{Z}_E \\ -\frac{220}{18\mu S} + \underline{Z}_E & \frac{1}{18\mu S} + \underline{Z}_E \end{pmatrix} = \begin{pmatrix} 866,7\Omega + \underline{Z}_E & 8,33\Omega + \underline{Z}_E \\ -12,2M\Omega + \underline{Z}_E & 55,56k\Omega + \underline{Z}_E \end{pmatrix}$$

mit $\quad \underline{Z}_E = \dfrac{1}{1/R_E + j\omega C_E} = \dfrac{1}{1/680\Omega + j \cdot 2 \cdot \pi \cdot f \cdot 20 \cdot 10^{-6} \text{Vs/A}}$ (4P)

f=10Hz:

$$\underline{Z}_E = \frac{1}{(1,4706 + j \cdot 1,2566) \cdot 10^{-3}S} \cdot \frac{(1,4706 - j \cdot 1,2566) \cdot 10^{-3}S}{(1,4706 - j \cdot 1,2566) \cdot 10^{-3}S} = 393,0\Omega - j \cdot 335,8\Omega$$

$$(z) = \begin{pmatrix} 866,7\Omega + 393,0\Omega - j \cdot 335,8\Omega & 8,33\Omega + 393,0\Omega - j \cdot 335,8\Omega \\ -12,2M\Omega + 393,0\Omega - j \cdot 335,8\Omega & 55,56k\Omega + 393,0\Omega - j \cdot 335,8\Omega \end{pmatrix}$$

$$(z) = \begin{pmatrix} 1,26k\Omega - j \cdot 335,8\Omega & 401,3\Omega - j \cdot 335,8\Omega \\ -12,2M\Omega - j \cdot 335,8\Omega & 56k\Omega - j \cdot 335,8\Omega \end{pmatrix}$$

f=10.000Hz:

$$\underline{Z}_E = \frac{1}{(1,4706 \cdot 10^{-3} + j \cdot 1,2566)S} \cdot \frac{(1,4706 \cdot 10^{-3} - j \cdot 1,2566)S}{(1,4706 \cdot 10^{-3} - j \cdot 1,2566)S} = 931,26 \cdot 10^{-6}\Omega - j \cdot 795,77 \cdot 10^{-3}\Omega$$

$$(z) = \begin{pmatrix} 866,7\Omega + 931 \cdot 10^{-6}\Omega - j \cdot 796 \cdot 10^{-3}\Omega & 8,33\Omega + 931 \cdot 10^{-6}\Omega - j \cdot 796 \cdot 10^{-3}\Omega \\ -12,2M\Omega + 931 \cdot 10^{-6}\Omega - j \cdot 796 \cdot 10^{-3}\Omega & 55,56k\Omega + 931 \cdot 10^{-6}\Omega - j \cdot 796 \cdot 10^{-3}\Omega \end{pmatrix}$$

$$(z) = \begin{pmatrix} 866,7\Omega - j \cdot 796 \cdot 10^{-3}\Omega & 8,33\Omega - j \cdot 796 \cdot 10^{-3}\Omega \\ -12,2M\Omega - j \cdot 796 \cdot 10^{-3}\Omega & 55,56k\Omega - j \cdot 796 \cdot 10^{-3}\Omega \end{pmatrix} \quad (10P)$$

Zu 4.2 Bd.3, S.196 oder FS S.189

$$\underline{V}_{uf} = \frac{z_{21}}{z_{11} + \underline{Y}_a \cdot \det z} = \frac{z_{21}}{z_{11} + \det z / R_C} = \frac{z_{21} \cdot R_C}{z_{11} \cdot R_C + \det z} \quad \text{mit} \quad \underline{Y}_a = \frac{1}{R_C} \quad (3P)$$

f=10Hz:
$\det \underline{z} = (1,26k\Omega - j \cdot 335,8\Omega)(56k\Omega - j \cdot 335,8\Omega) - (401,3\Omega - j \cdot 335,8\Omega)(-12,2M\Omega - j \cdot 335,8\Omega)$

$\det \underline{z} = 4,966 \cdot 10^9 \Omega^2 - j \cdot 4,116 \cdot 10^9 \Omega^2$

$$\underline{V}_{uf} = \frac{(-12,2M\Omega - j \cdot 335,8\Omega) \cdot 4,7k\Omega}{(1,26k\Omega - j \cdot 335,8\Omega) \cdot 4,7k\Omega + 4,966 \cdot 10^9 \Omega^2 - j \cdot 4,116 \cdot 10^9 \Omega^2}$$

$$\underline{V}_{uf} = \frac{-57,34 \cdot 10^9 \Omega^2 - j \cdot 1,578 \cdot 10^6 \Omega^2}{4,972 \cdot 10^9 \Omega^2 - j \cdot 4,117 \cdot 10^9 \Omega^2} = \frac{57,34 \cdot 10^9 \cdot e^{j180°}}{6,455 \cdot 10^9 \cdot e^{-j40°}} = 8,88 \cdot e^{j220°} \quad (4P)$$

f=10.000Hz:
$\det \underline{z} = (866,7\Omega - j \cdot 796 \cdot 10^{-3}\Omega)(55,6k\Omega - j \cdot 796 \cdot 10^{-3}\Omega) - (8,33\Omega - j \cdot 796 \cdot 10^{-3}\Omega)(-12,2M\Omega - j \cdot 796 \cdot 10^{-3}\Omega)$

$\det \underline{z} = 149,8 \cdot 10^6 \Omega^2 - j \cdot 9,756 \cdot 10^6 \Omega^2$

$$\underline{V}_{uf} = \frac{(-12,2M\Omega - j \cdot 796 \cdot 10^{-3}\Omega) \cdot 4,7k\Omega}{(866,7\Omega - j \cdot 796 \cdot 10^{-3}\Omega) \cdot 4,7k\Omega + 149,8 \cdot 10^6 \Omega^2 - j \cdot 9,756 \cdot 10^6 \Omega^2}$$

$$\underline{V}_{uf} = \frac{-57,34 \cdot 10^9 \Omega^2 - j \cdot 3,741 \cdot 10^3 \Omega^2}{153,85 \cdot 10^6 \Omega^2 - j \cdot 9,752 \cdot 10^6 \Omega^2} = \frac{57,34 \cdot 10^9 \cdot e^{j180°}}{154,16 \cdot 10^6 \cdot e^{-j3,6°}} = 372 \cdot e^{j183,6°} \quad (4P)$$